ラズパイPico/Pico W & ESP32完全対応
マイコン向けプロトタイピング言語の新定番

MicroPython
プログラミング・ガイドブック

宮田 賢一, 角 史生 共著

本書の構成とMicroPythonの使いどころ

　本書はプログラミング言語MicroPythonの言語仕様やプログラミングの仕方を初心者向けに解説した入門書です．本書の前半ではMicroPythonの言語仕様を一通り解説し，後半では実践編として各種デバイスをMicroPythonで制御する方法を紹介します．

　前半の言語仕様のパートは，ArduinoやC言語は分かるけれどもPython系の言語は初めてという方はもちろん，マイコンでのプログラミング自体が初めての方でも読み進められるように，なぜその言語仕様が必要なのかというそもそもの考え方から解説します．さらに，シンプルにプログラムを書くための便利な記法やMicroPython処理系内部の動作についての解説も盛り込み，MicroPythonによるプログラミング経験者であっても新たな気づきが得られるようにしました．

　また，文法の解説のすべてに実際に実行した結果を引用しています．これにより，ラズベリー・パイPicoやESP32といったマイコン・ボード上で読者自身が打ち込んでみて，結果が一致することを確認しながら読み進めていくことができ，自然にMicroPythonの言語仕様が身につくようになっています．

　ところでMicroPythonはどんな場面で使えるものでしょうか．MicroPythonはマイコンを搭載する組み込み機器向けにチューニングされたプログラミング言語です．その中でも特にナノ秒やマイクロ秒単位での正確なタイミング管理が求められないような機器の制御に向いています．そのような使い方の例としては，たとえば各種センサからの情報の取得や小型ディスプレイへの文字・画像の表示，ポンプの開閉による水の流量の制御などがあります．それに加えて近年では，マイコンをインターネットに接続して，センサ情報をクラウドに送信したり，屋外から自宅の家電製品を制御したりという，いわゆるInternet of Things（IoT）機器への応用例も増えています．MicroPythonはこのような使い方で威力を発揮するものです．

　本書の後半では，センサやディスプレイ，ネットワーク・モジュールなどのデバイスをMicroPythonで制御するために必要なプログラミング・テクニックを解説します．これらのデバイスには，便利なライブラリがメーカや有志によってすでに提供されている場合が多く，本来はそれらのライブラリを活用する方が手っ取り早く楽です．しかし本書では，デバイスの仕様書を読み取るところから始めて，MicroPythonの基本機能だけでプログラミングする方法を解説しています．これによりMicroPython自体の理解が進むだけではなく，まだライブラリが存在しない最新のデバイスであっても自分自身でライブラリが作れるようになることが期待できます．とはいえ初心者が一から制御プログラムを書き始めるのは敷居が高いので，実際の応用例からの逆引きでMicroPythonのプログラムを見ることのできる特別付録も収録しています．

　私がMicroPythonに初めて触れたのはmicro:bitというマイコン・ボードでした．MicroPythonはPython譲りのシンプル・高機能な言語仕様であるところが気に入ったものの，当時の私はマイコン自体が初心者ということもあり，LEDの点滅はできても外付けの温度センサをどう扱って良いのかから分からず途方に暮れていました．しかしMicroPythonは，「まず使ってみる」という使い方が簡単に行えるのが楽しく，コマンドを入力するとすぐに応答が返ってくるのが学習にとても役立ちました．また，micro:bitからほとんど書き換えることなく他のマイコン・ボードでも動作するところも良いと感じています．

　本書を手に取った皆さんも「まず使ってみる」から始めてみてください．あなたのプログラミング・ライフが楽しいものになることを願っています．

宮田 賢一

MicroPythonプログラミング・ガイドブック

CONTENTS

CONTENTS

言語機能/対話型/メモリ管理/データ構造/
ライブラリの取り込み

MicroPythonをお勧めする5つの理由

宮田 賢一

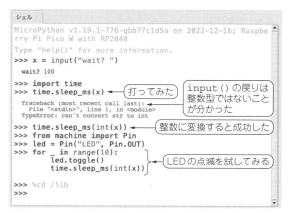

図1　MicroPythonはPythonと同じように対話型でエラーを修正しながらプログラム開発ができる

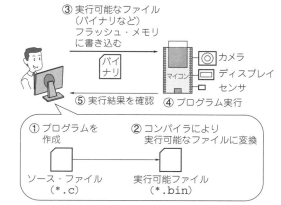

（a）コンパイル型言語による開発イメージ

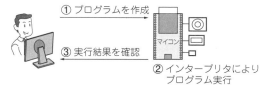

（b）インタープリタ型言語（MicroPython）による開発イメージ
図2　コンパイル型とインタープリタ型の開発イメージ
MicroPythonはインタープリタ型言語なので1行ずつ対話的にプログラムを開発できる

　MicroPythonはマイコン向けにチューニングしたPythonです．

　Pythonは世界で人気のある言語で，ユーザも多く，ビギナでも始めやすいとされています．MicroPythonは，制約の多い条件（CPU性能，メモリ量）であっても動作するように，マイコンではあまり使わない言語仕様をサポートしていません．つまりマイコンに特化した言語と言えるでしょう．しかし，MicroPythonはOSの支援無しに動作するので，マイコンが持つさまざまなデバイスのインターフェースを直接制御でき，物作りの楽しさを実感できます．また多くの基本ライブラリがMicroPython用に移植されており，Pythonと比べて遜色のないプログラミングが可能です．

● 理由①…Pythonの良いところを取り込み続ける

　MicroPythonは，Pythonバージョン3.4をベースとして開発が始まりました．その後もPythonの便利機能をMicroPythonに取り込む活動が継続的に行われており，現在では次のようなPython機能が使えるようになっています．

- コルーチン，型ヒント（Python 3.4）
- f-string，数値のアンダスコアによる分割表現（Python 3.5）
- 代入式（Python 3.8）

　今後の移植候補とされている機能も多数あるので，より使いやすい言語になっていくでしょう．

● 理由②…対話型言語で開発効率が高い

　MicroPythonはPythonと同じく対話型のインタープリタ型言語です（図1，図2）．そのためトライ＆エラーによるプログラミングが可能です．マイコンの基本的な使い方は，センサやモータ，小さなグラフィックス・ディスプレイなどのハードウェア・デバイスを接続してデータの送受信をすることです．ハードウェアの制御は目に見えない電気的なやりとりが行われることから，開発初期のプロトタイピングの段階では，いろいろ試しながら「正常に動作する」プログラムを

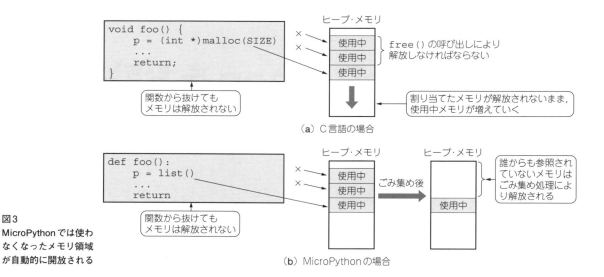

```
void foo() {
    p = (int *)malloc(SIZE)
    ...
    return;
}
```

ヒープ・メモリ

× → 使用中
× → 使用中
→ 使用中

free()の呼び出しにより
解放しなければならない

関数から抜けても
メモリは解放されない

割り当てたメモリが解放されないまま，
使用中メモリが増えていく

（a）C言語の場合

```
def foo():
    p = list()
    ...
    return
```

ヒープ・メモリ

× → 使用中
× → 使用中
→ 使用中

ごみ集め後

ヒープ・メモリ

使用中

誰からも参照され
ていないメモリは
ごみ集め処理によ
り解放される

関数から抜けても
メモリは解放されない

（b）MicroPythonの場合

図3
MicroPythonでは使わ
なくなったメモリ領域
が自動的に開放される

積み上げていくことになるでしょう．そのようなとき
に対話型で動作を試せるというのは，開発効率の向上
につながります．

● 理由③…メモリ管理から解放される

　プログラムの安全性を維持するための最重要課題は
メモリ管理と言ってもよいでしょう．C言語では，動
的にメモリが必要になるたびにmalloc関数でヒー
プ・メモリからメモリ領域を確保し，不要になったら
free関数で解放しなければなりません．つまり
mallocとfreeは必ず1対1で対応させなければな
らず，注意深いプログラミングが求められます．

　一例を図3に示します．Cの場合は関数内でmalloc
関数により割り当てたメモリ領域は関数から抜けても
そのままヒープ・メモリ上に残ります．このような関
数を何度も呼び出し続けると，ヒープ・メモリ上には
誰からも使われることのない使用中メモリが増えてい
くことになり，いずれメモリが不足してプログラムが
異常終了します．一方MicroPythonの場合は，関数
から抜けてもメモリが解放されないところは同じです
が，ヒープ・メモリの空き容量が逼迫すると「ごみ集
め」と呼ぶ処理が自動的に行われ，動作中のプログラ
ムの誰からも参照されていないメモリ領域を解放して
くれます．

● 理由④…豊富なデータ構造

　MicroPythonはPythonと同じように，リストやタプ
ル，辞書，集合といったコレクション型をサポートして
いますし，クラスの定義によりユーザ自身で任意の型
を作れます．また，数学関数やJSON文字列の処理と
いった基本ライブラリも最初から組み込まれています．

● 理由⑤…ネット上のライブラリを取り込む仕
　組み

　ネットワークに接続できるマイコン・ボードであれ
ば，必要なライブラリをインターネットからダウンロー
ドしてインストールする仕組みもあります．これによ
り，プログラミングする前のライブラリ整備が省略で
き，開発速度が向上します．

● 便利だけれど…デメリットもある
▶シビアなタイミング制御は苦手

　不要になったメモリを自動回収するというメリット
は，プログラマによって制御できないタイミングでご
み集め処理が実行されてしまうというデメリットもあ
ります．つまり常に正確なタイミングで信号を出力す
ることが求められる音声やビデオ信号の処理には
MicroPythonは向いていません．ただし一部の機能は
マイコンのハードウェアに処理をオフロードするライ
ブラリが用意されていますし，プログラムの工夫に
よってある程度ごみ集め処理の頻度を下げることもで
きるので，ハードウェアのサポート状況や，用途を考
えてMicroPythonの採用を検討すべきです．

▶デバッグ環境が弱い

　CやPythonには対話型デバッグのためのツールや
ライブラリが用意されているので，ソースコードの1
行単位でステップ実行したり，ブレーク・ポイントで
中断した時点での変数値を参照したりできます．しか
しMicroPythonではまだソースコード・デバッグの
仕組みをサポートしていません．そのためプログラム
の各所にprint文を仕込んで実行トレースや変数値
を確認したり，異常状態に陥ったことをオンボードの
LEDを点灯させて知らせたりといった手法に頼らざる
を得ません．デバッグの効率化のためには，MicroPython

コラム ## MicroPythonをもっと理解したくなったら　　　　宮田 賢一

本書は次のような読者を想定しています.
- 普段はC/C++で組み込み機器を開発したり,Arduinoで電子工作をしたりしているが,新規システムをサッと試作したいエンジニア
- 製品開発時に,開発のための装置としてデータ記録装置やメカのエージング装置を作りたいエンジニア
- 授業や実験でマイコンを学習する必要のある学生

　MicroPythonの特徴として挙げたように,MicroPython用のライブラリは公式/非公式を問わず,インターネット上に多く公開されています.基本的には車輪の再発明は避けた方がよいので「あるものを使う」というスタンスは大事なことです.しかし,それではMicroPythonという言語の学習には適切ではありませんし,なによりMicroPythonの面白さを体験できません.

　そこで本書では,ありもののライブラリはなるべく使わず,自前でライブラリを作れるようになるための基本的なプログラミング技術を解説していきます.ただし,Microとは言っても,MicroPythonの言語仕様はかなり大きいので,特集では全てを解説できません.特集でMicroPythonの基本を理解した後は,次の情報を参考にMicroPythonを奥深くまで理解してほしいと思います.

● 公式「MicroPythonドキュメンテーション」

```
https://micropython-docs-ja.
readthedocs.io/ja/latest/
```

　MicroPythonの公式ドキュメントです.分からないことがあればまずこのウェブ・ページを見に行くのをお勧めします.

● Pythonらしいプログラムを知る「PEP8-ja」

```
https://pep8-ja.readthedocs.io/
ja/latest/
```

　Pythonのプログラミング・スタイルについてのガイドラインを定めたドキュメントPEP8（Python Enhancement Proposal 8）の日本語訳です.演算子の両端に空白を入れるべきかなど,Pythonらしいプログラムにするにはどうしたらよいかに悩んだときに参照するとよいでしょう.Pythonに対するガイドラインですが,MicroPythonにも当てはまると考えてよいです.

● ハードウェアを動かすのに悩んだときは「Adafruit CircuitPython Library Bundle」

```
https://github.com/adafruit/
Adafruit_CircuitPython_Bundle
```

　CircuitPythonは,Adafruit社が開発/販売しているマイコン・ボードやデバイス用に開発したMicroPython派生言語です.このCircuitPythonで動くライブラリのソースコードを公開しているサイトです.非常に多数のデバイス用のライブラリが公開されており,仕様の理解に苦しんだり,実装方法に悩んだりしたときに参考になります.ものによってはMicroPythonでもそのまま動く場合もあります.そのまま動くかどうかは,特集の内容を理解すれば自分で判断できるようになるでしょう.

● とにかく作ろう

　アイデアを思いついたら実際に作りましょう.例えば,シリアル通信規格I2Cを利用する際に,正しい回路を設計しても,センサとマイコンとの間の結線が長いと途端に動かなくなる,というような不可解な現象はよくあることです.よく調べてみると,物理や電気回路の理論に基づく正しい現象であることが分かるでしょう.つまり「作ってだめなら原因を追及する,そしてまた作る」というプロセスが,エンジニアとしての経験値を何倍にも広げるために重要なのです.

　では,何から手を付ければよいのか.もし仕事や研究のような目的が決まっていなければ,デバイスからクラウドまで幅広いスタックをカバーできるホーム・オートメーションがお勧めです.プログラミング言語としては,マイコン制御はMicroPythonやC/C++,一歩先を行くならRust,クラウド側はPythonやJavaScriptを習得できます.テクノロジとしては,デバイス,リアルタイムOS,ネットワーク・プロトコル,データベース,機械学習などを学べます.なにより思い通りに動くと楽しいです.

の言語仕様を正しく理解して,バグの要因を特定する力が必要になります.

みやた・けんいち

第1章

ラズベリー・パイ Pico/Pico W, ESP32-DevKit-C-32E ですぐ試せる！
STM32 搭載 NUCLEO や RA 搭載 RA4M1-CLICKER にも対応

本書で使う
マイコン・ボード

宮田 賢一

デバッグ用スルーホール　BOOTSEL ボタン　LED

(a) Pico

無線モジュール CYW43439　デバッグ用スルーホールの位置が変更された　BOOTSEL ボタンと LED の位置は同じ

(b) Pico W

写真1　ラズベリー・パイ Pico, Wi-Fi 付きの Pico W の外観
Pico は 770 円，Pico W は 1300 円程度で購入できる点が魅力

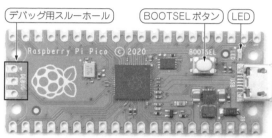

ESP32-WROOM-32E モジュール

写真2　無線機能付きマイコン・ボードの定番 ESP32-DevKitC-32E
Wi-Fi と Bluetooth を内蔵しながらモジュール単体で 500 円程度，開発キットでも 1600 円程度

表1　ラズベリー・パイ Pico シリーズの仕様

項　目		Pico	Pico W
SoC		RP2040	
CPU	コア	Cortex M0+，2コア	
	動作周波数	最高 133MHz	
メモリ	SRAM	264K バイト	
	フラッシュ・メモリ	2M バイト（外付け QSPI 接続）	
主要ペリフェラル	GPIO	ディジタル専用 × 26	
		ディジタル，アナログ兼用 × 4	
	通信	I²C × 2	
		SPI × 2	
		UART × 2	
		USB 1.1（ホスト・デバイス）× 1	
	A-D コンバータ	汎用 × 4（12 ビット，500kSps）内蔵温度センサ専用 × 1	
	PWM	16 チャネル	
	プログラマブル IO	2	
	リアルタイム・クロック	内蔵（バッテリ・バックアップなし）	
無線通信	通信モジュール	—	CYW43439（インフィニオンテクノロジーズ）
	Wi-Fi	—	802.11n（2.4GHz）
外部ポート		USB Micro-B	
動作温度		− 20 ～ +85℃	− 20 ～ + 70℃
電源電圧		1.8 ～ 5.5V	
外形寸法		51 × 21mm	

種類のマイコン・ボードを使って MicroPython の学習をします．

● ラズベリー・パイ Pico/Pico W

　ラズベリー・パイ Pico/Pico W（以降，Pico/Pico W）は，ラズベリーパイ財団が開発したマイコン・ボードです（**写真1**）．ラズベリー・パイという名前を冠していますが，Linux OS は動作せず，ボード上のマイコンに直接プログラムを書き込んで実行します．

　Pico は，ラズベリーパイ財団が独自開発した RP 2040 という SoC（System on a Chip）を搭載していま

　ハードウェアに依存しない MicroPython のプログラムの多くは，Python でもそのまま動作します．しかし，MicroPython の学習には，実際にマイコン・ボードを使って試してみるのが一番です．本書では 4

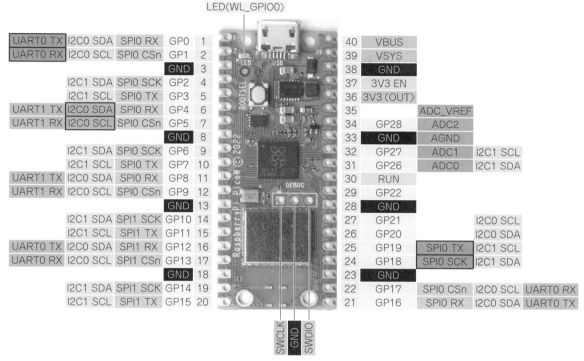

図1[(1)]　**ラズベリー・パイ Pico W のピン配置**（枠の付いた信号はデフォルト設定）

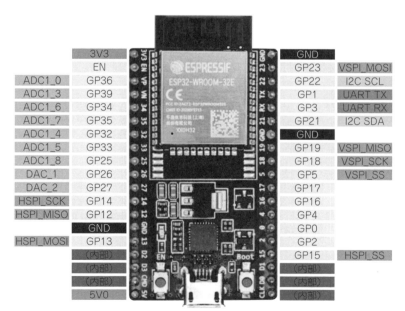

図2[(2)]
**ESP32-DevKitC-32E
のピン配置**

す．RP2040は2コアのCortex M0+ を中心に，I²Cや
SPI，UART といった基本ペリフェラルに加え，PIO
（Programmable IO）という特徴的なハードウェアを
内蔵しています．販売価格が5ドル（販売開始当時）と
いう低価格であることも人気の要因です．

Pico に Wi-Fi 機能を追加した新しいモデル Pico W
もリリースされ，インターネットを活用した製作物も
作りやすくなりました．

Pico と Pico W の主な仕様を**表1**に示します．また
Pico と Pico W のピン配置を**図1**に示します．

表2　ESP32-DevKitC-32Eの仕様

項　目		ESP32-DevKitC-32E
SoCモジュール		ESP32-WROOM-32
CPU	コア	Xtensa LX6
	動作周波数	240MHz
メモリ	SRAM	520Kバイト
	フラッシュ・メモリ	4Mバイト
主要ペリフェラル	GPIO	34
	通信	I²C×2
		SPI×4
		UART×3
		I²S×2
	A-Dコンバータ	16
	D-Aコンバータ	2
	PWM	モータ用×3 LED用×16
無線通信	通信モジュール	内蔵
	Wi-Fi	IEEE 802.11 b/g/n
	Bluetooth	v4.2 BR/EDR，BLE
外部ポート		USB Micro-B
動作温度		−40～+80℃
電源電圧		5V
外形寸法		48.2×27.9mm

表3　MicroPythonに対応する主要なボード
https://micropython.org/download/ を参考に作成

メーカ名/団体名	ボード名（多いときはシリーズ名）
Adafruit	Feather M0/M4 Express, Feather RP2040, Feather nRF52840, ItsyBitsy M0/M4 Express ItsyBitsy RP2040, Qt Py RP2040, Trinket M0
Arduino	Nano 33 BLE Sense, Nano RP2040 Connect, Portenta H7
BBC	micro:bit v1
Espressif Systems	ESP32，ESP32-C3，ESP32-S3，ESP8266
George Robotics	Pyboard v1.0/v1.1, Pyboard D-SF2/SF3/SF6
M5Stack	M5Stack Atom
NXP セミコンダクターズ	MIMXRT EVK シリーズ
PJRC	Teensy 4.0/4.1
Pimoroni	Pico LiPo，Tiny 2040
Raspberry Pi財団	Pico，Pico W
ルネサス エレクトロニクス	RA4M1 Clicker，EK-RA4M1 EK-RA6W1, EK-RA6M1，EK-RA6M2
STマイクロ エレクトロニクス	NUCLEO-F0/F4/F7/G0/G4/H7/L0/L1/ L4/WB/WL シリーズ，STM32 Discovery F4/F7/L4 シリーズ
Seeed Studio	XIAO nRF52840，XIAO SAMD21, Wio Terminal
Sparkfun	Micromod STM32，Pro Micro RP2040, SAMD51 Thing Plus，Thing Plus RP2040
Wiznet	W5100S-EVB-Pico，W5500-EVB-Pico

● ESP32-DevKitC-32E

　ESP32-DevKitC-32Eは，マイコン・モジュールESP32-WROOM-32E（Espressif Systems）とUSB-シリアル変換ICを搭載する開発ボードです（**写真2**）．ESP32-WROOM-32Eは，Xtensa LX6（ケイデンス・デザイン・システムズ）を2コア搭載し，クロック周波数240MHzで動作するという高性能なモジュールです．さらにWi-FiとBluetoothを両方内蔵しながらモジュール単体で500円程度，開発キットでも1600円程度と低価格なので，電子工作用として人気があります．

　ESP32-DevKitC-32Eの主な仕様を**表2**に，ピン配置を**図2**にそれぞれ示します．以降ではESP32-DevKitC-32EをESP32と表記します．

● RA4M1-CLICKER（RA4M1-EB）

　32ビットCortex-M4マイコン R7FA4M1AB3CFM（ルネサス エレクトロニクス）を搭載したボードです．マイクロテクニカやマルツエレックから入手できます．

● NUCLEO-F446RE

　32ビットCortex-M4マイコン STM32F446RET6（STマイクロエレクトロニクス）を搭載したボードです．

● MicroPythonで使えるボードは150種類超!

　MicroPythonに対応している国内で入手できる主要なマイコン・ボードを**表3**に示します．これらはボード用にカスタマイズされたMicroPythonのファームウェアが用意されているので，ダウンロードしてボードに書き込めばすぐにMicroPythonを使えます．**表3**に載っているボード以外でも，ソースコードからビルドできるスキルがあれば，Windows上で動くものや，プロセッサ・エミュレータQEMUで仮想化されたArmプロセッサで動作するファームウェアを作ることもできます．

◆参考・引用＊文献◆
(1) Raspberry Pi Pico W Pinout，Raspberry Pi財団．
https://datasheets.raspberrypi.com/picow/PicoW-A4-Pinout.pdf
(2) ESP32-DevKitC V4 Getting Started Guide，Espressif Systems.
https://docs.espressif.com/projects/esp-idf/en/latest/esp32/hw-reference/esp32/get-started-devkitc.html

みやた・けんいち

Pico/Pico W/ESP32ですぐ試せる！
書いたコードを1行ずつ動かせるようにする

第2章

プログラミング環境の構築

宮田 賢一

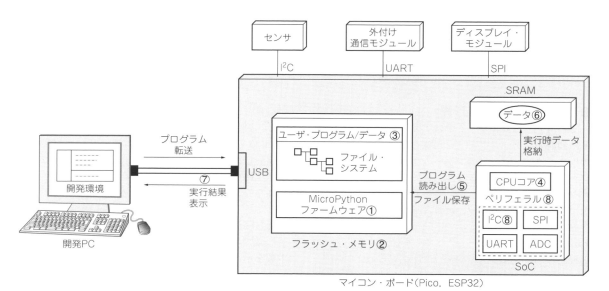

図1　MicroPythonの開発環境

● 全体像

　MicroPythonのファームウェアは，マイコン・ボード上のフラッシュ・メモリに格納されています（図1の①）．フラッシュ・メモリ（図1の②）の空き容量部分をファイル・システムとしてフォーマットすることで，ユーザが作成したプログラムやデータ（図1の③）を保存しておくことができます．

　マイコン本体のCPUコア（図1の④）上では，MicroPythonのファームウェアを実行しており，必要に応じてファイル・システム上のファイルを読み出して実行したり，実行結果をファイルとして書き込んだりします（図1の⑤）．プログラム実行中に作成されるデータは高速にアクセスできるSRAMに配置されます（図1の⑥）．

　マイコン・ボードと開発PCはUSB（図1の⑦）で接続し，PC上での開発環境で作成したプログラムをUSB経由で転送したり，プログラム実行中に表示されるメッセージをPC上の端末ソフトウェアで受信し

たりします．

　一般的にマイコンのSoCにはI2CやSPI，UART，A-Dコンバータ（ADC）のような標準的なペリフェラル（図1の⑧）が搭載されています．MicroPythonはそれらのペリフェラルを制御するためのライブラリを備えているので，マイコン・ボードと周辺モジュールを結線するだけで，MicroPythonからセンサや外付けの通信モジュール，ディスプレイ・モジュールを制御できます．

ステップ1…ファームウェアの書き込み

　PCに接続したマイコン・ボードにMicroPythonファームウェアを書き込んでおきます．すると，第1部第3章で解説するプログラミング・ツールThonnyを使って，その場で，ステップ・バイ・ステップでマイコン・プログラムを試せるようになります（図2）．

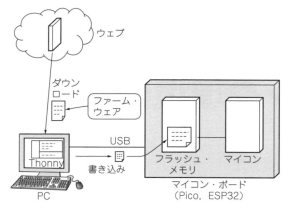

（a）ファームウェアを書き込んでおくと

（b）MicroPythonで試作できるようになる

図2　マイコンにMicroPythonファームウェアを書き込んでおく

● ファームウェアの入手先

MicroPython公式サイトでは，マイコン・ボードごとに個別のファームウェアを用意しています．本書で扱うマイコン・ボードのファームウェアは，次のウェブ・ページから入手できます．

・Pico

```
https://micropython.org/download/
rp2-pico/
```

・Pico W

```
https://micropython.org/download/
rp2-pico-w/
```

・ESP32

```
https://micropython.org/download/
esp32/
```

● PicoまたはPico W

明示的に区別する必要がない限り，Picoと言ったらラズベリー・パイPicoまたはラズベリー・パイPico Wを指すものとします．PicoにMicroPythonのファームウェアを書き込む手順を次に記します．

（1）公式サイトから最新版のファームウェアをダウンロードします．執筆時点での最新版はv1.22.1です．執筆時点ではPico用とPico W用のファームウェアは統合されておらず，それぞれ別のファイルになっています．

・Pico用：`RPI_PICO-20240105-v1.22.1.uf2`
・Pico W用：`RPI_PICO_W-20240105-v1.22.1.uf2`

（2）Picoの[BOOTSEL]ボタンを押しながら，PicoとPCをUSBケーブルで接続し，[BOOTSEL]ボタンから指を離します．

（3）PC上で「RPI-RP2」という名前の外付けドライブが見えていることを確認します．

（4）（1）でダウンロードしたファームウェアを，RPI-RP2ドライブのルート・フォルダにコピーします．

（5）しばらく待つとコピーが完了し，Picoが自動的に再起動します．正常に書き込まれると，再起動によってRPI-RP2ドライブが見えなくなります．

これでファームウェアの書き込みは完了です．

● ESP32

ここではWindows上でファームウェアを書き込む手順を示します．他のOSでのインストール手順は次のウェブ・ページを参照してください．

```
https://micropython.org/download/
esp32/
```

（1）公式サイトから最新版のファームウェアをダウンロードします．執筆時点での最新版はv1.22.1です．

・安定版：`ESP32_GENERIC-20240105-v1.22.1.bin`

（2）ESP32とPCをUSBケーブルで接続します．

（3）以下のウェブ・ページからファームウェアの書き込みツール Flash Download Toolsをダウンロードして解凍します．

```
https://www.espressif.com/en/
support/download/other-tools
```

（4）解凍したフォルダの中から`flash_download_tools_x.x.x.exe`（x.x.xはバージョン番号）を探して実行します．

（5）開いた画面（**図3**）の「ChipType」リスト・ボックスから「ESP32」を選択して[OK]をクリックします．

（6）**図4**の一番上の行の[...]ボタンをクリックして，先ほどダウンロードしたファームウェアを選択します．そして同じ行にある「@」の右のフィールドに0x1000を入力し，行の左端のチェック・ボックスをチェックします．

図3　ESP32を選択する

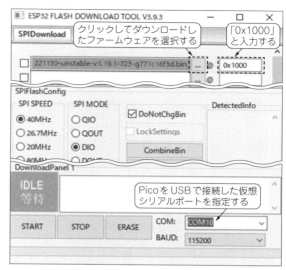

図4　書き込み時の項目

(7) **図4**の画面中のその他の項目を次のように設定します.

- SPI SPEED：40MHz
- SPI MODE：DIO
- DoNotChgBin：チェック
- BAUD：921600 〜 115200（書き込みに失敗する場合は小さい値を選択する）
- COM：ESP32がつながっているシリアル・ポート

(8) 入力内容を確認して［START］ボタンをクリックします.

(9) 書き込みが正常に終了することを確認します.

これでファームウェアの描き込みは完了です.

● NUCLEO-F446RE

STマイクロエレクトロニクスのマイコン・ボードには複数のMicroPython対応品があります. ここではNUCLEO-F446RE（以下F446RE）を対象とします. Windows PCを使ってMicroPythonを導入する手順を示します.

▶ 1，F446RE用のファームウェアを入手する

F446RE用のファームウェアのダウンロード・サイトから，最新版のファームウェアを入手します. 2024年1月時点での最新版はv1.22.1です. ダウンロードするファイルの形式としてdfu形式とhex形式が選べますが，本手順ではhexファイルをダウンロードするものとして進めます.

```
https://micropython.org/download/
NUCLEO_F446RE/
安定版：NUCLEO_F446RE-20240105-v1.22.1.
hex
```

▶ 2，ファームウェア書き込みツールを入手する

マイコン・ボードにMicroPythonのファームウェアを書き込むためのツールとして，以下のウェブ・ページからST-Link utilityの最新バージョンをダウンロードします.

```
https://www.st.com/ja/development
-tools/stsw-link004.html
```

ST-Link utilityは無償で利用できますが，ダウンロード時に氏名とメール・アドレスの登録が必要です.

ダウンロードしたzipファイルを解凍して，中にあるsetup.exeを実行してST-Link utilityをインストールします.

▶ 3，F446REボードへの書き込み

F446REとPCをUSBケーブルで接続します. デスクトップにある「STM32 ST-Link Utility」アイコンをダブルクリックして，ST-Link utilityを起動します. メニューから［Target］-［Connect］を選択してF446REに接続します. メニューから［File］-［Open file...］を選択した後，先ほどダウンロードしたMicroPythonのファームウェア・ファイルを指定します（**図5**）.

メニューから［Target］-［Program］を選択します. 確認画面で［Start］ボタンを押して，ファームウェアをボードに書き込みます. ボード上のLEDの点滅が止まるのを待ちます.

● ルネサス エレクトロニクスのRA4M1 Clicker

ルネサス エレクトロニクスのマイコン・ボードRA4M1 Clickerに，Windows PCを使ってMicroPythonを導入する手順を示します.

▶ダウンロードとインストール

最新版のファームウェアをダウンロードします. 2024年1月時点での最新版はv1.22.1です.

```
https://micropython.org/download/
RA4M1_CLICKER/
```

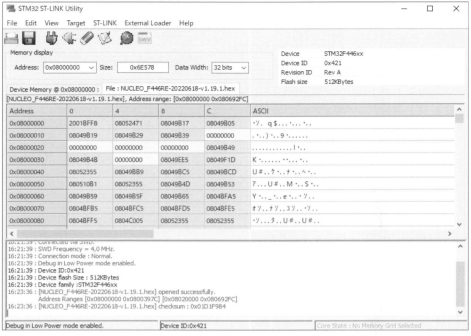

図5　ST Link utilityでMicroPythonのファームウェアを選択した状態

（安定版: RA4M1_CLICKER-20240105-v1.22.1.hex）

　ボードにMicroPythonのファームウェアを書き込むためのツールとして，以下のサイトからJ-Link Software and Documentation Packの最新バージョンのインストーラをダウンロードします．

```
https://www.segger.com/downloads/
jlink/JLink_Windows_x86_64.exe
```

　ダウンロードしたインストーラを実行します．基本的には全てのオプションはデフォルト値で構いません．「Install USB Driver for J-Link」ボックスのチェックは外さないでください．

▶ファームウェア書き込み

　RA4M1 ClickerとPCとをUSBケーブルで接続します．上記でインストールしたツール群の中のJ-Flash Liteを起動します．Device Fileフィールドに，ダウンロードしたMicroPythonのファームウェアを指定します．「Program Device」をクリックします．

ステップ2…プログラム開発環境 Thonnyのインストール

　本書ではMicroPythonの開発環境として，シンプル

な操作感でありながら一通りのマイコン操作ツールがそろっているThonnyを使います．ThonnyはMicroPythonだけでなく，CircuitPythonとPythonに対応しており，また，動作するプラットフォームもWindows, macOS, Linux（Raspberry Pi OS, Debian, Ubuntu, Fedora）と，利用環境を選びません．

　Thonnyの公式サイト（https://thonny.org）から，インストーラをダウンロードして実行します．

ステップ3…筆者提供プログラムの入手

　次のウェブ・ページからデータMicroPython Guideをダウンロードします．［Code］ボタンをクリックし，［Download ZIP］を選択すると，ZIP形式のファイルがダウンロードされるので，PC上に展開します．展開したファイルは，Thonnyのローカル・フォルダ画面から読み込むことができます．

```
https://github.com/kemusiro/Micro
PythonGuide
```

みやた・けんいち

ビギナ向け，Python の開発環境としても使える

第3章 開発環境 Thonny の使い方

ソニー

宮田 賢一

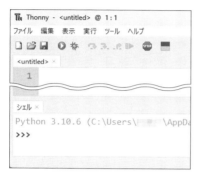

図1　Thonny を立ち上げたときの画面

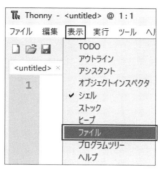

図2　［表示］-［ファイル］とたどる

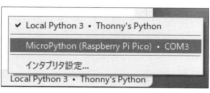

図3　トップ画面右下からマイコン・ボードを指定する

図4　Thonny の画面（プログラムが入力されている状態）

Pythonの統合開発環境Thonnyの使い方を説明します．最初に，GitHubから筆者提供プログラムをダウンロードします．

https://github.com/kemusiro/MicroPythonGuide.git

［Code］ボタンをクリックしたらプルダウン・メニューが表示されるので，［Download ZIP］を選択してプログラムをダウンロードします．ダウンロードしたプログラムはZIP形式で圧縮されているので，解凍し，任意の場所に置きます．

Thonnyを起動すると，図1の画面が開きます．［表示］-［ファイル］（図2）とすることで，トップ画面左側にファイル・タブが表示されます．ファイル・タブ直下には，Cドライブが表示されていると思います．その状態から，ダウンロードしたデータを，C¥…任意の場所…¥MicroPythonGuideとたどり指定します．

次に前章でMicroPythonファームウェアを書き込んだマイコンをPCに接続します（Picoの場合，BOOTSELボタンは押さない）．

Thonnyトップ画面の右下でPicoを選択します（図3）．すると，図4の画面が開きます．画面は大きく次のパートに分かれます．

● エディタ画面

ユーザがプログラムを入力する画面です．複数のファイルを同時に開いた場合はエディタ画面上部のタ

17

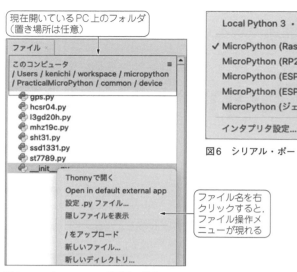

現在開いているPC上のフォルダ
（置き場所は任意）

ファイル名を右
クリックすると，
ファイル操作メ
ニューが現れる

図5　ローカル・フォルダ画面の操作

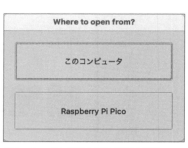

図6　シリアル・ポートの選択

図8　ファイルを開く場所の選択画面

ファイルを開く　　ファイルの保存

新規ファイルの作成　現在のスクリプト
の実行

スクリプトの停止，
リセット

図7　ショートカット・ボタン

ブで適宜ファイルを切り替えながらプログラミングできます．次のプログラミング支援機能があります．

- MicroPythonの文法に従ったキーワード色付け
- 自動インデント
- かっこの自動対応付け

● コンソール画面

マイコン・ボード⇔PC間でシリアル通信をするための画面です．コンソール画面上に表示されるMicroPythonのプロンプト「>>>」に続いてMicroPythonの文を入力することで，対話型のプログラミングができます．また，実行結果もコンソール画面上に表示されます．

● ローカル・フォルダ画面

PC上のローカル・フォルダのファイル一覧を参照する画面です．この画面の上部には，現在開いているPC上のフォルダ階層が示されており，フォルダ内のファイル一覧がその下に表示されます．ファイル一覧の中からファイルを選んで右クリックすると，ファイルに対する操作メニューが現れます（図5）．PCからマイコン・ボードにファイルをアップロードする場合はこのメニューから実行するのが便利です．

● マイコン・フォルダ画面

マイコン・ボード上のファイル一覧を参照する画面です．ローカル・フォルダと同じ操作で，マイコン・ボード上のファイル操作ができます．

● 接続中のシリアル・ポート

マイコンを接続しているPC上のシリアル・ポートを選択できます．PCに複数のマイコン・ボードを接続していたり，Thonny起動中に別のマイコン・ボードを差し直した場合，接続中のシリアル・ポート部分を右クリックして，接続したいシリアル・ポートを選択します（図6）．

● ショートカット・ボタン

ファイルの操作やスクリプトの実行，停止を行えるボタン群が上部にあります（図7）．

▶ ［新規ファイルの作成］ボタン

エディタ画面で新しいタブを開いて，新しいファイルの入力をできるようにします．

▶ ［ファイルを開く］ボタン

既存のファイルを開きます．ファイルを開く際に，PCとマイコンのどちらからファイルを開くかを選択します（図8）．

▶ ［ファイルの保存］ボタン

現在のエディタ画面上のファイルを保存します．保存する前に［ファイルを開く］と同じようにPCとマイコンのどちらにファイルを保存するかを選択します．

▶ ［現在のスクリプトの実行］ボタン

エディタ画面上に入力されているプログラムをマイコン上で実行します．プログラムはPCまたはマイコンに保存されている必要はありません．

▶ ［スクリプトの停止，リセット］ボタン

現在実行中のプログラムがあれば停止し，マイコンをリセットします．プログラムの実行状態によっては，このボタンで停止できないことがあります．そのような状態に陥った場合は，物理的にマイコンの電源をオフ（USBケーブルを抜くなど）してください．

みやた・けんいち

ピン／ネットワーク／ブート…デバイスやボード固有の情報を
あらかじめ作り込んでおく

第4章 本書で使う ベース・プログラムの準備

宮田 賢一

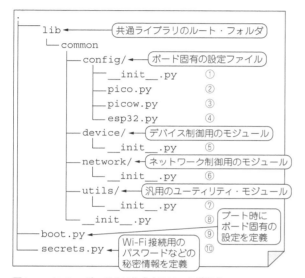

図1　マイコン・ボード上に作成するフォルダ構成

表1　マイコンに書き込むファイルやフォルダの用途

ファイル・フォルダ	用途
lib	共通ライブラリのルート・フォルダ
lib/common/config	ボード固有の設定ファイル
lib/common/device	デバイス制御用のモジュール
lib/common/network	ネットワーク制御用のモジュール
lib/common/utils	汎用のユーティリティ・モジュール
boot.py	ブート時にボード固有の設定を定義
secrets.py	Wi-Fi接続用のパスワードなどの秘密情報を定義

```
Raspberry Pi Pico
  ⊞     Thonnyで開く
        Open in default external app
        隠しファイルを表示

        ダウンロード中 C:¥Users¥nomur
        新しいファイル...
        新しいディレクトリ...
        削除

        プロパティ
```

図2　ラズベリー・パイPicoフォルダ上で
マウスを右クリック

　本書で解説するプログラムは，大きく2つのカテゴリに分かれます．
- 再利用可能なモジュール
- 上記モジュール利用しつつ動くテスト用プログラム

いずれも前章でThonnyから閲覧できるようになったマイコン・ボード上に配置されるプログラムのことです．

● フォルダ構成
　再利用可能なモジュール（commonフォルダ）は，マイコン・ボード上のlibフォルダの下に格納します．具体的なモジュールは第2部以降，それぞれのパートで作成して格納していきますが，最初に必要最低限のフォルダ構成（図1）を，マイコンのフラッシュ・メモリ上に作成します．それぞれのフォルダの用途を表1に示します．

● プログラムをマイコン・ボードに書き込む
　PCでの作業手順です．Thonnyにおけるラズベ

リー・パイPicoのフォルダ上でマウスを右クリックし（図2），［新しいディレクトリ］をクリックします．フォルダ名はlibとしました（図3）．その後，作られたlibフォルダをクリックします．
　Thonny左上「このコンピュータ」フォルダにあるcommonフォルダを右クリックし，［/libをアップロード］を選択します（図4）．するとcommonの内容がマイコン・ボードに書き込まれます．
　次にラズベリー・パイPico上のフォルダの場所をルート・フォルダに移動し，「このコンピュータ」フォルダにあるcommonフォルダの下にある［Part1］-［Chapter6］の下にあるboot.pyを右クリックし

図3　ディレクトリ名をlibとした

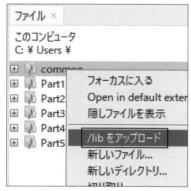

図4　commonフォルダを右クリックし，
[/libをアップロード]を選択

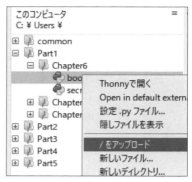

図5　boot.pyを右クリック

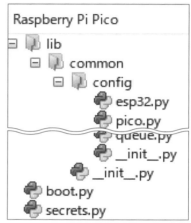

図6　マイコン・ボード上に構成されたファイル

（図5），[/をアップロード]を選択します．同じように
secrets.pyもアップロードします．これでマイコ
ン・ボード上に図6のようなファイルが構成されまし
た．common/config/__init__.py（①）と
common/__init__.py（⑧）は内容が空のファイル
とします．boot.py（コラム内リストG）は，実験す
るマイコン・ボードに応じて，MYBOARD変数の値を
pico，picow，esp32のいずれかに変更してくださ
い．secrets.py（コラム内リストH）はXXXXXXXX

の部分を実験環境でのWi-Fiアクセス・ポイントの
SSIDとパスワードで置き換えてください．

　common下にあるファイルの内容の詳細は，コラ
ムで解説します．

みやた・けんいち

コラム　ベース・プログラムの内容

宮田 賢一

　現時点ではまだ理解する必要はありませんが，参考としてcommonフォルダ内のファイル内容について説明します．説明内に出てくる用語や言語仕様の詳細については，第2部を参照してください．

　マイコン・ボードに書き込まれたそれぞれのファイル内容を**リストA～リストH**に示します．

▶①common/config/__init__.py

　MicroPythonのプログラムからcommon.configモジュールをインポートしたとき（import common.configを実行したとき）に自動的に実行されるファイルです注A．

　通常はcommon.configモジュール全体で使用するグローバル変数を定義したり，common/configフォルダの中にある他のMicroPythonプログラムを連鎖的にインポートして，変数や関数，クラスなどをまとめて定義したりするコードを__init__.py内に記述します．そのような処理が不要の場合でも，このフォルダがモジュールであることをMicroPythonに知らせるために空の__init__.pyを置きます注B．

注A：MicroPythonにおけるモジュールの仕様については第2部第10章を参照．

注B：内容が空の場合は__init__.pyを作らないということもできます．ただし__init__.pyがないフォルダをインポートすると，MicroPythonではそれを名前空間モジュールという特別なモジュールとして扱います．本書では名前空間モジュールのメリットを活用する使い方をしないので，通常通り空の__init__.pyを置くこととしました．

▶②common/config/pico.py,
③common/config/picow.py,
④common/config/esp32.py

　リストA～リストCは，マイコン・ボード固有のグローバル変数を定義するファイルです．MicroPythonはファームウェア内にマイコン・ボードごとのAPIの違いを隠蔽・抽象化しているので，同じプログラムがどのマイコン・ボードでも動作します．ただしGPIO番号の範囲や，I^2Cとして使用できるGPIO番号など，マイコン・ボードごとにバリエーションが多すぎて，どうしても抽象化できないものがあります．そこで本書では，実験で使用する範囲に限定してGPIO番号などを同じ変数名で参照できるようにしました．その定義をしているのがこれらのファイルです．

　例えばI^2CのSDA信号とSCL信号に対するGPIO番号は**表A**のように定義しています．これにより，メインのプログラムでは，どのマイコン・ボードに対しても変数I2C0_SCLと変数I2C0_SDAで参照できるようになります．

▶⑤common/device/__init__.py

　リストDはcommon.deviceモジュールをインポートしたときに自動的に実行されるファイルです．①とは異なり，このファイルは空ではなく，同じフォルダ内にある各デバイス用のクラスをインポートしています．例えば**リストD**の1行目にある次の行は，同じフォルダのsht31.pyファイルからSHT31という名前の属性（実際はクラス名）をインポートするという意味です．

リストA　Pico固有のグローバル変数
common/config/pico.py（②）

```
 1: DEFAULT_LED = 25
 2: I2C0_SCL = 9
 3: I2C0_SDA = 8
 4: I2C1_SCL = 7
 5: I2C1_SDA = 6
 6: HCSR04_ECHO = 20
 7: HCSR04_TRIG = 21
 8: DEFAULT_ADC = 26
 9: DEFAULT_TIMER_ID = -1
10: SSD1331_SPI_ID = 0
11: SSD1331_SPI_SCLK = 6
12: SSD1331_SPI_MISO = 4
13: SSD1331_SPI_MOSI = 7
14: SSD1331_SPI_RESET = 14
15: SSD1331_SPI_DC = 15
16: SSD1331_SPI_CS = 5
```

リストB　Pico W固有
common/config/picow.py（③）

```
 1: DEFAULT_LED = "LED"
 2: I2C0_SCL = 5
 3: I2C0_SDA = 4
 4: I2C1_SCL = 7
 5: I2C1_SDA = 6
 6: HCSR04_ECHO = 20
 7: HCSR04_TRIG = 21
 8: DEFAULT_ADC = 26
 9: DEFAULT_TIMER_ID = -1
10: SSD1331_SPI_ID = 0
11: SSD1331_SPI_SCLK = 18
12: SSD1331_SPI_MISO = 16
13: SSD1331_SPI_MOSI = 19
14: SSD1331_SPI_RESET = 14
15: SSD1331_SPI_DC = 15
16: SSD1331_SPI_CS = 17
```

リストC　ESP32固有
common/config/esp32.py（④）

```
 1: DEFAULT_LED = 13
 2: I2C0_SCL = 18
 3: I2C0_SDA = 19
 4: I2C1_SCL = 25
 5: I2C1_SDA = 26
 6: HCSR04_ECHO = 16
 7: HCSR04_TRIG = 17
 8: DEFAULT_ADC = 32
 9: DEFAULT_TIMER_ID = 0
10: SSD1331_SPI_ID = 1
11: SSD1331_SPI_SCLK = 14
12: SSD1331_SPI_MISO = 12
13: SSD1331_SPI_MOSI = 13
14: SSD1331_SPI_RESET = 26
15: SSD1331_SPI_DC = 27
16: SSD1331_SPI_CS = 15
```

コラム　ベース・プログラムの内容（つづき）

```
from .sht31 import SHT31
```

　こう書いておくことで，common.deviceをインポートするとSHT31クラスも一緒に読み込むことができます．

▶⑥**common/network/__init__.py,**
⑦**common/utils/__init__.py**

　これらも⑤と同じように，common.networkとcommon.utilsフォルダをインポートしたときに，それぞれのフォルダの中にあるクラス定義を一緒にインポートするための記述をしています（リストE，リストF）．

▶⑧**common/__init__.py**

　このファイルの内容も空ですが，理由は①と同じで，commonフォルダがモジュールとして認識されるように，何も処理がなくても空のファイルを格納します．

● ⑨**boot.py**…マイコン・ボードが立ち上がる際に自動的に読み込まれる

　ここからはcommonの下のファイルの話ではありません．boot.pyは，マイコン・ボードがブート

したときに自動的に読み込まれるファイルです（リストG）．このファイルでは，1行目で定義したMYBOARD変数の値によって，②③④のいずれかのファイルをインポートします．またimport文のasパラメータを活用して，インポートしたモジュールを全てconfigという名前で参照できるようにしました．そのため，例えば表Aに挙げた変数をメイン・プログラムで使用する場合は，config.I2C0_SCL, config.I2C0_SDAのように指定すればよくなります．

　実際に動かす場合は，使用するマイコン・ボードの種別に応じてPicoならpico, Pico Wならpicow, ESP32ならesp32を1行目のMYBOARD変数に代入します．

● ⑩**secrets.py**…Wi-Fiのパスワードなど

　Wi-Fi接続用のパスワードなどの秘密情報を定義するファイルです（リストH）．リスト中のXXXXXXXXの部分を，利用するWi-Fiアクセス・ポイントのSSIDとパスワードに置き換えます．

表A　グローバル変数とその値（GPIO番号）

変数名	Pico	Pico W	ESP32
I2C0_SCL	9	5	18
I2C0_SDA	8	4	19

リストD　common.deviceモジュールをインポートした際に自動的に実行されるcommon/device/__init__.py（⑤）

```
1:  from .sht31 import SHT31
2:  from .l3gd20h import L3GD20H
3:  from .ssd1331 import SSD1331, fbcolor
4:  from .mhz19c import MHZ19C
5:  from .hcsr04 import HCSR04
```

リストE　common.networkフォルダの中にあるクラス定義をインポートするための記述common/network/__init__.py（⑥）

```
1:  from .wlan import init_wlan
2:  from .uartproxy import UARTProxy
3:  from .esp32at import ESP32AT
4:  from .tlm922s import TLM922S
5:  from .brkws01 import BRKWS01
```

リストF　common.utilsフォルダの中にあるクラス定義をインポートするための記述common/utils/__init__.py（⑦）

```
6:  from .queue import Queue
```

リストG　マイコン・ボードが立ち上がる際に自動的に読み込まれるboot.py（⑨）

```
1:  MYBOARD = "pico"
2:
3:  if MYBOARD == "pico":
4:      import common.config.pico as config
5:  elif MYBOARD == "picow":
6:      import common.config.picow as config
7:  elif MYBOARD == "esp32":
8:      import common.config.esp32 as config
```

リストH　Wi-Fi接続のパスワードなどを保存するsecrets.py（⑩）

```
1:  WIFI_SSID = "XXXXXXXX"
2:  WIFI_PASSWORD = "XXXXXXXX"
```

基本要素から四則演算，リスト，for文の使い方，
インデントのルールまで

第1章

MicroPython チュートリアル

宮田 賢一

この章ではMicroPythonのプログラミングの基本を一通り体験します．

**基本となる要素：
関数呼び出し，代入，変数**

プログラミング言語の学習で大切なのは，動くプログラムを作り，動作を理解することだと思います．まずは簡単なプログラムを通じて，MicroPythonの基本的な使い方を理解しましょう．

● print

Thonnyのコンソール画面で，プログラムの入力待ちを意味する >>> に対して，次のように1行を入力し，行末でEnterキーを押します．

```
>>> print("Hello, MicroPython")
Hello, MicroPython
>>>
```

すると直後の行にHello, MicroPythonと表示され，次の入力待ちとなりました．MicroPythonではこのように，入力したプログラムがすぐに実行されるので，対話的にプログラムの実行ができます．

この1行プログラムではprint関数を呼び出しています．あらためて用語の意味を定義しておきます．

- 関数…何らかの機能を提供するプログラムをひとまとめにして名前を付け，繰り返し呼び出せるようにしたもの
- 引数（ひきすう）…関数が提供する機能に与えるパラメータ
- 戻り値…関数を実行して得られる結果

print関数は与えられた引数を画面に表示するという機能を提供する，MicroPythonに最初から組み込まれている関数です．戻り値はありません注1．

注1：厳密には戻り値を参照するとNoneという値が得られますが，今のところは意味がないものとして戻り値なしと表現しました．

● input

別の関数を使ってみましょう．

```
>>> x = input("Enter a number: ")
Enter a number:
```

ここで使っているinput関数は，ユーザからの入力を受け取って，その値を戻り値として返す関数です．input関数に文字列の引数を指定すると，ユーザの入力待ちを意味するプロンプトとして表示されます．MicroPythonでは文字列を二重引用符("Enter a number: ")または一重引用符('Enter a number')のいずれかで囲って表します．どちらの形式を使っても意味的な違いはありません．

"Enter a number: "が表示されたのに続いて，10と入力してEnterキーを押します．

```
>>> x = input("Enter a number: ")
Enter a number: 10
>>>
```

今回は結果が何も表示されずにMicroPythonのプロンプトが表示されました．このプログラムは代入文を実行するものです．代入文は，

変数 = 式

という形をしており，等号 = の右辺の式の計算結果を左辺の変数に代入する働きがあります．この例の場合，xが変数，input関数が式に当たります．

実際に，input関数に対して入力した値10が変数xに代入されていることを確認してみましょう．

```
>>> print ("Entered number is", x)
Entered number is 10
```

この例のように，print関数にカンマで区切って複数の引数を指定した場合は，それらを空白で挟んで順番に連結して表示してくれます．この場合は確かに変数xの値が10であることを示しています．

● 変数の型は固定でない

C言語のプログラマであれば，変数を使用する前に

事前に宣言したくなると思いますが，MicroPythonでは事前に変数を宣言する必要はなく，変数の型も固定されていません．つまり同じ変数に整数でも浮動小数でも，後で説明するオブジェクトであっても，任意の型のデータを代入できます．さらに，ある型のデータを代入後に別の型のデータを再代入することもできます．

```
>>> p = 10
>>> p = p + 1
>>> print(p)
 11
>>> z = "abc"
>>> print(z)
 abc
```

ただし変数に値が代入される前に変数値を参照してはいけません．まだ何も値が代入されていない変数yを参照しようとすると，「yという名前が定義されていない」というエラーになることを確認してください．

```
>>> print(y)
Traceback (most recent call last):
  File "<stdin>", line 1, in <module>
NameError: name 'y' is not defined
```

数値を計算する：演算子，組み込みモジュール

MicroPythonで扱う数値型には整数，浮動小数，複素数があり，それぞれに対して四則演算や便利な演算子が用意されています．MicroPythonを計算機代わりにしてみましょう．

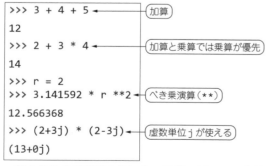

```
>>> 3 + 4 + 5       ← 加算
12
>>> 2 + 3 * 4       ← 加算と乗算では乗算が優先
14
>>> r = 2
>>> 3.141592 * r **2  ← べき乗演算（**）
12.566368
>>> (2+3j) * (2-3j)  ← 虚数単位jが使える
(13+0j)
```

組み込みの演算子の他にも，外部モジュールを読み込むことで，特別な演算や関数を使うことができます．例えば数学関数を集めたmathモジュールを使ってみます．モジュールの関数を使うためには，まずimport文を使ってMicroPythonに読み込んで，モジュール内の関数を「モジュール名．関数名」の形で呼び出します．

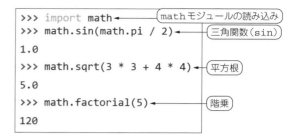

```
>>> import math        ← mathモジュールの読み込み
>>> math.sin(math.pi / 2)  ← 三角関数（sin）
1.0
>>> math.sqrt(3 * 3 + 4 * 4)  ← 平方根
5.0
>>> math.factorial(5)  ← 階乗
120
```

複数の要素を格納する：リスト

複数のデータをまとめて格納したい場合に汎用的に使えるのがリストというデータ構造です．リストの要素には任意の型のデータを混在して格納できますが，通常は同じ型のデータを格納します．

リストは格納する要素をカンマで区切って角括弧で囲うことで作ります．作成したリストは変数に代入できます．

```
>>> fruits = ["apple", "orange", "raspberry", "persimmon", "pear"]
```

リストの要素を1つだけ取り出す場合は，リストに対して角括弧で要素位置を指定します．先頭の要素の要素位置は0です．

```
>>> fruits[1]
'orange'
```

リストから複数の要素を部分リストとして取り出すこともできます．リスト要素のstart番目からend－1番目の要素を取り出したいときは[start:end]という形で要素範囲を指定できます．

```
>>> fruits[1:4]
['orange', 'raspberry', 'persimmon']
```

複数の要素で同じ処理を繰り返す：for文

複数の要素を1つずつ順に繰り返して処理したいときにはfor文を使います．先ほど定義したリストを使ってその使い方を見てみましょう．まず，for i in fruits:と入力してEnterキーを押します．

```
>>> fruits = ["apple", "orange", "raspberry", "persimmon", "pear"]
>>> for i in fruits:
        ← ここでカーソルが点滅している
```

すると次の行ではプロンプトが表示されずに，forの先頭から数えて4文字目の位置でカーソルが点滅している状態になったと思います．これはThonnyが空

白文字を自動的に挿入してインデントを付けて，`for`文本体のプログラムの入力を促している状態です．この状態で`print(i)`と入力してEnterキーを押します．

```
>>> for i in fruits:
        print(i)
```
←ここでカーソルが点滅している

次は直前の行と同じ位置まで空白文字が挿入されました．`for`文の本体が2行以上ある場合はさらに続けて文を入力していきますが，今回は`print`文1つだけをループさせるために，ここでBackspaceキーを押してEnterキーを押します．

```
>>> for i in fruits:
        print(i)
```
[Back Space] [↵] Backspaceキーを押して，Enterキーを押す
```
apple
orange
raspberry
persimmon
pear
```

インデント直後の状態でBackspaceキーを押すと，インデントを1つ下げる意味があります．インデントを下げると`for`文本体の入力が完了したことを意味するので，`for`文の実行が直ちに始まり，リストの内容が順に表示されました．

今回使った`for`文の構文をまとめると，次のような形になります．

`for 変数名 in 繰り返しの対象：`
`　　ループ本体`

上記の例では繰り返しの対象としてリストを指定しましたが，リスト以外にも複数の要素が順序を持って並んでいるようなデータであれば指定可能です．例えば0から$n-1$までの整数の範囲でループ変数を繰り返したい場合は，MicroPython組み込みの`range`関数が使えます．`range`関数は指定した個数の整数列を生成してくれる関数なので，`for`文の繰り返し対象で指定すると，整数列を順に取り出してループ処理をすることになります．

```
>>> for i in range(5):
        print(i)
```
[Back Space] [↵]　0, 1, 2, 3, 4の5個の整数列を生成する
```
0
1
2
3
4
```

リスト1　FizzBuzz問題のプログラム

```
# 3の倍数のときFizz，5の倍数のときBuzz，
# 両方の倍数のときFizzBuzz，
# それ以外のとき数字を表示する
for i in range(1, 17):   # 1から16までの数列を生成する
    if i % 15 == 0:   # 15で割った余りがゼロかどうか
        print("FizzBuzz")
    elif i % 3 == 0:   # 3で割った余りがゼロかどうか
        print("Fizz")
    elif i % 5 == 0:   # 5で割った余りがゼロかどうか
        print("Buzz")
    else:              # どれにも当てはまらない場合
        print(i)
```

プログラムの構造とインデントを理解する

`for`文を入力する際，Thonnyは自動的にインデントを挿入してくれました．実はインデントは見やすさのためだけに使うものではなく，MicroPythonでは守らなければならない言語仕様の1つです．チュートリアルを締めくくるに当たって，最後にプログラムの構造とインデントについて理解しましょう．

リスト1はFizzBuzz問題を解くプログラムです．FizzBuzz問題とは，数値を1から順番に足していき，数値が3の倍数のときは"Fizz"，5の倍数のときは"Buzz"，3の倍数かつ5の倍数のときは"FizzBuzz"という文字列を表示するというものです．**リスト1**ではこれまで説明していない次の言語機能を用いています．それぞれの詳細は次章で説明します．

- if/elif/else文…条件判定の結果に応じて実行する文を選択する
- x == y（比較演算）…xとyが等しいかどうかを判定する
- x % y（剰余演算）…xをyで割った余りを返す

ここからはThonnyのエディタ画面を使ってプログラムの入力をしていきましょう．まず**リスト1**をThonnyのエディタ画面に入力して実行すると，次の結果がコンソール画面に表示されます．

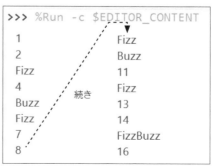

```
>>> %Run -c $EDITOR_CONTENT
1              Fizz
2              Buzz
Fizz           11
4              Fizz
Buzz    続き    13
Fizz           14
7              FizzBuzz
8              16
```

実行結果の1行目にある`%Run -c $EDITOR_CONTENT`は，エディタ画面に入力されたプログラムを実行するThonnyの内部コマンドなのでここでは読

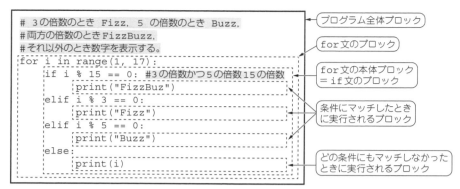

図1　ブロックの構造

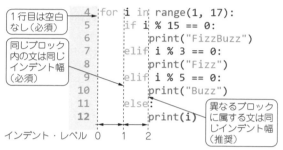

図2　インデントの考え方

リスト2　MicroPythonとしては正しいプログラム

同じレベルのインデントであってもインデント幅が異なる場合の例. これでも正しく実行できるが, プログラムが読みにくくなる

```
for i in range(1, 41):
    if i % 15 == 0:
     print("FizzBuzz")      # 空白5文字
    elif i % 3 == 0:
        print("Fizz")       # 空白8文字
    elif i % 5 == 0:
            print("Buzz")   # 空白12文字
    else:
                print(i)    # 空白16文字
```

み飛ばして構いません. 実質的な実行結果は2行目以降です. 正しくFizz, Buzz, FizzBuzzが表示されていることが分かります.

　リスト1のプログラム構造に注目してその流れを見ていきます.

▶**コメントは#で始める**

　プログラムの最初の3行と, 5行目の#以降はコメントです. MicroPythonでは#文字から行末までがコメントとして扱われ, プログラム実行時に無視されます.

▶**プログラムの実行単位は文**

　MicroPythonのプログラムの実行単位を文と呼び, 1つのまとまりとして実行される1つ以上の文の集まりをブロックと呼びます（**図1**）.

▶**インデントが重要**

　MicroPythonのプログラムでは, 言語の仕様としてインデントの付け方が決められています. **リスト1**のインデントの構造を表したものが**図2**です. インデントは次の規則に従って記述します.

- プログラムの先頭行は必ず行の先頭から始まる
- インデントは, 1文字以上のスペースまたはタブの連続で表す
- 同じブロックに属する文は必ず同じインデント幅にする
- 異なるブロックは異なるインデント幅でもよい（ただし同じ幅にすることを強く推奨）

　4つ目の要件の例が**リスト2**です. ifの本体, elifの本体, elseの本体はそれぞれ異なるブロックなので, 同じレベルのインデントであってもインデント幅が異なっています. 言語仕様上はこれでも正しく実行できるのですが, プログラムの読みやすさを著しく損なうため, 原則として同じ幅にすることを強く推奨します.

　また, レベル1つ分のインデントは, Pythonのコーディング・スタイルとしてスペース文字4個を使うことが推奨されています[注2]. Pythonのサブセットである MicroPythonでも, そのスタイルを守るのがよいでしょう.

注2：PEP8を参照（https://pep8-ja.readthedocs.io/ja/latest/）

みやた・けんいち

数値型／文字列型／論理値型／None型

基本的なデータ型

宮田 賢一

　ここからは，MicroPythonの言語仕様について，プログラム例や実行結果を示しながら説明します．実際にThonnyで打ちながら学んでいきましょう．

1.1 リテラル…プログラムに値を直接表記したもの

　データ型の説明を調べていると，リテラルという文法用語を目にすることがあると思います．リテラルとは，プログラム中にデータの値を直接表記したものであり，データ型によって表記方法が決まっています．以下はMicroPythonのリテラルの一例です．

- 整数リテラル：100，-20，0x10，100_000
- 浮動小数点リテラル：1.0，.5，1e3
- 虚数リテラル：2j，3.0j
- 文字列リテラル："abc"，f"{param}"
- バイト列リテラル：b"abc"，b"¥x12¥x34"

　一方，変数名のようにデータの値そのものを表していないものはリテラルではありません．本稿でも必要に応じてリテラルという用語を使いますので，覚えておいてください．

1.2 数値型

　MicroPythonでは，次の3種類の数値型を扱えます．

- 整数
- 浮動小数
- 複素数

● 整数型…無限精度で使える

　整数は，3や15のように小数点がない数値です．C言語の場合では，整数のビット幅に応じて複数の整数型が用意されていますが，MicroPythonには1種類しかなく，メモリが許す限り無限の精度で整数を扱えます．

　例えば，べき乗を求める演算子 ** を使って，2の1000乗と3の1000乗の足し算も実行できてしまいます（**コマンド1**）．無限精度の整数が扱えるとはいえ，マイコンのCPUで扱える32ビットや64ビットのレジスタ範囲をはるかに超えるデータになるので，32ビッ

ト値や64ビット値の計算に比べて実行時間は遅くなります．実際に使用する場合は，適切な用途かどうかを考慮すべきでしょう．

```
>>> 2 ** 1000 + 3 ** 1000
1322070819480806636890455259 …
77831385060806196390977769687
20803888729860300827514483874
74030574641325625056356729856
```
コマンド1　2の1000乗と3の1000乗の足し算
メモリが許す限り無限の精度で整数を扱える

　数値リテラルには，数字列の任意の場所にアンダスコア_を挿入できます．これにより，人間にとって読みやすい形で桁数の大きな数値を表現できます（**コマンド2**）．

```
>>> 1_000_000     # 1M：3けた区切り表記
1000000
>>> 1_0000_0000   # 1億：4けた区切り表記
100000000
```
コマンド2　数字列の任意の場所にアンダスコア_を挿入できる

　整数については特別な文字を前に置くことにより基数表現が可能です．

- 0bまたは0B…基数2（2進数）
- 0oまたは0O（ゼロ，オー）…基数8（8進数）
- 0xまたは0X…基数16（16進数）

　16進数で10～15を表現する場合はa～f，またはA～Fの文字を使います．さらに，基数表現でもアンダスコアによる数値区切りができるので，桁数が大きくなりがちな2進数表記で効果を発揮するでしょう（**コマンド3**）．

```
>>> 0x2b4f
11087
>>> 0b0010_1011_0100_1111
11087
```
コマンド3
特別な文字を前に置くことにより基数表現が可能

表1　整数に対する算術演算

演算子	意　味	例	実行結果
+	加算	3 + 4	7
-	減算	5 - 2	3
*	乗算	2 * 4	8
/	除算	10 / 3	3.333333
//	整数除算	10 // 3	3
%	余り	10 % 3	1
divmod	商と余り	divmod(10, 3)	(3, 1)
**	べき乗	2 ** 4	16

　算術演算については，**表1**の通りです．通常の四則演算に加え，整数除算があることに注目です．MicroPythonの除算演算子「/」は整数同士の計算でも結果が浮動小数になります．たとえ割り切れる場合であってもそうです．

　これに対して整数除算演算子「//」を使うと，結果の小数点以下が切り捨てられて，結果は整数となります（**コマンド4**）．

```
>>> 6 / 2
3.0
>>> 6 // 2
3
```
コマンド4
除算演算子「/」は整数同士の計算でも結果が浮動小数になる，整数除算演算子「//」を使うと小数点以下が切り捨てられる

　また，演算子ではなく関数形式となりますが，商と余りを同時に求められるdivmod関数もあります．これは，割られる数と割る数を指定すると，その商と余りがタプルとして得られます．タプルについては，後ほど詳しく説明します．

● 浮動小数型…32ビット精度（Pico/ESP32の場合）

　浮動小数とは，1.2や0.56のように，小数点が付いた数値です．MicroPythonの言語仕様では，浮動小数の精度が定義されておらず，実装依存とされています．本書で取り上げるマイコン（PicoとESP32）では，C言語のfloat型（32ビット長）として実装されています．従って浮動小数の取り得る値の範囲は次の通りです．

$1.175494 \times 10^{-38} \sim 3.402823 \times 10^{38}$

　浮動小数点リテラルと整数リテラルは，小数点の有無で区別されます．また，浮動小数点リテラルでは小数部が0または整数部が0の場合は，いずれかの0を省略できます．ただし，0.0をピリオド1個で「.」とは書けません（**コマンド5**）．

```
>>> 3       # 整数
3
>>> 3.0     # 浮動小数
3.0
>>> 3.      # 浮動小数
3.0
>>> 0.3     # 浮動小数
0.3
>>> .3      # 浮動小数
0.3
```
コマンド5
浮動小数点リテラルでは小数部が0または整数部が0の場合は，いずれかの0を省略できる

　浮動小数も整数と同じように，アンダスコアで数値を区切ることができます（**コマンド6**）．

```
>>> 3.141_593
3.141593
```
コマンド6
浮動小数も整数と同じようにアンダスコアで数値を区切れる

　さらに，$A \times 10^N$という指数表記の浮動小数は，AeNという表記で表現できます．このとき，仮数部（A）と指数部（N）がともに整数リテラルであっても，浮動小数として扱われます（**コマンド7**）．

```
>>> 1.5e3
1500.0
>>> 2e-2
0.02
```
コマンド7
仮数部（A）と指数部（N）がともに整数リテラルであっても，浮動小数として扱われる

　浮動小数の演算は，整数と同じように**表1**の演算が使えます．ただし，本来は整数に対して使用する%やdivmodは，浮動小数の内部表現の違いによって想定と異なる結果が得られることがあります．従って，実行結果がどうなるのかを細かく理解していない限り，使用しない方が無難だと思います（**コマンド8**）．

```
>>> divmod(10.0, 1.0)  # 想定通りの結果が得られる
(10.0, 0.0)
>>> divmod(1.0, 0.1)   # 誤差が発生する
(9.0, 0.09999999999999995)
```
コマンド8　本来整数に対して使う%やdivmodは浮動小数で使わない方が無難
浮動小数の内部表現の違いにより想定外の結果になる場合がある

● 複素数型…実部と虚部からなる

　複素数は虚数単位jを使って，実部と虚部の足し算の形で表記できます．虚部が1の場合は，変数のjと区別するために1を省略せずに1jと書きます．実部と虚部は指数表記の浮動小数点リテラルでも構いませ

ん（コマンド9）.

```
>>> 2+3j
(2+3j)
>>> 1+1j
(1+1j)
>>> 4j    # 純虚数
4j
>>> 5+0j # 複素数における実数
(5+0j)
>>> 1.2e3+2.4e5j # 指数表記
(1200+240000j)
```

コマンド9
複素数は虚数単位 j を使って，実部と虚部の足し算の形で表記できる

　複素数の実部と虚部は，複素数の real 属性と imag 属性で取得できます（コマンド10）.

```
>>> z = 2+3j
>>> z.real
2.0
>>> z.imag
3.0
```

コマンド10
複素数の実部と虚部は複素数の real 属性と imag 属性で取得できる

　複素数に対しては，表1のうち，四則演算（+, -, *, /）とべき乗（**）が使えます．複素数のべき乗は，関係式を用いて計算されます（コマンド11）.

$$e^z = e^{(x+jy)} = e^x(\cos y + j\sin y)$$

```
>>> x = 2+3j
>>> y = 3+4j
>>> print(x + y, x - y, x * y, x / y, x ** y)
(5+7j) (-1-1j) (-6+17j) (0.72+0.04j) (-0.204552921794176+0.89
66232598799766j)
```

コマンド11　複素数のべき乗は関係式を用いて計算する

1.3 文字列型

　MicroPython の文字列リテラルは，一重引用符または二重引用符のいずれかで文字列を囲って表記され，どちらの引用符を使っても構いません．文字列中に一重引用符がある場合は二重引用符で囲い，二重引用符がある場合は一重引用符で囲うという使い分けができます（コマンド12）.

表2　主なエスケープ・シーケンス

エスケープ・シーケンス	意　味
\\	バック・スラッシュ（\）
\'	一重引用符（'）
\"	二重引用符（"）
\n	改行（LF）
\r	改行（CR）
\t	タブ
\xhh	ASCII コードで16進数の hh を持つ文字
\uxxxx	Unicode で16ビット16進数 xxxx をもつ文字

```
>>> "Don't forget me"
"Don't forget me"
>>> 'print("abc")'
'print("abc")'
```

コマンド12
文字列リテラルは一重引用符または二重引用符のいずれかで文字列を囲って表記される

● エスケープ・シーケンス

　改行コードや特殊な文字を文字列に含めたい場合は，次の組み合わせで表現される，エスケープ・シーケンスを使います.

バック・スラッシュ＋特定の文字

　バック・スラッシュはフォントによって円マーク（¥）のこともあります.

　主なエスケープ・シーケンスを表2に挙げます．例えば，文字列中に改行コードを含めたい場合は，コマンド13のようにします.

```
>>> print("This is\nan apple")
This is
an apple
```

コマンド13　エスケープ・シーケンス（\n）を使って文字列中に改行コードを含めた例

● 文字列に対する演算

　主な演算を表3に示します．演算子 + と * は，数値だけではなく文字列に対しても適用でき，それぞれ文字列の連結と同じ文字列を指定回数繰り返した文字列の生成になります.

表3　文字列に対する主な演算

演算子	意　味	例	実行結果
+	文字列の連結	"abc" + "def" + "ghi"	'abcdefghi'
*	文字列の繰り返し	"xy" * 5	'xyxyxyxyxy'
len()	文字列の長さ	len("abc")	3

表4　文字列から数値型への型変換関数

変換先の型	書　式	実行例	結　果
整数	int (文字列) int (文字列，基数)	int ("123")	123
		int ("0b1010)	10
		int ("4a", 16)	74
浮動小数	float (文字列)	float ("5.0")	5.0
		float ("3e5")	300000.0
複素数	complex (文字列)	complex ("3+4j")	3+4j

表5　s=" ABCDEFGHIJ" に対するスライスの例

スライス表記	取り出された文字列
s [2:5]	'CDE'
s [2:]	'CDEFGHIJ'
s [:5]	'ABCDE'
s [:]	'ABCDEFGHIJ'
s [-4:-2]	'GH'
s [:-2]	'ABCDEFGH'
s [-4:]	'GHIJ'

● 文字列から数値への型変換

　文字列で表された数値を数値型に変換するには，**表4**の関数を使います．整数型に変換する場合は，文字列の基数を指定することができ，省略した場合は10進数で表記された文字列と見なします．

　また，文字列に基数を表す接頭辞（0b，0o，0xなど）が前置されている場合は，引数で基数を指定しなくても自動的に判定されます．

● 文字列リテラルの連結

　連結する文字列が文字列リテラルの場合は，並べるだけです（コマンド14）．

```
>>> "abc" "def" "ghi"
'abcdefghi'
```

コマンド14
文字列リテラルは並べるだけで連結できる

● 要素参照とスライス表記

　文字列の中から1つの文字を取り出したい場合，他のプログラミング言語における配列要素の参照と同じように，角かっこで要素位置を1つ指定します（コマンド15）．

```
>>> s = "ABCDEFGHIJ"
>>> s[3]
'D'
```

コマンド15
文字列の中から1つの文字を取り出す

　MicroPythonでは，これに加え，[開始位置:終了位置]という形式で取り出したい文字列の範囲を指定できます．このような表記法をスライス表記と呼びます．

　開始位置と終了位置は，いずれも省略したり負の値を指定したりでき，次のような意味に解釈されます．

- 位置が正の場合は文字列の先頭からの位置
- 位置が負の場合は文字列の末尾からの位置
- 開始位置を省略した場合は文字列の先頭
- 終了位置を省略した場合は文字列の末尾

　位置の指定方法は，文字の位置というよりも文字間の仕切りの位置と考えると分かりやすいかもしれません．**図1**にスライス位置指定の考え方を示したので，**表5**のスライス表記の例と見比べてみてください．

● フォーマット済み文字列リテラル

　文字列リテラルの直前に文字fを付けると，その文字列はフォーマット済み文字列リテラルとなります．フォーマット済み文字列リテラルは，任意の式を波括弧で囲んだ置換フィールドを持つことができ，式の計算結果が文字列リテラルに埋め込まれます．

　また，フォーマット済み文字列リテラル中で波括弧自身を入れたい場合は｛｛，｝｝のように波括弧を2つ重ねます（コマンド16）．

```
>>> x = 10
>>> f"square of {x} is {x**2}"
'square of 10 is 100'
>>> f"x == 10 is {x == 10}"
'x == 10 is True'
>>> f"{{x}} is replaced with {x}"
'{x} is replaced with 10'
>>> fruits = ["apple", "orange"]
>>> f"I like an {fruits[1]}."
'I like an orange.'
```

コマンド16　文字列リテラルの直前に文字fを付けると，その文字列はフォーマット済み文字列リテラルとなる

図1　スライスの位置指定は文字の仕切りの位置で考える

演算子	意　味	例	実行結果
==	両辺の値が等しい	`10 == 20`	FALSE
!=	両辺の値が等しくない	`10 != 20`	TRUE
<	左辺より右辺が大きい	`10 < 20`	TRUE
<=	左辺は右辺以下	`10 <= 20`	TRUE
>	左辺より右辺が小さい	`10 > 20`	FALSE
>=	左辺は右辺以上	`10 >= 20`	FALSE
is	両辺は同一である	`10 is 20`	FALSE
is not	両辺は同一ではない	`10 is not 20`	TRUE
in	左辺は右辺に含まれる	`10 in [0, 10, 20]`	TRUE
not in	左辺は右辺に含まれない	`10 not in [0, 10, 20]`	FALSE

表6
比較演算子

表7　論理演算子

演算子	意　味
and	論理積
or	論理和
not	否定

1.4 論理値型

　論理値型は，TrueとFalseの2つの論理値のみが定義されている型です．比較式や論理演算式の計算結果を表すために用いられ，結果が真であることをTrue，偽であることをFalseで表します．

● 比較演算子

　MicroPythonの比較演算子を表6に示します．比較演算子は両辺の一致，不一致，大小関係，およびオブジェクトの等価性を比較するものです．

　is演算子（およびis not演算子）と==演算子（および!=演算子）の違いは分かりにくいかもしれません．これらを文法的に言うと，is演算子はオブジェクトの同一性を判定するもので，==演算子はオブジェクトの同値性を判定するものとなります．これらは，おおむね以下のように使い分けます．技術的な詳細はコラムを参照してください．

- ==演算子：数値型の比較をするときや比較の仕方をカスタマイズしたいとき
- is演算：Noneとの比較をするときや，異なる変数が同じ実体を指しているかを比較したいとき

　inとnot inは，この後で説明するコレクション型に対して使用するもので，右辺の中に左辺の要素が含まれているか（含まれていないか）をチェックします．

● 論理演算子

　MicroPythonの論理演算子を表7に示します．論理演算子は，論理値同士の論理和，論理積，否定の各演算を行います．例えば，前章リスト1のFizzBuzz問題のプログラムでは，3の倍数かつ5の倍数という条件を数学的に同じ意味である15の倍数（15で割った余りがゼロ）としましたが，ブール演算子を用いてコマンド17のように書くこともできます．

```
1  for i in range(1, 17):  # 1から16までの数列を生成
2      if i % 3 == 0 and i % 5 == 0:  # 論理積
3          print("FizzBuzz")
4      elif i % 3 == 0: # 3で割った余りがゼロどうか
```

コマンド17　ブール演算子を用いて前章リスト1を書き換え

1.5 特殊な型「None」

　MicroPythonには「何もない」ことを表すNoneというデータ型があります．None型の値は，Noneのみです．また，Noneを実行しても何も起こりません（コマンド18）．

```
>>> None
>>>
```
コマンド18
Noneを実行しても何も起こらない

　Noneは，以下のような場面で使用します．

- 値を返さない関数の戻り値
- 関数の引数として明示的に「無指定」を指定したいとき
- 変数の初期値として何も入っていないことを示したいとき

　最初の例にあるものは，コマンド19のようにして確認できます．

```
>>> print(print())

None
```
コマンド19
print関数の戻り値を表示した結果

　このNoneは，MicroPythonの中で唯一のオブジェクトであり，固有値（コラム参照）は常に同じです（コマンド20）．

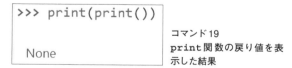

```
>>> id(None)
140704788649976
```
コマンド20
Noneの固有値は常に同じ

　Noneオブジェクトが唯一であるということから，

コラム オブジェクトの同一性と同値性 　　　　　　宮田 賢一

● 固有値はid関数で調べられる

　本文で説明したように，MicroPythonでは整数値や浮動小数値を含む全てのデータはオブジェクトで，全てのオブジェクトはオブジェクトごとに異なる固有の値を持っています．固有値を調べるには，id関数でオブジェクトを指定します（**コマンドA**）.

```
>>> id(1)
2026638999792
>>> id(1.0)
2026674827760
>>> id('1')
2026640009456
```
コマンドA
固有値はid関数で調べられる

● 同じ要素のリストでも固有値は異なる

　ここでリストの固有値を調べてみます．同じ要素を持つリストの固有値はどうなるでしょうか．早速，試してみましょう（**コマンドB**）.

```
>>> v1 = [1, 2, 3]
>>> v2 = [1, 2, 3]
>>> v3 = v1
>>> id(v1)
2026674664000
>>> id(v2)
2026648313536
>>> id(v3)
2026674664000
```
コマンドB
同じ要素のリストでも
固有値は異なる

　コマンドBより，同じ要素のリストであってもv1とv2は固有値が異なるので，異なるオブジェクトであることが分かりました．

　一方v1の値を代入したv3はv1と同じ固有値を持っています．つまり，v1とv3は同じオブジェクトを指しているということを意味しています．

● ==演算子とis演算子の違い

　ここまでの説明を踏まえると，次のようになります.

- ==演算子は両辺のオブジェクトが指し示す値が等しいことを比較する
- is演算子は両辺の固有値が等しい（オブジェクトが同一である）ことを比較する

　この違いを際立たせるのが，**コマンドC**の例です.

```
>>> 1 is 1.0
False
>>> 1 == 1.0
True
```
コマンドC　==演算子とis演算子の違い

　整数1と浮動小数1.0の固有値が異なっているのは，コラム冒頭の実行例の通りで，「1 is 1.0」はFalseです．一方，「1 == 1.0」はTrueとなりました．

　MicroPythonの一部の演算子は，データ型ごとにカスタマイズ可能な作りになっており，==演算子もその1つです．実際，整数型と浮動小数型に対する==演算子は，両辺の値が値として一致していればTrueとなるようにカスタマイズされているため，1と1.0の比較がTrueになったということです.

　Noneとの比較にはオブジェクトが一致することを比較する，is演算子が適していると言えます.

みやた・けんいち

データを格納するために割り当てられたメモリ領域…と考えよう

オブジェクトと名前

宮田 賢一

次章から説明するデータ構造の前に，プログラムの説明で頻繁に現れるオブジェクトという用語と，MicroPythonにおける名前について触れておきます．

2.1 全てのデータがオブジェクト

MicroPythonのオブジェクトですが，正確さを犠牲にして少々乱暴な言い方をすると，数値や文字列などのデータを格納するために割り当てられたメモリ領域と考えてください．C言語を知っている人であれば，次の3つのメンバ変数を持つ構造体を，malloc関数などでヒープ・メモリ上に動的に割り当てたものというイメージです．

- オブジェクト固有の値（identity）：他のオブジェクトと区別するためのもの．メモリ上のアドレスのイメージ
- 型（type）：整数，浮動小数，文字列，リストなど
- データの値（value）：データの値そのもの

これを模式的に表したものが**図1**です．プログラム上では1や1.0のように，単なる数値のように表されていても，MicroPython内部では固有値と型という属性情報が付けられた，1つのメモリ領域＝オブジェクトとして表現されることになります．

また，オブジェクトとして扱われるのは通常のデータ型の値だけではなく，次のものも全てをオブジェクトとして管理されます．

- 数値
- 文字列
- 関数
- モジュール
- クラス

2.2 名前はオブジェクトを参照するもの

MicroPythonでは，名前を用いてオブジェクトを参照します．名前には，数値や文字列のオブジェクトを参照するための変数名や，関数を参照するための関数名などがあります．名前に使える文字は次の通りです．

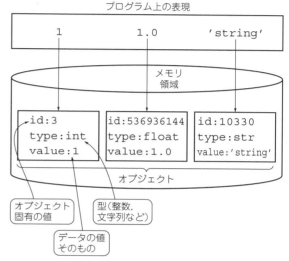

プログラム上の表現

```
1          1.0          'string'
```

メモリ領域

```
id:3          id:536936144    id:10330
type:int      type:float      type:str
value:1       value:1.0       value:'string'
```

オブジェクト

- オブジェクト固有の値
- 型（整数，文字列など）
- データの値そのもの

図1　全てのデータはメモリ領域に格納されたオブジェクトとして表現される

- 英小文字（a〜z）
- 英大文字（A〜Z）
- 数字（0〜9）
- アンダスコア（_）
- 一定の規則に従うUTF-8コード文字

また，次の規則に従います．

- 英大文字と英小文字は区別する
- 名前の最初の文字は英小文字，英大文字，アンダスコアのいずれかである
- MicroPythonの予約語と重複してはならない

従って，次の文字列はMicroPythonにおける有効な名前です．

- variable
- a1x
- _internal
- _
- 変数

みやた・けんいち

便利に使える4種類のデータ構造

第4章 リスト/タプル/辞書/集合 …コレクションの使い方

宮田 賢一

複数のデータをまとめて格納できるデータ型をコレクションと呼びます．ここでは，MicroPython組み込みのコレクションであるリスト，タプル，辞書，集合についてその使い方を説明します．

3.1 リスト

リストは，最も汎用的なコレクションです．リストには，任意のデータ型の要素を格納でき，それぞれの要素は異なる型が混在していても構いません．全ての要素が同じ型であれば，いわゆる配列として扱うことができます．

また，リストをリストの要素にすることで多次元配列を実現できます．

● リストの表記

リストに格納したい要素をカンマで区切って，角かっこで囲むことでリストを表記します．表1にリストの例を示します．

● リストの生成

リストを生成するには，リストを直接表記する方法の他に，リストに変換可能なデータから生成することもできます．リストに変換可能なデータとは，要素を1つずつ順番に取り出せる構造を持ったデータであり，例えば文字列がその1つです．

例えば，list関数を用いると，文字列中の各文字を要素とする新しいリストを作成できます（**コマンド1**）．

表1　リストの例

リストの例	意　味
`[1, 2, 3]`	シンプルなリスト
`[1, "abc", 1.0, 2+3j]`	異なる型の値を含んでも良い
`[[1, 2], [3, 4], [5, 6]]`	リストの要素をリストにできる（多次元配列が作れる）
`[]`	要素が1つもないリスト（空リスト）

```
>>> list("abcdefg")
['a', 'b', 'c', 'd', 'e', 'f', 'g']
```

コマンド1　list関数を用いると文字列中の各文字を要素とする新しいリストを作成できる

● 数列を要素とするリストの生成

要素を1つずつ順番に取り出せる，という性質を満たすオブジェクトをイテラブル（繰り返し可能）またはイテラブル・オブジェクトと呼びます．文字列やリストは，イテラブルです．

また，range関数が返すデータもイテラブルなので，数列を要素とするリストを簡単に作れます（**コマンド2**）．

```
>>> list(range(10))
[0, 1, 2, 3, 4, 5, 6, 7, 8, 9]
```

コマンド2　list関数とrange関数を組み合わせれば数列を要素とするリストを生成できる

● リストの内包表記

さらに一歩進んだリストの作り方として，内包表記という特別な記法を用いる方法もあります（**コマンド3**）．

```
>>> [x ** 2 for x in range(10)]
[0, 1, 4, 9, 16, 25, 36, 49, 64, 81]
```

コマンド3　リストの内包表記という特別な方法
内包表記を使うと一時変数を使わずに1行で簡潔に書ける

一般的に，この内包表記は以下の形で表されます．
[式 for 変数 in イテラブル]
これは，以下のプログラムと同じ意味を持ちます．
```
temp = []
for 変数 in イテラブル:
    temp.append(式)
# appendはリストに要素を追加する関数
```
この内包表記を使うと，一時変数を使わずに1行で簡潔に書けるというメリットがあり，MicroPythonら

しいプログラム記法ということもあるので，ぜひ覚えておきましょう．

さらに凝った内包表記の使い方としては，条件にマッチする要素のみでリストを作るための記法もあります．

[式 for 変数 in イテラブル if 条件]

これは例えば，果物名のリストから，頭文字がaで始まる物のリストを作りたい場合は**コマンド4**のようにします．

```
>>> fruits = ["apple", "banana", "apricot",
"cherry"]
>>> [x for x in fruits if x[0] == "a"]
['apple', 'apricot']
```

コマンド4　凝った内包表記…条件にマッチする要素のみでリストを作る

● 要素の参照

リストの要素は，要素位置を角かっこで囲った添え字を使って取り出せます（**コマンド5**）．

```
>>> x = [1, 2, 3, 4]
>>> x[2]
3
```

コマンド5　リストの要素は，要素位置を角かっこで囲った添え字を使って取り出せる

2次元配列型リストの場合は，まず外側の要素（リスト）を取り出し，それに対する要素位置を指定します（**コマンド6**）．

```
>>> y = [[1, 2], [3, 4]]
>>> y[1][0]
3
```

コマンド6　2次元配列型リストの要素は，まず外側の要素を取り出し，それに対する要素位置を指定して取り出す

さらに，リストでもスライス表記を使えます（**コマンド7**）．

```
>>> x = [1, 2, 3, 4, 5, 6, 7, 8, 9, 10]
>>> x[3:7]
[4, 5, 6, 7]
```

コマンド7　リストでもスライス表記を使える

● 要素の変更

リストの要素参照を代入文の左辺に置くと，指定した要素を変更できます（**コマンド8**）．

```
>>> x = [1, 2, 3, 4, 5, 6, 7, 8, 9, 10]
>>> x[3] = 100
>>> x
[1, 2, 3, 100, 5, 6, 7, 8, 9, 10]
```

コマンド8　リストの要素参照を代入文の左辺に置くと，指定した要素を変更できる

さらに，スライス表記を代入文の左辺に使うと，リストの一部を別のリストで置き換えることもできます．これは，置き換え前後でリストのサイズが異なっていても構いません．

空リストで置き換えると，指定したスライスの範囲を除去することを意味します（**コマンド9**）．

```
>>> x = [1, 2, 3, 4, 5, 6, 7, 8, 9, 10]
>>> x[3:5] = [103, 104] #3番目と4番目の要素を置換
>>> x
[1, 2, 3, 103, 104, 6, 7, 8, 9, 10]
>>> x[5:7] = ['a', 'b', 'c', 'd']      5番目と6番目
>>> x                                  の要素を4個の
                                       要素で置換
[1, 2, 3, 103, 104, 'a', 'b', 'c', 'd', 8, 9, 10]
>>> x[:3] = []   # 最初の3個の要素を空リストで置換（削除）
>>> x
[103, 104, 'a', 'b', 'c', 'd', 8, 9, 10]
```

コマンド9　スライス表記を代入文の左辺に使うと，リストの一部を別のリストで置き換えられる

● リストに対する操作①…リストの長さを取得する

`len`関数により，リスト長を取得します．

len(リスト)

リストの要素が，リストや他のコレクション型のデータの場合は，そのデータ自体を1個の要素としてカウントします（**コマンド10**）．

```
>>> x = [1, 2, 3, 4, 5]
>>> len(x)
5
>>> y = [[1, 2], [3, 4]]
>>> len(y)
2
```

コマンド10
リストの長さを取得する

● リストに対する操作②…リストに要素を追加する

リストの末尾に要素を追加する場合は，`append`関数を使います．

リスト.append(要素)

要素にリストを指定すると，リストそのものが追加されます（**コマンド11**）．

```
>>> x = [1, 2, 3, 4, 5]
>>> x.append(6)
>>> x
[1, 2, 3, 4, 5, 6]
>>> x.append([7, 8])
>>> x
[1, 2, 3, 4, 5, 6, [7, 8]]
```

コマンド11
append関数でリストに要素を追加できる

末尾ではなく，任意の位置に要素を挿入したい場合はinsert関数を使います．

リスト.insert(位置, 要素)

　指定する位置は先頭を0とし，負の数も使えます．第2章の図1と同じように要素を挿入する場所は，要素の仕切り位置だと考えると理解しやすいと思います（**コマンド12**）．

```
>>> x = [1, 2, 3, 4, 5]
>>> x.insert(2, 100)
>>> x
[1, 2, 100, 3, 4, 5]
>>> x.insert(-2, 200)
>>> x
[1, 2, 100, 3, 200, 4, 5]
```

コマンド12
insert関数で任意の位置に要素を挿入できる

● リストに対する操作③…リストを拡張する

　リストを連結して新しいリストを作りたい場合は，+演算子が使えます（**コマンド13**）．

```
>>>  [1, 2, 3] + [4, 5, 6]
[1, 2, 3, 4, 5, 6]
```

コマンド13
+演算子でリストを連結できる

　ここで，新しいリストではなく既存のリストの末尾に別のリストの要素を追加したい場合はextend関数を使います．

リスト.extend(イテラブル)

　文字列の要素を追加する意図で，イテラブルの部分に単に文字列を指定すると，イテラブルと解釈されて文字に分解されてしまうので気を付けてください（**コマンド14**）．その場合は，文字列を要素として持つリストを指定するか，append関数を使います．

表2　タプルの例

タプルの例	意　味
(1, 2, 3)	シンプルなタプル
(True, "data", 12345)	異なる型の値を含んでも良い
([1, 2], [3, 4, 5])	タプルの要素をリストにできる
()	要素が1つも無いタプル（空タプル）

```
>>> x = [1, 2, 3]
>>> x.extend([4, 5])
>>> x
[1, 2, 3, 4, 5]
>>> x.extend("abc")          文字列が分解されてしまう
>>> x
[1, 2, 3, 4, 5, 'a', 'b', 'c']
>>> x = [1, 2, 3]
>>> x.extend(["abc"])        文字列が分解されない
>>> x
[1, 2, 3, 'abc']
```

コマンド14　既存のリストの末尾に別のリストの要素を追加したい場合はextend関数を使う

3.2 タプル

　タプルもリストと同じように，複数のデータを格納する汎用的なコレクションです．リストと異なるのは，リストの要素を別の要素で書き換えられるのに対して，タプルの要素は書き換え不可であるということです．

　この書き換え不可という性質を活用して，例えばプログラム全体にわたって適用されるパラメータ一覧のように，プログラムのバグで書き換えられると困る定数データを扱いたいときに使います．なお，文法用語ではオブジェクトの内容を後から書き換えられる性質をミュータブル（mutable），一度生成されると二度と書き換えることができない性質をイミュータブル（immutable）と呼びます．つまり，リストはミュータブル，タプルはイミュータブルです．

● タプルの表記

　タプルは複数の要素をカンマで区切って丸かっこで囲んで表記します．**表2**にタプルの例を示します．

● タプルの生成

　タプルの生成方法はリストの生成にほぼ準じています．list関数の代わりにtuple関数を使ってイテラブルなデータからタプルを作れます（**コマンド15**）．ただし，タプルには内包表記はありません．内包表記のように書くこともできますが，その場合はタプルではなくジェネレータという特別な型のオブジェクトが生成されます．ジェネレータについては，Pythonの公式ドキュメントを参照してください．

```
>>> tuple([1, 2, 3, 4, 5])    リストからタプル
(1, 2, 3, 4, 5)               への変換
>>> g = (x % 2 for x in range(10))
>>> type(g)
<class 'generator'>           内包表記のように書けるが
                              作られるのはジェネレータ
```

コマンド15　タプルの生成

● 要素の参照

要素の参照の仕方もリストと同じように，単一の要素指定やスライス表記が使えます（**コマンド16**）．

```
>>> s = (1, 2, 3, 4, 5)
>>> s[2]
3
>>> s[3:5]
(4, 5)
```

コマンド16
要素の参照

ただし，要素の一部を書き換えようとするとエラーになります（**コマンド17**）．

```
>>> s[3] = 10
Traceback (most recent call last):
  File "<stdin>", line 1, in <modu
TypeError: 'tuple' object does no
```

コマンド17
要素の一部を書き換えようとするとエラーになる

● タプルに対する操作…タプル長の取得

`len`関数により，タプル長を取得します．

len(タプル)

リストの要素が，リストや他のコレクション型データの場合は，そのデータ自体を1個の要素としてカウントします（**コマンド18**）．

```
>>> x = (1, 2, 3, 4, 5)
>>> len(x)
5
>>> y = ([1, 2], [3, 4])
>>> len(y)
2
```

コマンド18
タプル長の取得

タプルは書き換え不可のため，タプルへの要素の追加，挿入の操作はありません．

3.3 辞書

辞書は，キーと値をペアで格納できるデータ型です．キーの値から，キーに対応するデータを引き出すという使い方ができます．1つの辞書内でキーが重複することはありませんが，異なるキーに対して同じ値があっても構いません．

● 辞書の表記

辞書は，キーと値のペアをコロンで結んだものを1つの要素として，各要素を並べたものを波かっこで囲んで表記します．**表3**に辞書の例を示します．

● 辞書の生成

辞書を生成するには，辞書の要素を直接表記する他，キーワード引数を使って`dict`関数を呼び出す方法や，辞書の内包表記を使う方法があります．

キーワード引数の例を，**コマンド19**に示します．

```
>>> dict(Tokyo=1404, Osaka=884, Fukuoka=514)
{'Tokyo': 1404, 'Osaka': 884, 'Fukuoka': 514}
```

コマンド19　辞書の生成

キーワード引数名と，その値を辞書のキーと値のペアとし，指定された引数を全て格納した辞書を作成できます．

● 辞書の内包表記

要素部分が「式：式」の形になる以外は，リストの内包表記と同じです（**コマンド20**）．

```
>>> {x: x**2 for x in range(5)}
{0: 0, 1: 1, 2: 4, 3: 9, 4: 16}
```

コマンド20
辞書の内包表記

● 要素の参照

辞書の要素は，辞書のキーを要素参照のための添え字として指定することで取り出せます（**コマンド21**）．

```
>>> population = {"Tokyo": 1404,
"Osaka": 884, "Fukuoka": 514}
>>> population["Tokyo"]
1404
```

コマンド21
辞書の参照方法

表3　辞書の例

辞書の例	意　味
{"Tokyo": 1404, "Osaka": 884, "Fukuoka": 514}	シンプルな辞書
{1: 1, 2: 4, 3: 8, 4: 16}	キーは整数でも良い（整数もオブジェクトであることを思い出すこと）
{"id": 1, {"temp": 28.1, "pressure": 1013.1}}	辞書の値は任意のオブジェクトを格納できる
{}	要素が1つも無い辞書

ここで，存在しないキーを指定すると，KeyError（キーが存在しない）というエラーとなります（**コマンド22**）．

```
>>> population["Aichi"]
Traceback (most recent call last):
  File "<stdin>", line 1, in <module>
KeyError: 'Aichi'
```

コマンド22　存在しないキーを指定するとエラーとなる

もし，エラーを出さずに何らかのデフォルト値を返したい場合はget関数を使います．
辞書.get（キー，デフォルト値）
この関数の使い方は，**コマンド23**のようになります．

```
>>> population.get("Osaka", "unknown")
884
>>> population.get("Aichi", "unknown")
'unknown'
```

コマンド23　存在しないキーを指定してもエラーが出ないようにするにはget関数を使う

辞書の要素には順序関係が無いので，要素に順序があることを仮定しているスライス表記は使えません．

● 辞書に対する操作①…要素数の取得

len関数により辞書の要素数を取得します．
len（辞書）
使い方の例を**コマンド24**に示します．

```
>>> population = {"Tokyo": 1404,
"Osaka": 884, "Fukuoka": 514}
>>> len(population)
3
```

コマンド24　要素数の取得

● 辞書に対する操作②…辞書に要素を追加する

辞書への要素追加は，辞書の要素参照を代入文の左辺に置きます．
辞書［キー］= 値
使い方の例を**コマンド25**に示します．

```
>>> population["Aichi"] = 754
>>> population
{'Tokyo': 1404, 'Osaka': 884,
'Fukuoka': 514, 'Aichi': 754}
```

コマンド25　辞書への要素追加

● 辞書に対する操作③…辞書の要素一覧を抽出する

辞書のキーの一覧はkeys関数，値の一覧はvalues関数，キーと値をタプルとして組み合わせたものの一覧はitems関数でそれぞれ求められます．
辞書.keys()
辞書.values()
辞書.items()
使い方の例を**コマンド26**に示します．

```
>>> population.keys()
dict_keys(['Tokyo', 'Osaka', 'Fukuoka',
'Aichi'])
>>> population.values()
dict_values([1404, 884, 514, 754])
>>> population.items()
dict_items([('Tokyo', 1404), ('Osaka', 884),
('Fukuoka', 514), ('Aichi', 754)])
```

コマンド26　辞書の要素一覧を抽出する

これらの関数は，ビュー・オブジェクトという特別な型のオブジェクトです．ビュー・オブジェクトを参照すると，常に最新の状態が反映されるという特性があります（**コマンド27**）．

```
>>> population = {'Aichi': 754, 'Fukuoka': 512,
'Osaka': 881, 'Tokyo': 1401}
>>> v = population.keys()          最初のビュー・オブジェクト
>>> v                              には"Saitama"は無い
dict_keys(['Aichi', 'Fukuoka', 'Osaka', 'Tokyo'])
>>> population["Saitama"] = 743
>>> v
dict_keys(['Aichi', 'Fukuoka', 'Osaka', 'Tokyo',
'Saitama'])
```
キー"Saitama"を追加するとビュー・オブジェクトにも反映される

コマンド27　ビュー・オブジェクトを参照すると常に最新の状態が反映される

ビュー・オブジェクトの内容を固定化してリストにするには，list関数を呼び出します（**コマンド28**）．

```
>>> list(v)
['Aichi', 'Fukuoka', 'Osaka', 'Tokyo', 'Saitama']
```

コマンド28　ビュー・オブジェクトの内容を固定化してリストにするにはlist関数を使う

なお，ビュー・オブジェクトはイテラブルなので，for文でそのまま使用できます．特に，items関数をイテラブルとして使うとfor文に2つの変数を指定して，キーと値を同時に受け取ることができます（コマンド29）．

```
>>> for k, v in population.items():
        print(f"Population of {k} is {v}")

Population of Aichi is 754
Population of Fukuoka is 512
Population of Osaka is 881
Population of Tokyo is 1401
Population of Saitama is 743
```

コマンド29　ビュー・オブジェクトはイテラブルなのでfor文でそのまま使用できる

3.4 集合

集合は，重複のないデータを格納するデータ型です．これは，辞書のキーだけを格納するようなイメージです．数学の集合と同じように，どんな要素があるのかに興味がある場合に使うデータ構造です．

● 集合の表記

辞書と同じように，要素を波かっこで囲んで表記します．集合の要素は，任意の型のものを格納できます（コマンド30）．

```
>>> {"Tokyo", "Osaka", "Fukuoka"}
{'Tokyo', 'Osaka', 'Fukuoka'}
>>> {1, 2, 1, 2, 3}
{1, 2, 3}
```

コマンド30　集合は要素を波かっこで囲んで表記する

● 集合の生成

集合を生成するには，集合を直接表記する他，イテラブルをset関数に指定することでも得られます．重複する要素は削除されます（コマンド31）．

```
>>> set([1, 2, 3, 1, 2, 3])
{1, 2, 3}
```

コマンド31　集合の生成

ここで，空の集合を表す表記はありません．{ }と書くと，空の辞書の意味になるので気を付けてください．空の集合を作りたい場合は，set関数を引数なしで呼び出します（コマンド32）．

```
>>> d = {}
>>> type(d)      # dの型を求める
<class 'dict'>  ← 辞書（dict）
>>> s = set()
>>> type(s)      # sの型を求める
<class 'set'>   ← 集合（set）
```

コマンド32
空の集合を作りたい場合はset関数を引数なしで呼び出す

● 要素の参照

集合は，特定の値を含むか否かだけに注目している型なので，個別の要素を取り出すという操作はありません．その代わり，演算子inを使って集合に要素を含むかどうかをチェックします（コマンド33）．

```
>>> s = {"Tokyo", "Osaka", "Fukuoka"}
>>> "Tokyo" in s
True
>>> "Aichi" in s
False
```

コマンド33　演算子inを使って集合に要素を含むかどうかをチェックする

● 要素を追加/削除する

集合に要素を追加する場合はadd関数，集合から要素を削除するにはremove関数またはpop関数を用います．

集合.add（要素）
集合.remove（要素）
集合.pop（要素）

これらの使い方の例をコマンド34に示します．

```
>>> s = {1, 2, 3}
>>> s.add(4)
>>> s
{1, 2, 3, 4}
>>> s.remove(3)
>>> s
{1, 2, 4}
```

コマンド34
要素を追加/削除する

表4　主な集合演算

集合演算の書式	戻り値
A.union(B)	AとBの和集合を要素とする集合
A.intersection(B)	AとBの共通部分を要素とする集合
A.difference(B)	AからBの要素を取り除いた集合
A <= B	Aの要素が全てBに含まれるならTrue
A < B	Aの要素が全てBに含まれ，かつAとBが等しくないならTrue
A > B	Bの要素が全てAに含まれるならTrue
A >= B	Bの要素が全てAに含まれ，かつAとBが等しくないならTrue

pop関数もremove関数と同じように指定した要素を除去しますが，remove関数の戻り値がNoneであるのに対して，pop関数は除去した要素を返します（**コマンド35**）．

```
>>> s = {1, 2, 3}
>>> print(s.pop())
 1
>>> s
{2, 3}
```

コマンド35
pop関数は除去した要素を返す

● **集合に対する操作①…集合の要素数を求める**

集合の要素数はlen関数により取得します．

`len（集合）`

使い方の例を**コマンド36**に示します．

```
>>> s = {1, 2, 3}
>>> len(s)
3
```

コマンド36
集合の要素数の取得

● **集合に対する操作②…集合演算を行う**

集合に対する主な集合演算を**表4**に示します．また，実行例は**コマンド37**のようになります．

```
>>> A = {1, 2, 3, 4, 5}
>>> B = {3, 4, 5, 6}
>>> C = {2, 3}
>>> A.union(B)
{1, 2, 3, 4, 5, 6}
>>> A.intersection(B)
{3, 4, 5}
>>> A.difference(B)
{1, 2}
>>> A >= B
False
>>> A >= C
True
```

コマンド37
主な集合演算

みやた・けんいち

データの表記/生成/参照方法と
シフト演算/ビット演算まで

マイコンでも使う「バイナリ・データ」型とその演算

宮田 賢一

4.1 データの表記/格納する型/生成

　バイナリ・データを格納するデータ型として，bytes型とbytearray型があります．bytes型はイミュータブル，bytearray型はミュータブルという違いがありますが，いずれも0～255の範囲の整数を格納するデータ型であり，C言語で言えばuint8_t型の整数配列のように扱えるものです．

● バイナリ・データの表記法
▶bytes型データ

　bytes型データのリテラルは，¥xhhにより示された16進数2桁の数値列を一重または二重引用符で囲み，先頭に小文字のbを付加したものになります．
　リテラル要素の値が，ASCIIコードの文字範囲にある場合は，16進数表記の代わりに文字表記をすることもできます（コマンド1）．

```
>>> b"\xf1\xf2\xf3"
b'\xf1\xf2\xf3'
>>> b"\x31\x32\x33"
b'123'
>>> b"123"
b'123'
```
コマンド1
バイナリ・データの表記法①…
bytes型データ

▶bytearray型データ

　bytearray型のリテラルを直接表記する方法はありません．必要な場合は，bytearray(bytes型リテラル)のように表記します（コマンド2）．

```
>>> bytearray(b"\xf1\xf2\xf3")
bytearray(b'\xf1\xf2\xf3')
```

コマンド2　バイナリ・データの表記法②…
bytearray型データ

● bytes型リテラルと文字列リテラルにおける要素の違い

　bytes型リテラルの要素と文字列リテラルは一見同じに見えますが，bytes型リテラルの要素は整数なのに対して，文字列リテラルの要素はUnicodeで表される文字であるところが違います．list関数で要素に分解すると，その違いが明確でしょう（コマンド3）．

```
>>> list("abc")
['a', 'b', 'c']
>>> list(b"abc")
[97, 98, 99]
```
コマンド3
bytes型リテラルの要素は整数

● バイナリ・データの生成

　bytes型またはbytearray型のデータを生成するには，リテラルを用いる他に次の方法があります．

- バイト値を返すイテラブルをbytes関数またはbytearray関数に与える
- 要素数をbytes関数またはbytearray関数に与える

　前者の方法は，コマンド4の実行例のようにリストやrange関数を使って生成するものです．

```
>>> bytes([10, 11, 12])
b'\n\x0b\x0c'
>>> bytes(range(10))
b'\x00\x01\x02\x03\x04\x05\x06\x07\x08\t'
```
コマンド4　バイナリ・データの生成方法①…バイト値を返すイテラブルをbytes関数またはbytearray関数に与える

　後者の方法では，指定された長さを持つゼロで初期化されたデータが得られます（コマンド5）．

```
>>> bytes(10)
b'\x00\x00\x00\x00\x00\x00\x00\x00\x00\x00'
```
コマンド5　バイナリ・データの生成方法②…要素数をbytes関数またはbytearray関数に与える

● 要素の参照

bytes型もbytearray型も，文字列と同じように単一要素参照やスライス表記による要素の抽出ができます．単一要素参照で得られるものは，0〜255の範囲の整数となります（**コマンド6**）．

```
>>> b = b"\x00\x01\x02\x03\x04\x05\x06\x07\x08\x09"
>>> b[2] ← 単一参照
2
>>> b[3:7] ← スライス表記による抽出
b'\x03\x04\x05\x06'
```

コマンド6　バイナリ・データの要素抽出

ただし，bytes型はイミュータブルなので，要素の一部を書き換えようとすると**コマンド7**のようにエラーになります．

```
>>> b[5] = 3
Traceback (most recent call last):
  File "<stdin>", line 1, in <module>
TypeError: 'bytes' object does not sup
```

コマンド7　**bytes**型はイミュータブルなので書き換えようとするとエラーになる

例えば，センサから得られるデータのバッファ領域など，内容を書き換える必要がある場合はbytearrayを使います（**コマンド8**）．

```
>>> ba = bytearray(range(5))
>>> ba
bytearray(b'\x00\x01\x02\x03\x04')
>>> ba[2] = 255
>>> ba
bytearray(b'\x00\x01\xff\x03\x04')
```

コマンド8　内容を書き換える必要がある場合は**bytearray**を使う

表1　シフト演算とビット演算

演　算	意　味	例	実行結果
<<	左シフト	0x10 << 3	128（0x80）
>>	右シフト	0xef >> 4	14（0x0e）
&	ビットAND	0b0101 & 0x0011	1（0b0001）
|	ビットOR	0b0010 | 0b1100	14（0b1110）
^	ビットXOR	0b0010 ^ 0b1111	13（0b1101）

4.2 シフト演算とビット演算

マイコン向けプログラミングでは，デバイスのレジスタの値に対してビット単位での処理が必要な場面があるでしょう．そんなときに役立つのが，シフト演算とビット演算です．MicroPythonでは，**表1**の演算があらかじめ用意されています．

右シフト演算で，あふれた下位桁は消えてなくなりますが，左シフトの場合はMicroPythonの整数は無限精度であることから，桁あふれは発生せず，いくらでも大きくなります．決められた桁数に丸めたい場合は，ビットAND演算を使って不要な桁を0にします．

みやた・けんいち

累積代入文と
複数の変数への同時代入

第6章

プログラムの代入文

宮田 賢一

シンプルな代入文は，これまでの実行例で使ってきたように「代入先＝式」の形で記述しますが，その他にも，便利な代入文のバリエーションがあります．

累積代入文

例えば，0〜9までの整数の合計を求めるプログラムを考えます．先ほどの入力方法に従って，インデントのレベルに注意しながら，**コマンド1**を実行します．

```
>>> total = 0
>>> for i in range(10):
        total += i

>>> print(total)
45
```
コマンド1
累積代入文

ここでのポイントはループ本体にある`total += i`の部分です．この形の代入文を累積代入文と呼び，`total = total + i`と同じ意味を持ちます．

累積代入文には，演算子＋以外にも定義されており，例えば四則演算の場合は次のような対応関係があります．

```
x += n ⇔ x = x + n
x -= n ⇔ x = x - n
x *= n ⇔ x = x * n
x /= n ⇔ x = x / n
```

複数の変数への同時代入

例えば，2つの変数aとbの値を入れ替えたいとします．通常は，**コマンド2**の実行例のように，一時変数tを使って入れ替えます．

```
>>> a = 10
>>> b = 20
>>> t = a
>>> a = b
>>> b = t
>>> print(a, b)
20 10
```
コマンド2
一時変数を使って変数の値を入れ替えると複数行の記述が必要

これに対し，MicroPythonでは複数の変数への代入文を1行で記述できます（**コマンド3**の1行目）．また2行目のように一時変数を使わずに古いbとaの値をaとbに代入できます．

```
>>> a, b = 10, 20
>>> a, b = b, a
>>> print(a, b)
20 10
```
コマンド3
複数の変数への同時代入…MicroPythonなら1行で記述できる

これは，代入文の右辺の値を全て計算してから左辺に代入するという挙動によります．同時代入文は，プログラムが簡潔になるものの，多用するとプログラムの可読性が低下することもあります．従って，意味的に同時に代入することをプログラムの表現として伝えたい場合に使うのがよいでしょう．

みやた・けんいち

実行の流れを制御する複合文

第7章 if/for/while…プログラムの制御構造

宮田 賢一

　ここでは，プログラムの実行の流れを制御する，代表的な3つの複合文（コラム参照），if文，for文，while文を取り上げます．

6.1 条件判定に使うif文

　条件判定の結果で処理を変えたい場合に使うのがif文です．条件式がTrueのとき，その配下にあるブロックを実行します．ifに続いて「elif 条件：」を続けて記述すると，記述した順に条件判定を実行し，最初にマッチした条件配下のブロックを実行します．

　さらに，どれにも当てはまらなかった場合の処理を加えたい場合はelse:に続いて文のブロックを記述します．

```
if 条件式：
    ブロック
elif 条件式：
    ブロック
else：
    ブロック
```

　条件式は，TrueかFalseの論理値を返す式とするのが基本ですが，論理値ではなくてもTrueかFalseと見なすことができる値となれば，条件式として指定できます（**表1**）．

6.2 繰り返しの処理を行うfor文

　for文は，指定された繰り返し対象を順に繰り返してループの本体を実行します．

```
for ループ変数 in イテラブル：
    ブロック
```

　繰り返し対象は，イテラブルなオブジェクトを指定します．例えば，リストを指定するとリストの各要素を順に処理するようなループを記述できます．**コマンド1**では，リストの要素を2乗した数を画面に出力します．

```
>>> for e in [1, 2, 3]:
        print(e ** 2)

1
4
9
```

コマンド1
for文…指定された対象を順に繰り返してループ本体を実行する

● range関数を使ったプログラミング例

　range関数を使うと，始点（start），終点（stop），刻み幅（step）という3つのパラメータを持つレンジ型のオブジェクトを返しますが，このオブジェクトはイテラブルです．

　繰り返しの対象として，リストではなくレンジ型オブジェクトを使うメリットは，レンジ型オブジェクトは始点と終点と刻み幅の情報だけを持っているので，メモリの消費量を抑えられるということです．

　例えば，start=1，stop=100_000としても，レンジ型オブジェクトが持つ情報はstart，stop，stepの3つだけです．range関数の引数の一部を省略した場合の意味は，次のようになります．

- range(n) ⇔ range(0, n, 1)
- range(m, n) ⇔ range(m, n, 1)

　これにより，繰り返し回数を指定したループを**コマンド2**のように記述できます．

```
>>> for i in range(10):
        print(i, end=", ")

0, 1, 2, 3, 4, 5, 6, 7, 8, 9,
```

コマンド2
繰り返し回数を指定したループ

　この例では，print関数にキーワード引数endを与えました．この引数を指定すると，要素を出力するごとに改行コードの代わりにendで指定した文字列を出力します．もし，ループを回すことだけが目的でループ変数が不要な場合には，慣例的に特別な変数名「_」が使われます（**コマンド3**）．

```
>>> for _ in range(3):
        print("Hello")

Hello
Hello
Hello
```

コマンド3
ループを回すことだけが目的でループ変数が不要な場合は「_」を使う

リスト1　乱数の個数を数える（continue1.py）

```
1   import random
2   counter = 0
3   for _ in range(10000):
4       v = random.randint(1, 10)
5       if v != 1:
6           continue
7       counter += 1
8   print(counter)
```

1以上10以下の乱数を生成

ここですぐに次の繰り返しに移る

continueが実行されるとこの文は実行されない

6.3 指定した条件まで処理を繰り返す while文

while文は，繰り返し回数を定めず，条件を満たすまで（あるいは条件を満たさなくなるまで）繰り返し実行するのに適した文です．

while 条件：
　ブロック

条件部分には，if文の条件と同じように論理値を返す式，または論理値と見なせる式（表1）を書きます．例えば，counterの値がゼロ以上の間だけ繰り返すwhile文はコマンド4のようになります．

```
>>> counter = 5
>>> while counter >= 0:
        print(f"count down: {counter}")
        counter -= 1

count down: 5
count down: 4
count down: 3
count down: 2
count down: 1
count down: 0
```

コマンド4　while文…回数を定めず，条件を満たすまで繰り返し実行する

条件部をTrueにすると，無限ループになります．

コマンド5の例は，入力された数値の2乗を計算します．キーボードから中断するまで（Windowsの場合はコントロール・キーを押しながらCを押す），ユーザからの入力を受け付け続けます．

表1　主なデータ型と論理値との対応関係

データ型	Trueと見なされるもの	Falseと見なされるもの
整数	0以外	0
浮動小数	0.0以外	0
複素数	0j以外	0j
リスト，タプル，辞書，集合	要素数1以上	要素数ゼロ
文字列	長さ1以上の文字列	長さゼロの空文字列
None	—	None

```
>>> while True:
        x = input("number: ")
        print(int(x) ** 2)

number: 10
100
number: 20
400
number: 100
10000
number:
Traceback (most recent call last):
  File "decase", in <module>
KeyboardInterrupt: Execution interrupted
```

コマンド5　条件部をTrueにすると無限ループになる

6.4 実行中のループの流れを制御する continue文とbreak文

● すぐに次の繰り返しに移るcontinue文

continue文を使うと，後続の文を実行せずにすぐに次の繰り返しに移れます．ここでは，1以上10以下の乱数を10000個発生させ，1の個数を数えるプログラムを考えてみましょう．

乱数は，randomモジュールのrandint関数が使えます．乱数が1でないときはカウンタを更新せずに，次の乱数を発生させるという考え方で作成したプログラムがリスト1です．

これをThonnyのエディタ画面に入力して，実行した結果は，ここでは1007になりました．理想的には1000個になるはずなので，誤差範囲に収まっていると言えそうです．

このcontinue文は，ループが入れ子になっている場合，最内側のループに対して効果を発揮します．次の例として，重複しない2個の数の組み合わせを全て表示する問題を考えます．

コマンド6は二重ループを使ってこの問題を解くプログラムです．内側のループでは，外側のループの値よりも大きい場合のみprint関数で値の組み合わせ

を表示し，それ以外の場合は，ループをcontinue
文（5行目）でスキップします．

```
<untitled> * ×
  1  n = 4
  2  for i in range(n):
  3      for j in range(n):
  4          if i >= j:
  5              continue
  6          print(i, j)
シェル ×
>>> %Run -c $EDITOR_CONTENT

 0 1
 0 2
 0 3
 1 2
 1 3
 2 3
```

コマンド6
continue文…二重
ループを使った例

● ループを途中で抜けるbreak文

　break文は，直近のループの繰り返しを途中で抜け
たいときに使います．break文もcontinue文と同
じように，最内側のループに対して効果があります．

　例えば，ユーザがquitを入力するまで，ユーザが
入力した数値の2乗を計算して表示する問題を考えま
す．コマンド7は，無限ループの内部でユーザが
quitと入力したら，break文によりwhile文を抜
けるようにしたプログラムです．

```
<untitled> * ×  <untitled> * ×
  1  while True:
  2      x = input("number: ")
  3      if x == "quit":
  4          break          ← ここでwhile
  5      print(int(x) ** 2)     ループを抜けて
  6  print("loop end")         最後の文に飛ぶ
シェル ×
>>> %Run -c $EDITOR_CONTENT

 number: 10
 100
 number: 20
 400
 number: 500
 250000
 number: quit
 loop end
```

コマンド7　ループを途
中で抜けるbreak文

みやた・けんいち

コラム　**MicroPythonにおける複合文の構造**　　　宮田 賢一

　MicroPythonのfor文やif文は複合文と呼ぶカ
テゴリに属する文です．複合文とは，内部に他の1
個以上の文を含み，それらの文の実行制御に何らか
の影響を与えるもののことと定義されます．

　例えばif文であれば，条件部の真偽値に応じて，
どのブロックの文を実行するかを制御するといった
具合です．

　複合文の形式を図示すると，**図A**のようになりま
す．複合文は，複数の節からなります．節は，ヘッ
ダとスイート（suite）を含みます．ヘッダは先頭に
複合文の種類を表すキーワード（例えばifや
elif，forなど）から始まり，最後がコロンで終
わります．

　スイートは，ヘッダによって実行制御の影響を受
ける文の集合で，ヘッダに対して1レベルだけイン
デントを下げて記述します．

　なお，複合文のスイート中に他の複合文を含まな
い場合に限り，スイートの各文をセミコロンで区
切ってヘッダと同じ行に書くことができます．

　これは例えば，次のようにif節とelse節の各
スイートを，改行で区切る記法とセミコロンで区切
る記法を選べます．

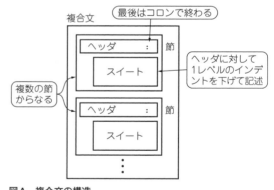

図A　複合文の構造

```
# 改行で区切る記法
if condition:
    f(1)
    g(2)
else:
    f(100)
    g(100)
# セミコロンで区切る記法
if condition: f(1); g(2)
else: f(100); g(100)
```

第8章

引数の扱いから変数共有の方法まで

関数

宮田 賢一

7.1 定義や例，引数の扱い方

これまでMicroPythonに組み込まれている関数を使ってきましたが，ユーザが自由に関数を作成することもできます．

関数は次の形式で定義します．

```
def 関数名 (引数, …):
    関数本体
```

● 関数の実行が終了する条件

関数の実行が終了するのは，もう実行できる文がなくなったときか，return文を実行したときです．return文の書式は，次のように3通りあります．

- 戻り値が不要の場合：return
- 戻り値を1つ返す場合：return 式
- 戻り値を複数返す場合：return 式, 式, …

return文は，関数本体のどこにあっても構いません．return文に何も指定しない場合やreturn文を実行せずに関数が終了した場合は，関数の戻り値はNoneになります．

● 関数の例

2次元座標上で原点からの距離を求める関数を定義したものが**コマンド1**です．この関数は，座標を表す2つの引数xとyをとり，それぞれの2乗和の平方根を返します．平方根の計算には，mathモジュールのsqrt関数を用いました．

これをThonnyのエディタ画面に入力すれば，実行するdistance関数が定義されます．これに続いてコンソール画面でdistance関数を呼び出してみましょう．

```
<untitled> <untitled>
  1  import math
  2  def distance(x, y):
  3      return math.sqrt(x**2 + y**2)

シェル
>>> %Run -c $EDITOR_CONTENT
>>> distance(1, 1)
1.4142135623730951
>>> distance(-1, 2)
2.23606797749979
```

コマンド1 コンソール画面で自作関数（distance関数）が呼び出せるか試す

● 引数

▶仮引数と実引数の違い

関数定義時に指定する引数と，関数呼び出し時に指定する引数を区別するために，前者を仮引数，後者を実引数と呼び分けます．**コマンド1**の例では，2行目にある引数xとyが仮引数，実行例にある−1と2などが実引数です．

▶デフォルト引数

ほぼ毎回同じ値で呼び出されることが期待される仮引数には，デフォルト引数を指定できます．ここでは例として，リンゴの個数とミカンの個数を与えると価格リストに従って合計金額を算出する関数を考えましょう．価格リストは，辞書に保存しておくものとし，価格の算出の際にはオプションとして，レジ袋の有無をTrueまたはFalseで指定できるようにします．

これを実装したものが**コマンド2**です．注目ポイントは，関数orderの仮引数リストの中の「bag=False」です．この記法で指定された仮引数をデフォルト引数と呼びます．

これは，仮引数bagに対する実引数が省略された場合に，「=」の右側の値が指定されたものと見なすという意味になります．

```
<untitled> * ×  <untitled> * ×
  1  # 価格リスト
  2  price_list = {"apple": 100, "orange": 50,
                   "bag": 3}
  3
  4  # 合計金額を求める
  5  def order(napple, norange, bag=False):
  6      price = napple * price_list["apple"]
             + norange * price_list["orange"]
  7      if bag:
  8          price += price_list["bag"]
  9      return price
```

```
シェル ×
>>> %Run -c $EDITOR_CONTENT
>>> order(5, 3, True)
653
>>> order(5, 3, False)
650
>>> order(5, 3)
650
>>>
```

コマンド2　デフォルト引数

● 関数の実行で複数値を返す方法

　return文に複数の式を指定した場合，戻り値はタプルとなります．その1つの例が，divmod関数（2部2章の表1）で，2つの数に対する商と余りをタプルとして同時に返しています（**コマンド3**）．

```
>>> divmod(10, 3)
(3, 1)
```

コマンド3
return文に複数の式を指定した場合，戻り値はタプルとなる

　複数の値を返す関数をユーザが定義したい場合，返したい値をreturn文にカンマで区切って並べるだけです．次の関数f(x)は，与えられた数とその2乗，3乗を返す関数を定義します（**コマンド4**）．

```
>>> def f(x):
        return x,x**2,x**3
>>> f(2)
(2, 4, 8)
```

コマンド4　複数の値を返す関数を定義したい場合
…return文にカンマで区切って並べるだけ

▶複数値の取り出し方

　タプルで返された値は，1つの変数で受けるパターンと，タプルの要素数と同じ数の変数で受けるパターンがあります．前者であれば，タプルの要素位置を指定するv[n]やスライス形式v[start:stop]の形で取り出します（**コマンド5**）．

```
>>> t = f(3)
>>> print(t[0],t[1],t[2])
 3 9 27
>>> print(t[1:3])
 (9, 27)
>>> p, q, r = f(4)
>>> print(p, q, r)
 4 16 64
```

コマンド5
複数値の取り出し方

7.2 関数を呼び出すときの引数

　関数定義中の引数リストには，次の種類の引数を1個以上指定できます．

- 位置引数
- キーワード引数

　これらの違いを理解するためのサンプルとして，10進数の各桁の数値を100の位から1の位まで与えると，それらを表す10進数の数字を求める関数を考えます．

● 位置引数

　位置引数とは，関数定義時の仮引数の順番と，関数呼び出し時に渡す実引数の順番が一致する形式の引数です．**コマンド6**を実行した後に，コンソール画面から，make_decimal関数を呼び出してみます．

```
<untitled> * ×
  1  def make_decimal(x, y, z):
  2      return x * 100 + y * 10 + z
```

```
シェル ×
>>> %Run -c $EDITOR_CONTENT
>>> make_decimal(1, 2, 3)  ←位置引数
123
>>> make_decimal(z=3, x=1, y=2)  ←キーワード引数
123
>>> make_decimal(1, z=3, y=2)
123
>>> make_decimal(z=3, 1, y=2)  ←位置引数の前にキーワード引数が来るとエラーになる
  File "<stdin>", line 1
    make_decimal(z=3, 1, y=2)
                      ^
SyntaxError: positional argument follows keyword argument
```

コマンド6　位置引数とキーワード引数

　得られた結果から，呼び出し時に指定した実引数が同じ順序で仮引数に渡されていることが分かります．

● キーワード引数

　これに対してキーワード引数とは，どの仮引数に値

を渡すのかを，引数名を指定して呼び出す形の引数です．上記に引き続いて，キーワード引数を呼び出してみます．

位置引数で呼び出したときと同じ結果が得られました．このように，位置引数を使う場合は関数定義時の仮引数の順序と異なる呼び出し方をしても構いません．

● 位置引数とキーワード引数を混在して呼び出す場合

位置引数の前にキーワード引数が来ないようにしなければならないことに気を付けてください．守らないと，関数呼び出しがエラーとなります．

● キーワード引数として呼び出すことを強制したい場合

キーワード専用引数として仮引数を定義する方法があります．コマンド7は，コマンド2の購入価格算出プログラムを改良したものです．この関数は，将来別の商品にも対応するために，位置引数の数を増やしたり，商品個数の指定を辞書の形式にしたりするかもしれません．一方で，手提げ袋の有無は常に必要だと思われます．従って，手提げ袋の有無は引数の位置に依存すべきではないので，必ずキーワード引数として指定させるようにしたいでしょう．そのようなときには，仮引数リストの途中にダミーの仮引数「*」を挟むことで，それ以降の仮引数をキーワード引数として強制できるようになります．

コマンド7を実際に実行すると，bagを位置引数として呼び出さないとエラーになることが分かります．

```
<untitled> *    <untitled> *
 1  # 価格リスト
 2  price_list = {"apple": 100, "orange": 50,
                  "bag": 3}
 3
 4  # 合計金額を求める          ダミーの仮引数「*」
 5  def order(napple, norange, *, bag=False):
 6      price = napple * price_list["apple"]
              + norange * price_list["orange"]
 7      if bag:
 8          price += price_list["bag"]
 9      return price
シェル
>>> %Run -c $EDITOR_CONTENT
>>> order(1, 1, True)
 Traceback (most recent call last):
   File "<stdin>", line 1, in <module>
 TypeError: order() takes 2 positional arguments but 3 were given
>>> order(1, 2, bag=True)
203
```

コマンド7　キーワード引数として呼び出すことを強制したい場合
仮引数リストの途中にダミーの仮引数「*」を挟むと，それ以降の仮引数をキーワード引数として強制できる

7.3 関数間で変数を共有する方法

● グローバル変数を使う

複数の関数で1つの変数を共有するときには，グローバル変数を使います．グローバル変数は，関数の外側で値が代入された変数です．

ここでは例として，メッセージを表示する関数と設定する関数との間で，グローバル変数を使ってメッセージを共有することを考えます．コマンド8に利用例を示します．print_message関数がメッセージを表示する関数，change_message関数がメッセージを設定する関数です．1行目の代入文の代入先である変数messageは，関数の外側で代入されているのでグローバル変数となります．

● 関数内でグローバル変数に何らかの値を代入したいときはglobal文を使う

これは，代入する前にglobal文によりグローバル変数を関数内で有効にする必要があります（コマンド8の4行目）．ただし，グローバル変数の読み出ししかしない関数であれば，global文を実行しなくてもグローバル変数にアクセス可能です．

```
<untitled> *    <untitled> *    <untitled> *
 1  message = "Good morning!"
 2
 3  def change_message(m):           global文で
 4      global message               グローバル変数
 5      message = m                  を有効化する
 6
 7  def print_message():             変数の読み出しだけで
 8      print(message)               あればglobal文は
 9                                   不要
10  print_message()                 メッセージを表示する関数
11  change_message("Good afternoon!")
12  print_message()                 メッセージを設定する関数
シェル
>>> %Run -c $EDITOR_CONTENT
Good morning!
Good afternoon!
>>>
```

コマンド8　グローバル変数の利用例
メッセージを表示する関数と設定する関数との間でグローバル変数を使ってメッセージを共有する

この挙動の違いですが，関数内に変数の代入文がない場合は関数の外側で代入されている変数を探して関数内で有効化するという機構が働くことによります．

想定通り，グローバル変数が書き換わっていることが確認できました．

ここで，change_message関数内でglobal文を実行しないとどうなるでしょうか．コマンド9はコマンド8からglobal文を除去したものです．

```
<untitled> * ×   <untitled> * ×
 1  message = "Good morning!"
 2
 3  def change_message(m):
 4      message = m
 5
 6  def print_message():
 7      print(message)
 8
 9  print_message()
10  change_message("Good afternoon!")
11  print_message()
12
```

> global文がないと
> 関数ローカルの変数に
> 代入する意味になる

```
シェル ×
>>> %Run -c $EDITOR_CONTENT
 Good morning!
 Good morning!
```

コマンド9　コマンド8からglobal文を除去したもの

change_message関数の外に出ると，元に戻っていることが分かります．つまり，chage_message関数内で代入した変数messageは，関数内のローカル変数であるということを意味します．

みやた・けんいち

第9章

定義／使用法／拡張から継承まで

クラス

宮田 賢一

プログラマが新しい型を定義するときに使えるのがクラスです．また，クラスはオブジェクト指向型のプログラミング言語として中心的な役割を持つものでもあります．ここでは，MicroPythonでのクラスの使い方を説明します．

8.1 クラスの定義／使用法／拡張

クラスの定義は，以下の書式で行います．

```
class クラス名:
    本体
```

最初に，最もシンプルなクラスを定義してみましょう．**コマンド1**はItemという名前のクラスの定義です．クラスの名前は，慣例として頭文字を大文字にすることになっています．クラスの本体にあるpassというのは「何もしない」文です．言語仕様上，本体には1つ以上の文を指定しなければならないので，pass文は省略できません．

```
<untitled> * ×   <untitled> * ×   <untitled> * ×   <untitled> * ×
 1  class Item:
 2      pass

シェル ·
>>> %Run -c $EDITOR_CONTENT
>>> obj = Item()
>>> |
```

コマンド1
最もシンプルな「何もしない」クラスの定義

● 定義したクラスの使い方（インスタンスの生成）

定義したクラスを使うためには，最初にクラスに対する新しいインスタンスを生成しなければなりません．ここでインスタンスとは，新しいデータ型として定義したクラスに対して生成したオブジェクトのことです．インスタンス生成は，クラス名を関数名と見なした関数呼び出しの形になります．シェルにobj = Item()と入力することで中身が空のインスタンスが作れました．

● クラスの拡張

このままでは何もできないインスタンスでしかありません．そこでクラスを拡張します．まず，**コマンド2**のようにItemクラスに__init__関数を追加しました．クラス内で定義した関数はメソッドという特別な呼び名があるので，以降ではクラス内の関数であることが明確な場合はメソッド，クラス内で定義されたものかそうでないかを問わない場合は，関数と呼び分けることにします．

クラス定義内で，__init__という名前のメソッドを定義すると，インスタンス生成の際に自動的に呼び出されるという効果があります．**コマンド2**を実行した後で，obj = Item()によってItemクラスのインスタンスを生成してみます．__init__メソッドが呼び出され，その中にあるprint文が実行されていることが分かります．__init__メソッドは，新しいオブジェクトを構築する（constructする）という意味からコンストラクタとも呼びます．

```
<untitled> * ·   <untitled> * ×   <untitled> * ×   <untitled> * ×   <untitled> * ×   <unti
 1  class Item:
 2      def __init__(self):
 3          print("initialized!")

シェル ×
>>> %Run -c $EDITOR_CONTENT
>>> obj = Item()
initialized!
```

コマンド2　コマンド1のクラスに__init__関数を追加した

▶メソッド最初の引数にはselfを必ず置く

言語仕様で引数名に関する規定はありません．しかし，Pythonのコーディング・スタイルとしてselfを使うことが求められており，Pythonの派生言語であるMicroPythonでもそれに従うべきです．従って，特別な理由がない限りselfを使います．

ここでの引数は，メソッドの呼び出し時に自分自身のインスタンスを参照する変数として使います．実際

の使い方は，この後で説明します．

▶Itemクラスの拡張

Itemクラスの拡張を**コマンド3**に示します．プログラムの内容を詳しく見ていきます．まず，コンストラクタはself以外の引数を追加できます（2行目）.

最初の引数のselfは，MicroPython側で自動的に埋めて呼び出してくれるので，実際のインスタンス生成は，次のように2個目以降の引数のみを指定します.

```
obj1 = Item("apple")
```

次に，__init__メソッドとget_nameメソッドの内部（3行目と6行目）に次の記述があります．

```
self.item_name = name
return self.item_name
```

self.item_nameは，「自分自身のインスタンスselfが持つitem_nameという名前のデータ属性」というのが文法的な解釈です．

この場合は，インスタンス固有の変数と理解して構いません．ここでのポイントは「インスタンスごとに持っている」というところです．実際にそうなっているかは，この後の実行結果を見て確認します．

▶メソッドの呼び出し

インスタンスを生成した後で，次のように「インスタンス . メソッド名（引数, …）」のようにメソッドを呼び出します．このときもselfに対する実引数は不要で，残りの仮引数に実引数が代入されます．

```
print(obj1.get_name())
print(obj2.get_name())
```

コマンド3のプログラムを実行した結果はシェル欄（コンソール画面）にあります．get_nameメソッド内では同じ属性self.item_nameを参照していても，呼び出し時のインスタンスが異なっていれば，それぞれに設定されている属性値が読み出されています．

```
 1  class Item:
 2      def __init__(self, name):
 3          self.item_name = name
 4
 5      def get_name(self):
 6          return self.item_name
 7
 8  obj1 = Item("apple")
 9  obj2 = Item("orange")
10  print(obj1.get_name())
11  print(obj2.get_name())
```

```
シェル ×
>>> %Run -c $EDITOR_CONTENT

   apple
   orange
```

コマンド3　Itemクラスの拡張

8.2 クラス変数

● クラス内かつ関数外で値を代入して有効になる

インスタンス変数は，インスタンスごとに持つ属性でしたが，全てのインスタンスで同じ変数を共有したいときにはクラス変数（クラス属性）を使います．クラス変数は，通常はクラス内かつ関数外で値を代入することで有効になります．

● 参照の仕方

コマンド4のクラス定義では，2行目にクラス変数の定義があります．このように定義された変数は，クラス内で共通して利用可能です．参照の仕方には，次の2通りがあります．

- self . 変数名
- クラス名 . 変数名

どちらを使っても構いませんが，インスタンス変数とクラス変数で同名の変数があった場合，インスタンス変数の方が優先されるので，誤解を避けるためにクラス名形式の方を使う方が多くの場合で安全です．**コマンド4**でも，クラス名形式で参照しています（8行目，11行目）．実行した結果はシェル欄のようになります．この結果から，特定のインスタンスで設定したクラス変数COMPANY_NAMEが，他のインスタンスでも反映されていることが分かります．

```
 1  class Item:
 2      COMPANY_NAME = ""
 3
 4      def __init__(self, name):
 5          self.item_name = name
 6
 7      def change_company_name(self, name):
 8          Item.COMPANY_NAME = name
 9
10      def get_name(self):
11          return f"{self.COMPANY_NAME}:
                    {self.item_name}"
12
13  obj1 = Item("apple")
14  obj2 = Item("orange")
15  obj1.change_company_name("MyCompany")
16  print(obj1.get_name())
17  print(obj2.get_name())
```

```
シェル ×
>>> %Run -c $EDITOR_CONTENT

   MyCompany:apple
   MyCompany:orange
```

コマンド4　クラス変数…クラス内かつ関数外で値を代入して有効になる

コラム オブジェクトの属性と，メソッドにselfが必要な理由 宮田 賢一

ほぼ全てのオブジェクトは属性を持つことができ，「オブジェクト.属性」という式で属性の値を読み書きできます．属性には次の2種類があります．

- データ属性
- 関数（クラス・オブジェクトの場合），メソッド（インスタンスの場合）

データ属性は，オブジェクトごとに持つ変数です．関数内で使うローカル変数は，関数が終了すると内容が消えますが，データ属性はオブジェクトが生きている間はずっと値が保持されます．

関数は文字通り通常の関数，メソッドはインスタンスに対して呼び出せる関数です．ここでクラス・オブジェクトとインスタンスの関係を整理しておきます．

- クラス・オブジェクト：
  プログラム中でclass文が現れるとMicro Pythonによって「実行」され，その結果として得られるオブジェクト．クラス名によってクラス・オブジェクトを参照できる
- インスタンス：
  クラス・オブジェクトを関数とみなして呼び出した結果，得られるオブジェクト（これをインスタンス生成と呼ぶ）

クラス内で定義された関数は，クラス・オブジェクトの属性として登録されます．従って，「クラス名.関数(引数，…)」のようにして呼び出せます（クラス名はクラス・オブジェクトを指している）．

一方，インスタンスのメソッド属性を使って「インスタンス.メソッド(引数のリスト)」の形の呼び出し式が現れたとき，MicroPython内部では次の処理が行われます．

(1) インスタンスが属するクラスのクラス・オブジェクトを求める
(2) 参照している属性がクラス・オブジェクトにおける関数であることを確認する
(3) 「クラス.関数(インスタンス，引数のリスト)」により関数を呼び出す

この仕組みによってメソッドにインスタンスが渡されるので，メソッドの第1引数としてインスタンスを受け取るselfが必要ということです．

なお，オブジェクトの持つ属性の一覧を取得するにはdir関数を使います（コマンドA）．Micro Python内部管理用の属性も見えますが，データ属性や関数・メソッド属性も参照できます．プログラムのデバッグなどで活用できるでしょう．

```
>>> dir(Item)
['__class__', '__init__', '__module__',
'__name__', '__qualname__', '__bases__',
'__dict__', 'get_name']
```

コマンドA オブジェクトの持つ属性一覧を取得するdir関数

8.3 クラス継承

● 利用シーン…複製先のクラスを全て修正する!?

プログラムがある程度大きくなってきて，複数のクラスが必要になる状況を想像してください．もしかすると，クラス群の中にはほとんど機能が同じで一部だけカスタマイズされているようなクラスが含まれているかもしれません．

このような状況において，元となるクラスを複製して一部だけ書き換えるようなプログラミングをしたとしましょう．そうすると，あるとき共通部分でバグを発見したときに，複製先のクラスを全て修正しなければならなくなり，大きな手間となります．

また，プログラムの見た目でどこが違うかを判別しづらくなり，開発に後から参加したプログラマはプログラムのロジックの本質を理解するのに時間を要する

かもしれません．このようなときに役に立つのがクラスの継承です．

● 定義

クラス継承とは，親となるクラスで定義したインスタンス変数やメソッドを子のクラスに引き継いで流用できるようにする仕組みです．親クラスで共通部分を定義しておいて，カスタマイズが必要な部分だけを子クラスで定義することにより，プログラムの保守性が向上し，ロジックの違いを際立たせることができます．

親クラスは通常通りのクラス定義とします．このとき子クラスは，次のように定義します．

```
class クラス名 (親クラス名):
    本体
```

```
 1  # 武器の共通クラス
 2  class Item:
 3      def __init__(self, price):
 4          self.price = price
 5
 6      def do_attack(self):
 7          return "do nothing"
 8
 9      def get_price(self):
10          return self.price
11  # 剣
12
13  class Sword(Item):
14      def do_attack(self):
15          return "剣を振る"
16
17  # 棍棒
18  class Stick(Item):
19      def do_attack(self):
20          return "棍棒で叩く"
21
22  # パーティを組むメンバ
23  class Character:
24      def __init__(self, name, item):
25          self.my_name = name
26          self.my_item = item
27
28      def do_attack(self):
29          my_name = self.my_name
30          item_price = self.my_item.get_price()
31          attack = self.my_item.do_attack()
32          print(f"{my_name}は{item_price}円の
                              {attack}")
33
34  # パーティのメンバを構成する
35  party = [Character("アリス", Sword(1000)),
36          Character("ボブ", Stick(200))]
37
38  # パーティのメンバが攻撃を行う
39  for member in party:
40      member.do_attack()
41
```

インスタンス生成関数　子クラスからも使用可

武器デフォルトの攻撃関数　デフォルトでは"何もしない"

武器によらず価格を返す共通関数

Itemクラスを継承する子クラス

デフォルトの攻撃関数を上書きして，武器固有の攻撃方法を定義

全武器共通で使える関数の呼び出し

```
シェル

>>> %Run -c $EDITOR_CONTENT
アリスは1000円の剣を振る
ボブは200円の棍棒で叩く
```

コマンド5　親となるクラスで定義したインスタンス変数やメソッドを子のクラスに引き継いで流用する仕組みがクラス継承…ロール・プレイング・ゲームにおける攻撃のターンを簡単にシミュレーション

● プログラム例から「できること」を知る

　ここでは，コマンド5を例として使ってみていきます．このプログラムは，ロール・プレイング・ゲームにおける攻撃のターンを簡単にシミュレーションするものです．

▶プログラム例の仕様

　パーティを組む各キャラクタは武器を持っていて，あるターンで各メンバが自分の武器で攻撃をするものとします．武器には剣とこん棒があり，それぞれ独自の価格と攻撃方法を持ちます．

　この内容を，武器の共通部分をItemクラスで実装しておいて，個々の武器固有の処理はItemクラスを継承して，必要部分だけを実装することにします．

▶オブジェクトの関係

　コマンド5を実行したときのオブジェクトの関係を図1に示します．party変数は，リストで各キャラクタを表すCharacterクラスのインスタンスを保持しています．各キャラクタは，名前とアイテムの属性を持っていて，アイテムは固有の武器オブジェクト（SwordクラスとStickクラスのインスタンス）を指しています．

　そして，武器オブジェクトは親クラスItemの価格情報とメソッドを内包した上で独自のメソッドdo_attackを持っているという構造です．

▶ポイント1：親クラスで定義したインスタンス変数とメソッドは子クラスでも使える

　親クラスで定義したメソッドは，子クラスで定義しなくても自動的に引き継がれて使用できます．Swordクラスのインスタンスを生成するときには，Itemクラスの__init__メソッドとget_priceメソッドを使えます．また，get_priceメソッドではItemクラスのインスタンス変数であるpriceを参照できます．

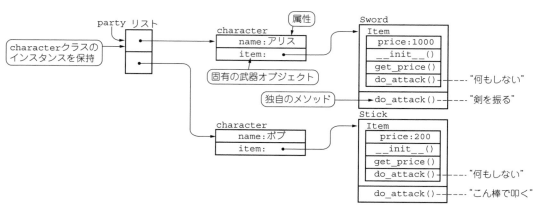

図1　コマンド5におけるオブジェクトの関係図

▶ポイント2：子クラスでは同名のメソッドで上書きできる

do_attackメソッドは，親クラスと子クラスで定義されています．この状況でSwordクラスのdo_attackメソッドを呼び出すと，親ではなく自分のdo_attackを呼び出します．これにより，デフォルトの動作を子クラスでカスタマイズできるようになります．

このように，親クラスで定義されているメソッドと同名のメソッドを子クラスで定義することを，「メソッドのオーバライド」と呼びます．

子クラスのインスタンスからは，オーバライドされたメソッドが呼び出されますが，明示的に親クラスのメソッドを呼び出したい場合は，親クラスのインスタンスをsuper()関数で取得し，このオブジェクト経由でメソッドを呼び出します（コマンド6）．実行結果はシェル欄にあります．Childクラスのコンストラクタを実行すると，親クラスのコンストラクタが呼び出されています．

```
 1  class Parent():
 2      def __init__(self):
 3          print("parent")
 4
 5  class Child(Parent):
 6      def __init__(self):
 7          super().__init__()     ← 親クラスの
 8          print("child")            __init__
 9                                    メソッドを
10  c = Child()                       呼び出す

シェル
>>> %Run -c $EDITOR_CONTENT

parent
child
```

コマンド6　メソッドのオーバライド

▶ポイント3：使う側は子クラスの違いを気にしなくてもよい

継承関係を作ることにより，全ての子クラスには親クラスのメソッドが引き継がれていることが保証されるので，Itemクラスを使いたい人はどんな子クラスがあるかを気にせずにプログラムできます．

例えば，コマンド5の31行目にあるself.my_item.do_attack()では，self.my_itemがItemクラスであるという前提に立てば，どんな武器であっても呼び出し方法を変える必要はありません．実際にコマンド5を実行すると，シェル欄の結果となります．

8.4 特別な関数／変数名

MicroPythonのクラスには，変数や関数をクラス内での使用に制限して，クラス外からの参照を拒否する仕組みはありません．ただし慣例として，クラス内の変数名や関数名がアンダスコアで始まる場合は，クラス内でのみ参照すべきであるという意思をプログラマに伝えることができます．

また，コンストラクタとして扱われる__init__メソッドのように，先頭と末尾にそれぞれアンダスコア2個がある変数やメソッドは，MicroPythonが特別な用途で使用することを想定しています．特段の必要性がない限り，この形式のメソッドをユーザ側で定義しないことをお勧めします．

なお（MicroPythonではなく），Pythonではアンダスコア2個で始まる関数名やクラス名がそのクラス固有の名前になる（子クラスからは同じ変数名で参照できない）という仕組みはありますが，MicroPythonではそのような特別扱いはないので気を付けてください．

例えば，コマンド7のクラス定義を実行したとします．このとき，インスタンス変数を参照するとシェル欄のようになります．

```
 1  class A:
 2      def __init__(self):
 3          self.var = 10
 4          self._var = 20
 5          self.__var = 30

シェル
>>> %Run -c $EDITOR_CONTENT
>>> a = A()
>>> a.var
10
>>> a._var    ← アンダスコアで始まる変数も参照できてしまう
20
>>> a.__var   ← アンダスコアが2個で始まる変数は使わない
30

>>> a.__class__   ← オブジェクトの属するクラス名が
<class '__main__.A'>    格納されている
>>>
```

コマンド7　Pythonではアンダスコア2個で始まる関数名やクラス名がそのクラス固有の名前になるがMicroPythonではそのような特別扱いはない

__class__という変数名は明示的に定義していませんが，MicroPython内部で自動的に設定されていることが分かります．

みやた・けんいち

使い方から作り方まで

第10章

モジュール

宮田 賢一

9.1 モジュールとは…　プログラムを再利用する仕組みの1つ

MicroPythonには，プログラムを再利用するための仕組みが備わっています．この仕組みを提供するものとして，似た意味を持つ複数の用語があるので，ここでMicroPythonでの意味を整理しておきます．

- モジュール：データと関数，クラスなどをひとまとめにして名前を付けたものの最小単位
- パッケージ：モジュールや他のパッケージを含むモジュールのこと
- ライブラリ：他のプログラムから利用することを前提として作られたプログラム全般で，関数，データ型，モジュールなどを集めて一定の目的を持って分類したもの

MicroPythonには大きく分けて，次の2種類のライブラリがあります．

- 標準ライブラリ：MicroPythonとともに配布されているライブラリ
- 外部ライブラリ：標準ライブラリではないライブラリであり，ユーザによるインストールが必要

9.2 使用法

プログラム中でモジュールやパッケージを読み込むことを「インポート」と呼びます．ここでは，さまざまなモジュールのインポート方法を説明します．

まず，モジュールに含まれているクラスや関数を利用するには，最初にimport文でモジュールをインポートします．import文の書式は，主に次の4通りがあります．

(1) import モジュール [as 参照名]
(2) from モジュール import 属性 [as 参照名]
(3) from モジュール import *
(4) from モジュール import モジュール [as 参照名]

● 書式①：最もシンプルなインポート方法

import モジュール [as 参照名]

指定されたモジュールをインポートする最もシンプルな方法です．例えば，現在実行中のMicroPythonのシステム名称を取得するために，osモジュールのuname関数を使う場合は，**コマンド1**のようにosモジュールをインポートします．

```
>>> import os
>>> os.uname()
(sysname='rp2', nodename='rp2', release='1.19.1',
 version='v1.19.1 on 2022-09-14 (GNU 12.1.0 MinSizeRel)',
 machine='Raspberry Pi Pico W with RP2040')
```

コマンド1　モジュールをインポートする書式①…最もシンプルな方法
osモジュールをインポートしてMicroPythonのシステム名称を取得している

インポートしたモジュール内の関数を使うには，「モジュール名.関数()」とします．ここで気づいた人もいるかもしれませんが，これはクラス内の属性（変数やメソッド）を参照する場合と同じ形です．実際に，import文の実行結果はモジュール・オブジェクトであり，モジュール内で定義されているクラスや関数，変数はモジュールの属性という形で扱われます．

また，import文にオプションで「as 参照名」を追加すると，読み込んだモジュールを別の名前で参照できるようになります．

例えば，現在のメモリ使用量を参照するために，MicroPythonモジュールのmem_info関数を使うことを考えましょう．MicroPythonという名前は長いので，mpという短縮名で呼び変えたいときには，**コマンド2**のようにします．

```
>>> import micropython as mp
>>> mp.mem_info()
stack: 556 out of 7936
GC: total: 166016, used: 95136, free: 70880
No. of 1-blocks: 1856, 2-blocks: 247, max blk sz: 72,
max free sz: 4418
```

コマンド2　モジュールの名前が長い場合は短縮名称を設定できる

● 書式②：モジュール直下の属性名を直接参照

`from モジュール import 属性 [as 参照名]`

fromで指定したモジュール直下の属性名を直接参照できるようにする書式です．前述のos.uname()を，書式②でインポートするには，**コマンド3**のようにします．

```
>>> from os import uname
>>> uname()
(sysname='rp2', nodename='rp2', release='1.19.1',
 version='v1.19.1 on 2022-09-14 (GNU 12.1.0 MinSizeRel)',
 machine='Raspberry Pi Pico W with RP2040')

>>> from os import uname as n
>>> n()
(sysname='rp2', nodename='rp2', release='1.19.1',
 version='v1.19.1 on 2022-09-14 (GNU 12.1.0 MinSizeRel)',
 machine='Raspberry Pi Pico W with RP2040')
```

コマンド3　モジュールをインポートする書式②…モジュール直下の属性名を直接参照する方法

この書式を使うと，from os import unameとすることにより，os.uname()ではなく単純にuname()で呼び出せます．また，from os import uname as nとした場合n()というさらにシンプルな表記での関数呼び出しが可能です．

● 書式③：モジュールが提供している全ての属性を参照

`from モジュール import *`

これは書式②の拡張版で，fromで指定したモジュールが提供している全ての属性を参照できるようにする書式です．

● 書式④：階層関係のあるモジュールを扱う

`from モジュール import モジュール [as 参照名]`

階層関係のあるモジュールを扱う場合の書式です．詳しくは次の節で説明します．

9.3 階層関係のあるモジュール

モジュールは階層関係を持つことができます．このようなモジュールをパッケージと呼びます．

ここでは例として，**図1**のように3つのモジュール

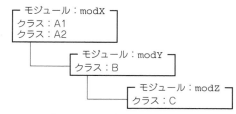

```
┌ モジュール：modX ┐
  クラス：A1
  クラス：A2
└─────┐
      ┌ モジュール：modY ┐
        クラス：B
      └─────┐
            ┌ モジュール：modZ ┐
              クラス：C
```

図1　モジュールは階層構造を取れる

modX，modY，modZが階層をなしていて，modXにはクラスA1，クラスA2があり，modYにはクラスB，modZにはクラスCがあるとします．また，各階層のモジュールは，下位モジュールの内容をインポートしないものとします．

● 階層関係のあるモジュールをインポートする方法

パッケージ内の特定の階層のモジュールをインポートする場合は，モジュール階層をピリオドで連結したものをimport文で指定します．例えば，modZをインポートしたい場合は**コマンド4**とします．

```
import modX.modY.modZ
```

コマンド4　階層のあるモジュールをインポートする場合はピリオドで連結する

import文の使い方を**表1**に整理しました．**図1**と見比べてどのようにモジュールがインポートされるかを確認しましょう．

9.4 モジュールの作り方

自分でライブラリを作成するには，2つの方法が用意されています．

● 方法①…公開したいものが1つのファイルに収まる場合

公開したクラス，関数，グローバル変数を1つのファイルに格納したMicroPythonのスクリプト・ファイルを作成します．ファイル名は「モジュール名．py」とします．

● 方法②…複数のファイルで構成されるモジュールを作りたい場合

モジュール名と同じ名前のフォルダを作成し，必要

表1　import文の使い方

書式	import文の例	インポートされる名前
①	`import modX`	modX, modX.A1, mod.A2
	`import modX as mx`	mx, mx.A1, mx.A2
	`import modX.modY`	modX, modX.A1, mod.A2, modX.modY, modX.modY.B
	`import modX.modY as xy`	xy, xy.B
②	`from modX import A1`	A1
③	`from modX import *`	A1, A2
④	`from modX import modY`	modY, modY.B

```
モジュール名
    ├── __init__.py
    ├── file1.py
    ├── file2.py
    ⋮
```

図2
複数のファイルで構成されるモジュールを作る場合のフォルダ構造

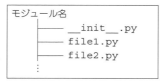

リスト1　自作モジュールmymodule用の__init__.py
importされたとき最初に実行される

```
from .file1 import *
from .file2 import *
```

リスト2　自作モジュールmymoduleのフォルダに格納するコード

```
class A:
    def __init__(self):
        print("class A")
```

(a) file1.py

```
class B:
    def __init__(self):
        print("class B")
```

(a) file2.py

なファイルを全て同じフォルダに格納します．そして，新たに__init__.pyという名前のファイルを作成して，同じフォルダに格納します(**図2**)．

図2の構造で，ライブラリの格納フォルダにある場合に「import　モジュール名」とすると，最初に__init__.pyの内容が実行されます．逆に，__init__.pyが存在しないフォルダはモジュールとして認識されないので，importできません．

ただし，このままではfile1.pyやfile2.pyの内容が実行されないので，__init__.pyに**リスト1**の内容を記述します．

fromの部分では，モジュール名の前にピリオドが付けいていますが，これはimport文で読み込むモジュール用ファイル内でのみ有効な特別な記法で，__init__.pyと同じ階層にあるファイルから，指定したモジュールを読み込むことを意味しています．

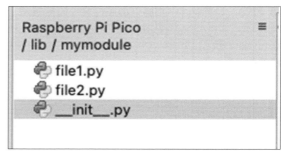

図3　Thonnyのマイコン・フォルダ内にある**mymodule**フォルダ

また，さらに階層を深くする場合は，各フォルダに__init__.pyを置いて，適宜その中で必要なファイルをimportするようにします．

● 作成したモジュールを読み込む方法

いずれかの方法でモジュールのファイルやフォルダを作成したら，モジュールを読み込める場所にコピーします．

MicroPythonでは通常，プログラム格納用のフラッシュ・メモリ直下のlibフォルダ配下からモジュールを探すことになっています．例として，**リスト1**のほかに**リスト2**の2つのファイルを作成し，Thonnyのマイコン・フォルダ画面上でそれらのファイルをmymoduleフォルダに格納します(**図3**)．

その後，**コマンド5**のようにmymoduleをインポートできることを確認します．

```
>>> import mymodule
>>> a = mymodule.A()
class A
>>> b = mymodule.B()
class B
```

コマンド5　自作モジュールmymoduleを読み込めるか確認した結果

みやた・けんいち

疑似的なマルチタスクのメカニズム

第11章
非同期処理

宮田　賢一

10.1 非同期処理とは

　ネットワークにリクエストを送信して応答を待ったり，定期的にLEDを点滅させるためにウェイトを入れたりといった処理が必要なプログラムでは，待っている間CPUは何も処理をしていません．

　この待っている間に別の処理ができれば，CPUの時間を有効に活用でき，プログラム全体として見ると実行時間の短縮につながることが期待できます．そのために使えるのが非同期処理です．

　非同期処理と対比されるのは同期処理ですが，これらの違いを次に示します．

- 同期処理：要求を発行した後，結果が得られるのを待ってから後続の処理を実行する方式
- 非同期処理：要求を発行した後，結果が得られるのを待たずに後続の処理を実行し，結果が得られたかどうかは任意のタイミングで確認する方式

　MicroPythonでは，非同期処理のための仕組みとしてコルーチンを採用していて，データの入出力だけでなく，待ち状態が発生しうる処理全般に対して効果を発揮します．

10.2 コルーチン

● 一時中断/再開が可能な処理構造で疑似的なマルチタスクを実現できる

　コルーチンとは，途中で一時中断が可能で，かつ中断したところから再開可能な処理構造です．コルーチンが一時中断している間は，別のコルーチンを実行できます．つまり，複数のコルーチンがあるとき，それらが協調して中断と継続を繰り返すことにより，複数のコルーチンを並行して動作させられるということから，疑似的なマルチタスクを実現しているとみることができます．

　MicroPythonでは，コルーチンの機能が言語仕様に組み込まれているとともに，uasyncioモジュールをインポートすることにより，コルーチンを扱うため

のサポート関数をプログラム中で利用できるようになります．

● 定義

　コルーチンを定義するには，次に示すように通常の関数定義をするdef文にasyncというキーワードを付けます．

```
async def コルーチン名(引数，…):
    本体
```

　コルーチンは，関数と同じように実行できますが，単純に実行してもコルーチン本体は実行されず，コルーチン・オブジェクトが返されるだけです．

● コルーチンが実行される流れ

　いつコルーチン本体が実行されるのかを，非同期処理のライフサイクル（図1）を追いながら確認しましょう．

▶①run関数を使って非同期処理の世界に入る

　MicroPythonを最初に起動した状態を「同期の世界」とします．同期の世界から「非同期の世界」に入るには，uasyncio.run（コルーチン・オブジェクト）を呼び出します．

```
uasyncio.run(coro1)
```

▶②非同期の世界はタスクで管理される

　非同期の世界では，タスクによって実行状態が管理されます．タスクの状態には，コルーチン本体を実行している実行状態と，別のコルーチン本体処理が完了するのを待つ，待ち状態があります．2つ以上のタスクが同時に実行状態になることはありません．

　前述のuasyncio.runを実行すると，指定したコルーチン・オブジェクトcoro1に対する新しいタスク（タスク1）が割り当てられて，コルーチン本体の処理を開始します．

▶③タスクの中から新しいタスクを生成する

　新しいタスクは，実行中のコルーチン内からuasyncio.create_task関数を使って生成できます．生成された直後のタスクは，待ち状態になります．この関数が返すタスク・オブジェクトを使って，

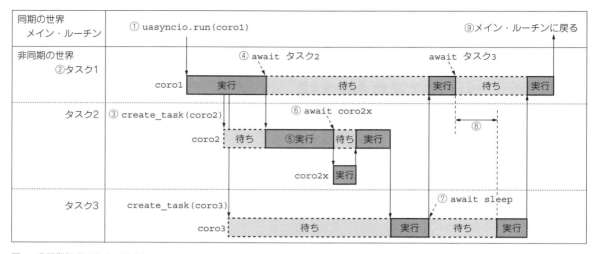

図1　非同期処理のライフサイクル

タスクに対する各種操作ができるようになります.

▶④タスク自ら待ち状態に移行して次のタスクに実行権を渡す

コルーチン本体でawait文を実行すると, await文の引数に指定したタスクまたはコルーチン(正確にはそれらを指すオブジェクト)の実行が完了するまで, 自分のタスクを待ち状態に移行させます.

await　コルーチン・オブジェクトまたはタスク・オブジェクト

▶⑤実行可能なタスクを選んで実行する

待ち状態になっているタスクから, 次に実行すべきタスクを選んで実行を開始するソフトウェアを「スケジューラ」と呼びます. また, 複数のタスクの実行順序を管理することを「スケジューリング」と呼びます.

つまり, このステップではuasyncioのスケジューラが次のタスクを選択します. **図1**の例では, 実行可能なタスク2とタスク3のうち, タスク2が選ばれたとします.

▶⑥コルーチンからawait文を使って別のコルーチンを呼び出せる

コルーチン本体で, await文の引数にコルーチン・オブジェクトを指定すると, 指定したコルーチンを呼び出すことができます. ただし, await文はあくまで自分のタスクを待ち状態に移行させることしかできません. 呼び出そうとするコルーチンが, 実際に呼び出されるかどうかは, スケジューラによって自分のタスクが選ばれたときになります.

図1の例では, awaitによりcoro2xの完了を待つように指定して, 待ち状態に移行しました. このとき実行可能なタスクは, タスク2(自分自身)とタスク3ですが, そのうちタスク2が選ばれたとします.

そして, coro2xの実行が完了し, await coro2xが結果を受け取った後でcoro2も実行を完了します. このとき実行可能なタスクはタスク1とタスク2ですが, スケジューラによりタスク3が選ばれたとします.

▶⑦uasyncioには一定時間待つコルーチンが用意されている

uasyncioモジュールには, 一定時間実行を中断するためのコルーチンuasynio.sleep関数が用意されています. コルーチンなので, await文の引数として実行する必要があります.

なお, MicroPythonのtimeモジュールにも一定時間待つtime.sleep関数が用意されていますが, これはコルーチンではないのでawait文に指定することはできません. また, await文を介さずにtime.sleep関数を実行した場合は, タスクを待ち状態にする効果は無いので, そのまま全体の処理が中断するだけで, 他のタスクは実行されません.

図1の例では, タスク3も待ち状態になることで, タスク1に実行が移ったとします. そして, awaitでタスク3の完了を待つものとします.

▶⑧実行可能なタスクがない場合は全体が中断する

await文が実行されたときに実行可能なタスクが存在しなかった場合は, そのまま実行可能なタスクが発生するまで全体の処理が中断します.

図1の例では, タスク1が待ち状態に入ったときには, まだタスク3のsleepが継続しているため, しばらくの間は何も処理が行われていない時間帯が発生します. そして, sleep関数による中断時間が経過するとタスク3が実行可能となり, タスク3を再開します. 最後にタスク3が完了すると, タスク3の完了

を待っているタスク1が実行を再開します.

▶⑨メインのタスクが完了すると同期の世界に戻る

uasyncio.runで生成したメインのタスクが完了すると,同期の世界に戻ります.

● プログラム

①〜⑨の処理を実際にプログラムとして記述したものが**リスト1**です.

実行した結果は,次のようになります.

```
>>> %Run -c $EDITOR_CONTENT
coro1 start
await coro2
coro2 start
coro2x start
coro2x end
coro2 end
coro3 start
await coro3
coro3 end
coro1 end
all done
```

MicroPythonのバージョンによっては,必ずしもタスクの選択順序が同じになるとは限りませんが,それでも各タスクが中断と再開を繰り返していることが確認できると思います.

みやた・けんいち

リスト1　非同期処理によるコルーチンの実行プログラム（coro1.py）

```
 1:import uasyncio
 2:import time
 3:
 4:async def coro2():
 5:    print("coro2 start")
 6:    await coro2x()
 7:    print("coro2 end")
 8:
 9:async def coro2x():
10:    print("coro2x start")
11:    # 1秒間かかる処理が行われていることをシミュレートする
12:    time.sleep(1)
13:    print("coro2x end")
14:
15:async def coro3():
16:    print("coro3 start")
17:    await uasyncio.sleep(10)
18:    print("coro3 end")
19:
20:async def coro1():
21:    print("coro1 start")
22:    task2 = uasyncio.create_task(coro2())
23:    task3 = uasyncio.create_task(coro3())
24:    print("await coro2")
25:    await task2
26:    print("await coro3")
27:    await task3
28:    print("coro1 end")
29:
30:uasyncio.run(coro1())
31:print("all done")
```

エラー・メッセージの表示や中断キー対応など

第12章 例外処理

宮田 賢一

11.1 例外処理とは…プログラムを中断してエラーを通知する

プログラム実行中にエラーが発生したことを知らせる方法として，関数が特別な戻り値を返せるようにする方法のほかに，MicroPythonでは例外処理を使う方法もあります．

例外処理とは，プログラム実行中にそれ以上プログラムの実行を継続できないとなったときに，その場で処理を中断して呼び出し元にエラー発生を通知する方法です．発生した例外は，例外ハンドラで受け取ることができます．

例外ハンドラは，例外が発生しうる関数の呼び出し元にある必要は無く，例外への対処が必要なところ（例えば最上位のメイン・ルーチン）に例外ハンドラを書くことで，途中の関数呼び出しを全て飛ばして，一気にその場所までジャンプします．

11.2 例外処理の書き方

● 数値以外を入力するとエラーになるプログラムを作る

ここでは，ユーザから入力された数値の2倍を繰り返し表示する関数を作ります．シンプルに実装したものがリスト1ですが，これを実行して数値ではない文字を入力するとどうなるでしょうか．

実行結果はコマンド1の通りです．

```
Enter a number: xyz
Traceback (most recent call last):
  File "<stdin>", line 9, in <module>
  File "<stdin>", line 7, in main
  File "<stdin>", line 3, in get numb
er
ValueError: invalid syntax for intege
r with base 10
```

コマンド1 リスト1のプログラムに文字列xyzを入力して実行した結果

予想通りエラーとなりました．Tracebackの次に表示されている3行が直近の関数呼び出し経路を表していて，上から下に向かって関数呼び出しが起こったことを示しています．

つまり，エラーは9行目→7行目→3行目の順に呼び出されて，最後の3行目から呼び出されたint関数で発生しました．そして，実行結果の最後の行にある「ValueError」というのが，int関数を実行したときに発生した例外を表しています．

プログラムの処理として，不正な値が入力されたらプログラムが終了してしまうのは，おそらく望まない動作でしょう．

● 例外処理を追加する

そこで，例外発生時はエラーの理由を表示して，次の入力を待つという処理にしたい場合に例外処理が役に立ちます．リスト1を改良して，例外処理を加えたものがリスト2です．

実行すると，コマンド2のようになります．

```
Enter a number: xyz
invalid syntax for integer with base
10
Enter a number: string
invalid syntax for integer with base
10
Enter a number: 123
246
Enter a number:
```

コマンド2 例外処理を追加したリスト2のプログラムを実行した結果

リスト1 ユーザから入力された数値の2倍を計算するプログラム（exception1.py）

```
1:def get_number():
2:    x = input("Enter a number: ")
3:    return int(x)
4:
5:def main():
6:    while True:
7:        print(get_number() * 2)
8:
9:main()
```

リスト2 リスト1のプログラムに例外処理を追加
(exception2.py)

```
 1:def get_number():
 2:    x = input("Enter a number: ")
 3:    return int(x)
 4:
 5:def main():
 6:    while True:
 7:        try:
 8:            print(get_number() * 2)
 9:        except ValueError as e:
10:            print(e)
11:
12:main()
```

想定通り，数値でない入力に対してもプログラムが中断しなくなりました．例外処理は，**リスト2**にあるようにtry/except文を使って記述します．

```
try:
    通常処理
except 例外 [as 変数]
    例外ハンドラ
```

tryの配下の通常処理部分で発生した例外を捕捉するために，except配下に例外ハンドラを記述します．例外が発生しないと例外ハンドラは実行されません．

● 中断キーに対応させる

except節にオプションである「as変数」を書くと，発生した例外の詳細情報を保持するオブジェクト（例外オブジェクト）が変数に代入されます．print文に例外オブジェクトを指定するとその詳細情報を表示できます．

リスト2の実行中に中断キーを押すと**コマンド3**のようになります．

```
Enter a number: Traceback (most recent
call last):
  File "<stdin>", line 12, in <module>
  File "<stdin>", line 8, in main
  File "<stdin>", line 2, in get number
KeyboardInterrupt:
```

コマンド3 リスト2の実行中に中断キーを押した結果

中断キーを押すと「KeyboardInterrupt」という例外が発生するので，これを捕捉して「Bye!」と表示して穏便にプログラムを終了したいとしましょう．

このときには，**リスト3**のように最上位の関数に例外ハンドラを書くのが適切です．

実行中に中断キーを押すと**コマンド4**のように「Bye!」と表示されているのが分かります．

リスト3 リスト2のプログラムに中断処理を追加
(exception3.py)

```
 1:def get_number():
 2:    x = input("Enter a number: ")
 3:    return int(x)
 4:
 5:def main():
 6:    while True:
 7:        try:
 8:            print(get_number() * 2)
 9:        except ValueError as e:
10:            print(e)
11:
12:try:
13:    main()
14:except KeyboardInterrupt:
15:    print("\nBye!")
```

リスト4 全ての例外を捕捉するプログラム（exception4.py）

```
 1:def main():
 2:    raise OSError("dummy exception")
 3:
 4:try:
 5:    main()
 6:except KeyboardInterrupt:
 7:    print("\nBye!")
 8:except Exception as e:
 9:    print("unexpected exception occurred")
10:    print(e)
```

```
Enter a number: 456
912
Enter a number:
Bye!
```

コマンド4 リスト3の実行中に中断キーを押した結果

● 全ての例外を捕捉する

プログラムの拡張を続けて処理が複雑になってくると，プログラムのバグで予期しない例外が発生するリスクが増えてきます．このような場合に備えて，最上位では発生しうる例外ごとに例外ハンドラを記述して，デバッグ用途とすることがよく行われます．

そのためには，必要な例外の分だけexcept節を追加します．あるいは，全ての例外に対して一律で同じ例外ハンドラを実行させたい場合は，全ての例外の親クラスであるException例外に対する例外ハンドラを記述します．

リスト4はmain関数の中で意図的に例外を発生させるraise文を用いて，OSError例外を発生させる例です．実行すると，**コマンド5**のようにException例外に対する例外ハンドラで捕捉されたことが分かります．

```
unexpected exception occurred
dummy exception
```

コマンド5 リスト4を実行した結果

みやた・けんいち

MicroPython固有の機能や
プログラムの記述をシンプルにする構文

第13章

その他の言語仕様

宮田 賢一

12.1 MicroPython固有の機能

● 起動時は2つのファイルが読み込まれる

マイコン・ボードの電源投入時，またはリセット時に次の2つのファイルがMicroPythonによって自動的に実行されます．

- boot.py：ボード固有の設定や無線LANのアクセス・ポイント情報など，一度作成したら基本的に変わらない内容を記述する
- main.py：ユーザが作成したプログラムを格納する

どちらのファイルも存在しない場合は，MicroPythonのプロンプトが表示されて，ユーザからのプログラム入力待ち状態となります．

リスト1　条件式（三項演算子）を使ったプログラム
与えられた数値が0以上ならpositive，それ以外ならnegativeを返す

```
def check(value):
    return "positive" if value >= 0 else "negative"

print(check(10))
print(check(-10))
```

リスト2　代入式（セイウチ演算子）を使えばif文の条件式が1行で記述できる
リストの長さが10以下のときだけ長さの2乗を表示する

```
def func(a):
    n = len(a)
    if n > 10:
        print("Too long")
        return
    print(n * n)
```

（a）代入式を使わずに書いた場合

```
def func(a):
    if ((n := len(a)) > 10):
        print("Too long")
        return
    print(n * n)
```

（b）代入式を使って書いた場合

12.2 プログラムの記述を シンプルにする構文

ここではプログラムの記述をシンプルにする便利な構文を紹介します．ただし，過度に多用するとプログラムの読みやすさが逆に失われることを意識して使うのが良いでしょう．

● 条件式（三項演算子）

x if C else yという式は，式Cの評価結果がTrueならxを，Falseならyを返す表記方法です．C言語における？：演算子に相当し，MicroPythonでは条件式と呼びます．

例えば，与えられた数値が0以上なら"positive"，それ以外なら"negative"を返す関数定義は，条件式を使ってリスト1のように書けます．

リスト1を実行すると，次のようになります．

```
>>> %Run -c $EDITOR_CONTENT
positive
negative
```

● 代入式（セイウチ演算子）

MicroPythonの代入文は式では無いので，それ自体は値を返しません．それに対して，代入式を用いると変数への代入をした上で，代入した値を式の値として返すことができます．

代入式は「x:=式」のように演算子:=を用います．この記号は，セイウチの目と牙に見えることからセイウチ（walrus）演算子とも呼ばれています．

例えば，リストの長さが10以下のときだけ長さの2乗を表示する関数を，代入式を使わずに書くとリスト2（a）のようになります．

これを，代入式を使って書き直すとリスト2（b）のようになります．変数への代入とif文の条件式が1行で記述でき，すっきりしました．

● ラムダ式（無名関数）

再利用する予定が無く，処理内容も1行で済むよう

な関数が必要な場面が時々現れます．そのようなとき
には，ラムダ式を使って名前が無い関数（一般に無名
関数や匿名関数と呼ぶ）を定義するのが便利です．

例として，2つの引数xとyを加えた数を返す関数
定義を考えましょう．通常の関数定義は次のようにな
ります．

```
def add_xy(x, y):
    return x + y
```

これをラムダ式の形で書くとこうなります．

```
add_xy = lambda x, y: x + y
```

ラムダ式が返す値は関数オブジェクトであり，変数
に代入できます．関数オブジェクトを代入した変数
は，def文で定義したときの関数名と等価なので，
いずれの形で定義した関数でも同じように呼び出すこ
とができます．

```
>>> add_xy = lambda x, y: x + y
>>> add_xy(10, 11)
21
```

一般に，ラムダ式はキーワードlambdaに続いて
仮引数を0個以上並べ，コロンで区切って次に関数の
本体となる式を記述します．式の部分には，文を書け
ないことに気を付けてください．

```
lambda 仮引数, … : 式
```

要素の値を並べ替える組み込み関数のsort関数や
sorted関数，要素中の最小/最大値を求めるmin
関数やmax関数において，独自の基準で要素の順序
関係を指定したい場合があります．

例えば，リスト中の要素の中で，10で割った余り
が最大の要素を取り出す場合は，max関数のキーワー
ド引数keyに，ラムダ式を指定できます．

```
>>> max([30, 91, 19], key=lambda x:
                        x % 10)
19
```

10で割った余りを返す，mod_10のような関数を
def文で定義して「key=mod_10」としても同じ結
果が得られますが，この関数を何度も使わないのであ
れば，ラムダ式を使った方がシンプルです．

みやた・けんいち

第1章

Pico W/ESP32単体でネットワークに接続する方法

接続編①…
直接Wi-Fiに接続する

宮田 賢一

リスト1　Wi-Fi接続のプログラムwlan.py

```
 1: try:
 2:     import network
 3:     import time
 4:
 5:     def init_wlan(ssid, password):
 6:         # ステーション・モード接続用のオブジェクトを生成
 7:         wlan = network.WLAN(network.STA_IF)
 8:         # Wi-Fiインターフェースを有効化
 9:         wlan.active(True)
10:         if not wlan.isconnected():
11:             # Wi-Fiアクセス・ポイントに接続する
12:             wlan.connect(ssid, password)
13:             # IPアドレスを取得するまで待つ
14:             while wlan.status() != network.
                                    STAT_GOT_IP:
15:                 print('waiting...')
16:                 # 1秒待つ
17:                 time.sleep(1)
18:         return wlan
19: except ImportError:
20:     # networkモジュールを持たないボードの場合は何もしない
                                        関数を定義する
21:     def init_wlan(ssid, password):
22:         pass
```

WLANクラスの
オブジェクトを
返す

SSIDとパスワード
を用意

　マイコン・ボードをネットワークに接続するとマイコン活用の幅が格段に広がります．第3部では，MicroPythonの最初の実践として，ネットワーク接続の仕方を解説します．

　Wi-Fiは家庭内LANやインターネット上のサービスに接続できる汎用的な無線規格です．ボード上にWi-Fi接続用の通信モジュールを搭載しているラズベリー・パイPico W（以降，Pico W）とESP32では，MicroPythonからWi-Fi通信を直接使えます．通信モジュールを持たないラズベリー・パイPico（以降，Pico）でも，他の通信モジュールと組み合わせることでWi-Fiネットワークへの接続が可能となります．本章ではまず前者の直接接続型のプログラムを説明します．

● Wi-Fiへの接続の仕方

　Wi-Fiアクセス・ポイントに接続するための関数init_wlanを定義します（**リスト1**）．この関数は，指定したアクセス・ポイントのSSIDとパスワードを用いてアクセス・ポイントへの接続を試み，成功すると設定情報を格納したWLANクラスのオブジェクト

を返します．プログラムのポイントを見ていきます．

7行目：Wi-Fiアクセス・ポイントへの接続は，network.WLANコンストラクタで作成したWLANオブジェクトを介して行います（関数の詳細は付録第1章を参照）．

12行目：このWLANオブジェクトを使って，最初にWi-Fiアクセス・ポイントに接続します．

14〜15行目：Wi-Fiアクセス・ポイントへの接続の完了は，wlan.status関数がSTAT_GOT_IP（IPアドレスを取得した）という戻り値を返すまで，ポーリングで待ちます．

● プログラムの書き込み

　wlan.pyをモジュールとしてインポートできるように，Pico WまたはESP32のプログラム格納用フラッシュ・メモリ上で，lib/common/networkフォルダにwlan.pyというファイル名で格納します（**図1**）．

　なおlib/common/networkフォルダ配下の__init__.pyは，common.networkモジュールをインポートしたときに自動的に実行されるファイルですが，この内容には次の行を含みます．

```
from .wlan import init_wlan
```

　この文は__init__.pyと同じフォルダにあるwlanモジュールからinit_wlan属性（この場合は関数）でインポートすることを意味します．fromで始まるimport文は，モジュール名を介さずに属性名を直接参照可能にするので，init_wlan関数はcommon.network.wlan.init_wlanではなくcommon.network.init_wlanとして参照できます．

　Wi-Fiのアクセス・ポイントに接続するために必要なSSIDとパスワードの情報は，セキュリティ上外部に漏れないように管理すべきものです．そこでこれらの情報を個別のファイルsecrets.py（**リスト2**）に格納し，ユーザのプログラムからはその定義情報をインポートします．実験環境の準備（第1部第4章）で既にファイルが作られていると思いますが，改めてファイル内容を確認してください．

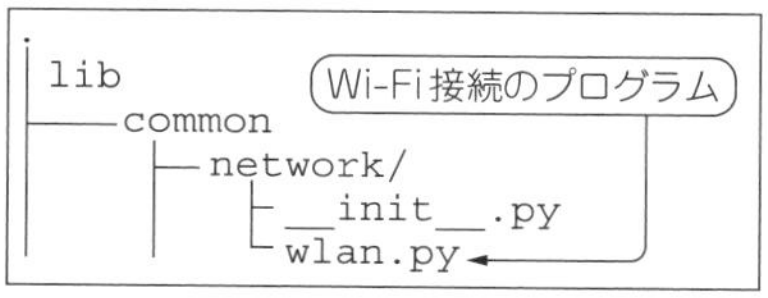

図1　Wi-Fiを使うためのファイルの格納場所

リスト2　SSIDとパスワードの情報を含む`secrets.py`

```
1: WIFI_SSID = "xxxxxxxx"
2: WIFI_PASSWORD = "xxxxxxxxxxxxx"
```

● プログラムの実行

　実際にWi-Fiアクセス・ポイントに接続してみましょう．**リスト3**は先ほど作成した`init_wlan`関数と`secrets.py`ファイルの内容を使ってWi-Fiアクセス・ポイントに接続し，IPアドレスなどの情報を表示するプログラムです．

　実行した結果は**図2**のようになります．

みやた・けんいち

リスト3　Wi-Fi接続のテスト・プログラム`wlan-test.py`

```
1: from common.network import init_wlan
2: import secrets
3:
4: wlan = init_wlan(secrets.WIFI_SSID, secrets.
                                WIFI_PASSWORD)
5: status = wlan.ifconfig()
6: print(f'IP address {status[0]}')
7: print(f'Netmask {status[1]}')
8: print(f'Gateway {status[2]}')
9: print(f'DNS Server {status[3]}')
```

```
>>> %Run -c $EDITOR_CONTENT
waiting...
waiting...
waiting...
waiting...
waiting...
waiting...
waiting...
IP address 192.168.1.183
Netmask 255.255.255.0
Gateway 192.168.1.1
DNS Server 192.168.1.1
```

図2　Wi-Fi接続のテスト・プログラムの実行結果
IPアドレスの情報は環境により異なる

マイコン（Pico）とモジュール（ESP32）間でUART通信

第2章

接続編②…外付け
Wi-Fiモジュールを使う

宮田 賢一

図1　外付けモジュールを使用した通信の構成

図2　キューのデータ構造

● UART経由で外付けモジュールを使用する

　Wi-Fi機能を持たないPicoや，Wi-Fi以外の通信規格を使用したい場合は，図1のように無線機能を持つ外付けモジュールを活用する形態を取るのが一般的です．マイコン・ボードがPicoの場合を例に取ると，Picoと通信モジュールとの間はUARTやI²C，SPIなどの通信方式を使用し，Picoから通信モジュールに何らかのコマンドを送信します．通信モジュールはコマンドを受けるとWi-FiやLoRaWANなどのネットワークに要求を発行し，得られた応答を再度UART経由でPicoが受け取ります．

　Picoと通信モジュールの間の通信路は通信モジュールによってさまざまですが，本章ではUARTを用いる通信モジュールのプログラミングを説明します．また，UARTを用いる通信モジュールとして，ESP32を使う方法も説明します．

ステップ①…マイコン（Pico）側の実装

● データの蓄積場所としてキューを実装する

　ネットワークを通してメッセージ（例えばウェブ・ページの1ページ分のデータ）を受信する場合，1つのメッセージが1つのネットワーク・パケットとして送られてくるとは限りません．また複数のパケットを受信する時間間隔が常にゼロ秒であるという保証もありません．そこでネットワークから受信したデータをため込む処理と，ため込まれたデータをまとめて取り出す処理に分割し，それらを非同期に実行する（お互いに完了を待たずに別の処理を実行する）ことで，CPUが何もしていない待ち時間を減らすことが期待できま

す．そのために使えるデータの蓄積場所にはキュー（Queue）が向いています．

　キューとは複数のデータを格納するデータ構造の一種で，データを入れた順に取り出せるという特徴を持ちます（図2）．この特徴からFIFO（First-in First-out）とも呼びます．

▶キューは積み込みと取り出しができる

　キューに対して行える操作は，要素の積み込み（put）と要素の取り出し（get）です．putとgetを必ずペアで実行しなければならないという制約はなく，それぞれ任意のタイミングで実行できます．つまり空になったキューから要素をgetしようとしたり，逆に満杯になったキューに要素をputしようとしたりする状況があり得ることを覚えておいてください．

▶キューの実装

　実際にキューを実装したものがリスト1です．ユーザのプログラム中で複数のキューを作成できるように，キューをクラスとして定義し，キューが必要になるごとにインスタンスを生成できるようにします．またgetとputを非同期に実行できるよう，uasyncioモジュールを使ってコルーチンとして実装します．またキューの実体はMicroPythonのリストとします．

　ここでputの処理内容を考えてみましょう．キューが満杯のときは要素のputができないので，キューに空きが出るのを待たなければなりませんが，その待ち方に工夫が必要です．ビジー・ループと呼ぶ単純な無限ループでは他のタスクに処理を渡すタイミングが取れないため，いつまでたってもキューに空きができません．

　そこでuasyncioが用意しているEventクラス（付録第1章）によるイベント処理を活用します．イベ

リスト1　キューの実装 `queue.py`

```
 1: import uasyncio          ← uasyncioモジュールを使う
 2:
 3: class Queue:
 4:     # キューのインスタンスを生成する
 5:     def __init__(self, size=10):
 6:         self._queue = list()
 7:         self._size = size
 8:         self._event_get = uasyncio.Event()
 9:         self._event_put = uasyncio.Event()
10:
11:     # キューが満杯かどうかを検査する
12:     def is_full(self):
13:         return len(self._queue) == self._size
14:
15:     # キューが空かどうかを検査する
16:     def is_empty(self):
17:         return len(self._queue) == 0
18:
19:     # キューの長さを返す
20:     def size(self):
21:         return len(self._queue)
22:
23:     # キューに要素を登録する

24:     async def put(self, element):
25:         # キューが満杯の間待つ
26:         while self.is_full():
27:             # キューから要素が取り出されたことを示すイベントを
                                              受信するのを待つ
28:             await self._event_get.wait()
29:             self._event_get.clear()
30:         # キューに要素を追加したことを示すイベントを通知する
31:         self._event_put.set()
32:         self._queue.append(element)
33:
34:     # キューから要素を取り出す.
35:     async def get(self):
36:         # キューが空の間待つ.
37:         while self.is_empty():
38:             # キューに要素が追加されたことを示すイベントを
                                              受信するのを待つ
39:             await self._event_put.wait()
40:             self._event_put.clear()
41:         # キューから要素が取り出されたことを示すイベントを通知する
42:         self._event_get.set()
43:         return self._queue.pop(0)
```

(注釈) イベントをクリア

(注釈) イベントがセット状態になるのを待つ

(注釈) キューが満杯かどうかをチェック

ント処理を使うと，複数のタスクがイベント発生を待つことができ，事象発生時にはイベントを待っている全てのタスクが実行対象としてマークされることになります．

リスト1のput処理の内容を説明します．
26行目：キューが満杯かどうかをチェックします．
28行目：要素のget処理用に用意したイベントがセット状態になるのを待ちます．
29行目：セット状態になったらいったんイベントをクリア状態とします．

ここで注目するポイントは，キューが満杯かどうかをwhileループでチェックしていることです．イベントが発生して自分のタスクに実行順が回ってきたときには，先に実行された別のタスクがキューに要素を追加してしまっているかもしれません．そのため自分のタスク再開時に本当にキューに空きができたかをチェックしなければなりません．

● 汎用のUART処理を実装する

データ送受信用のキューが用意できたので，次にUARTを介した通信処理を検討します．図3に示すように，2つのタスクを使ってUART通信処理を実装します．マイコンとしてはラズベリー・パイPicoを使用するものとします．

▶メイン・タスク

ユーザからのコマンド送信の受け付けと，受領した応答をユーザに返却する処理を実行します．

▶受信タスク

UARTから届く応答メッセージを受信する処理を実行します．

● 処理の流れ

図3の処理の流れを順に追ってみましょう

▶①外付けモジュールに対するコマンドをsenderコルーチンに送る

senderコルーチンはユーザからコマンドを受け取って，その内容をUARTに転送する役割を持ちます．基本的にユーザからの入力を待つ処理であるため，コルーチンとして実装します．

▶②UARTにコマンドを書き込む

senderは受け取ったコマンドをUARTに書き込みます．UARTのバッファ・サイズによっては1つのコマンド文字列が複数回の書き込みに分割されることがあるので，分割ごとに書き込み処理が完了するのを待たなければなりません．そのため非同期処理に対応したuasyncioモジュールのStreamWriter（インターフェースは付録第1章を参照）クラスを使って，書き込み待ちを有効活用します．UARTへの書き込みが完了したら，parseコルーチン（後述）から結果が返ってくるのを待ちます．

▶③外付けモジュールのUARTにデータを送信する

PicoのUARTは外付けモジュールのUARTにデータを送信し，続けて外付けモジュールからの応答を受信します．

▶④UARTから応答を読み込む

UARTからデータを読み込みます．外付けモジュールからの応答メッセージはUARTのバッファ・サイズに依存して複数回に分割されることがあるので，②と同じようにuasyncioが用意している非同期処理対応のStreamReaderクラスを使って読み出し処理を行います．

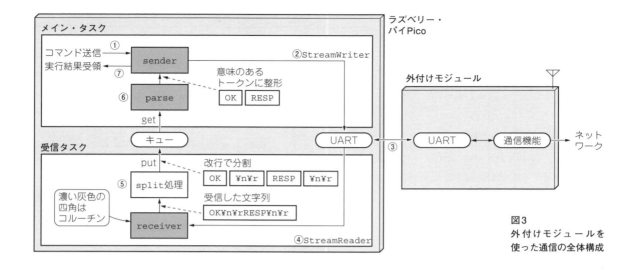

図3
外付けモジュールを
使った通信の全体構成

▶⑤受信した文字列を改行で分割する

　コマンドの実行結果は複数行となることがあるので，受信した応答メッセージをsplit処理により改行コードでトークンに区切った上で，各トークンをキューにputします．

▶⑥キューから要素を取り出す

　メイン・タスク側のparseコルーチンは常にキューからのgetを実行しています．キューが空の場合は要素が追加されるまで待ち状態になります．そして得られたトークン列が意味のある単位（例えばコマンドのリターン・コードとその内容のペア）としてそろったら，それをsenderコルーチンに返します．

▶⑦ユーザにコマンド実行結果を返す

　senderコルーチンは_parseコルーチンからの戻り値を受け取ったら，ユーザにその内容を返します．

● プログラムの説明

　この処理をUARTProxyクラスとして実装したものがリスト2です．このクラスは通信モジュールごとに継承して使うことを想定しています．プログラムのポイントは次のようになります．

- 外付けモジュールの仕様に従って子クラスでオーバライドするもの：
  改行コードを定義するnewlineメソッド
  プロンプト文字列を定義するpromptメソッド
  応答メッセージを解析するparseメソッド
- 全ての外付けモジュールで共通利用するもの：
  受信タスクを開始するstartメソッド
  受信タスク本体のreceiverメソッド（コルーチン）
  送信処理を担うsenderメソッド（コルーチン）

親クラスのインスタンスを直接生成して子クラスでオーバライドすることを期待しているメソッドが誤って呼び出されてしまうのを防ぐために，該当するメソッドでNotImplementedError例外（メソッドが実装されていないことを意味する）を発生させることにします．

▶senderコルーチン

　senderコルーチンでは，引数で与えられた1行分の文字列を送信しますが，このとき末尾に改行コードを加える必要があります（33行目）．

　ここで呼び出しているnewlineメソッドはUARTProxyクラスの中でも定義されていますが，実際にこの処理が呼ばれるのは子クラスのインスタンスに対してです．つまり子クラスでオーバライドしたnewlineメソッドとなります．このように，子クラスでどんな実装がされたとしても，親クラス側では汎用的なプログラミングができるというのがクラスの継承の大きな効果です．

　なお，ストリーム処理用のインターフェースであるwriteメソッドや後述のreadメソッドは，送受信するデータがバイト配列であることを期待しています．そのためsenderが文字列として受け取った引数をencode関数でバイト配列に変換しています．

▶receiverコルーチン

　receiverコルーチンは，UARTで受信したデータをトークンに分割してキューに積む処理を無限ループで実行します．UARTからの受信は送信時とは異なり，どんなデータが送られてくるかを予測できないことからプログラミング的に工夫が必要となります．

　例えば次のように3回のメッセージを受信したとします．見やすさのために改行コードを"~"の1文字で表すものとします．

```
OK~192.168.1.1
00~255.255.255
```

リスト2　UART通信処理uartproxy.py

```
 1: import uasyncio
 2: from common.utils import Queue
 3:
 4: class UARTProxy:
 5:     def __init__(self, uart, qsize):
 6:         self._uart = uart
 7:         self._queue = Queue(qsize)
 8:         # 非同期処理に対応したストリーム処理用オブジェクトを
                                                      生成する
 9:         self._sreader = uasyncio.StreamReader(
                                               self._uart)
10:         self._swriter = uasyncio.StreamWriter(
                                               self._uart)
11:
12:         # ボード固有の改行コード文字列を返す
13:     def newline(self):
14:         raise NotImplementedError()
15:
16:         # 外付けモジュールが返すプロンプト文字列を返す
17:     def prompt(self):
18:         raise NotImplementedError()
19:
20:         # 応答メッセージを解析する
21:     def parse(self):
22:         raise NotImplementedError()
23:
24:         # 受信タスクを開始する
25:     def start(self):
26:         uasyncio.create_task(self.receiver())
27:
28:         # 送信処理を行うコルーチン
29:         # 引数lineは文字列型のデータとする
30:     async def sender(self, line):
31:         print("--- SEND: {}".format(line))
32:         # コマンドに改行コードを付加してStreamWriter内部の
                                                      バッファに書き込む
33:         self._swriter.write(line.encode() +
                                             self.newline())
34:         # バッファの内容をUARTに掃き出す
35:         await self._swriter.drain()
36:         return await self.parse()
37:
38:         # 受信処理を行うコルーチン
39:     async def receiver(self, rsize=64):
40:         # 受信データの末尾となる文字列を定義しておく
41:         # プロンプトが存在しないボードでは末尾は空行(b"")となる
42:         tail = b"" if self.prompt() is None else
                                             self.prompt()
43:         buffer = b""
44:         while True:
45:             # UARTから受信データが届くのを待つ
46:             buffer += await self._sreader.
                                             read(rsize)
47:             strips = buffer.split(self.newline())
48:             # 受信データの末尾が改行またはプロンプト文字列で
                                             なければ後続のreadで行の残りを
49:             # 受信するはずなので，未処理の文字列としてバッファ
                                             に移動しておく
50:             buffer = strips.pop(-1) if strips[-1]
                                             != tail else b""
51:             for s in strips:
52:                 await self._queue.put(s)
```

外付けモジュールの仕様に従って子クラスでオーバーライドする．親クラスでは例外を発生させる

.0~>>>

1行目を改行で区切ると［"OK"，"192.168.1.1"］となりますが，実は次に受信するデータと合わせると2個目のトークンは192.168.1.100でなければなりません．つまりトークンとして認識してよいのは，改行コードの直後から次の改行コードの直前までなので，受信したデータの末尾が改行でない場合は次に受信したデータと連結した上でトークン分割処理をする必要があります．

- 1回目受信時
  OK~192.168.1.1をトークンに分割する．OKをトークンとしてキューに積む．192.168.1.1は未処理として保留する．
- 2回目受信時
  保留データと合わせて192.168.1.100~255.255.255をトークンに分割する．192.168.1.100をトークンとしてキューに積む．残りの255.255.255は保留する．
- 3回目受信時
  保留データと合わせて255.255.255.0~>>>をトークンに分割する．255.255.255.0をトークンとしてキューに積む．

この段階では>>>が保留されている文字列です．この文字列はユーザからの入力を待つプロンプト文字列ということが分かっているとすると，この後いくら待っても改行コードを受信することはありません．そこで保留データがプロンプト文字列に一致する場合は，これをトークンと見なして保留データから除去します．そしてプロンプトは受信データとしては意味の無いものなので，キューには積まずにそのまま捨てます．

以上の検討に基づいて実装したものがリスト2の39行目からのreceiverコルーチンとなります．

ステップ②…外付けモジュール(ESP32)側のファームウェア書き込み

● ESP32は外付けWi-Fiモジュールにもなる

外付けモジュールとして，Wi-Fiにアクセスが可能なESP32を活用できます．

ESP32には，ユーザが作成したプログラムを書き込んで使う方法の他に，ATコマンドでESP32モジュールを制御するための専用ファームウェアを使う方法があります．ATコマンドとはもともと米国のHayes社が自社のモデムを制御するために搭載していた独自のコマンド体系のことで，コマンドの先頭が"AT"で始まることから，一般にATコマンドと呼ばれています．現在ではHayes社以外のモデムやシリアル端末などの制御のためにATコマンドが用いられる例も多くなっています．

ESP32のATコマンド・モードは，ESP32モジュールが持つWi-FiやBluetoothのような低レベルの通信

71

写真1　ラズベリー・パイPicoとESP32-DevKit-Cを組み合わせて
Wi-Fiに接続する

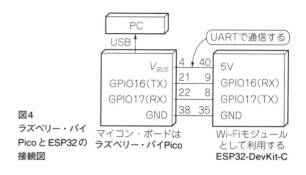

図4
ラズベリー・パイ
PicoとESP32の
接続図

マイコン・ボードは
ラズベリー・パイPico

Wi-Fiモジュール
として利用する
ESP32-DevKit-C

表1 [1]　ESP32（ATコマンド・モード）による通信方式の主な仕様

項　目	仕　様
コマンド形式	ATコマンド
改行コード	b"\r\n"（CR+LF）
プロンプト文字列	b""（空行）
応答フォーマット	コマンドのエコー・バック \r\n 情報 \r\n 情報 \r\n … \r\n 応答コード \r\n

層を制御するだけではなく，HTTPやMQTTといっ
たネットワーク・プロトコル層の通信まで可能な独自
コマンド体系を備えており，UARTを介してコマン
ド実行が可能です．

　ここでは**写真1**のようにラズベリー・パイPicoと
ESP32 と を つ な い で，Pico から Wi-Fi を 介 し て
MQTTメッセージを発行するプログラムを作成しま
す．MQTTに関する詳細は第4章で説明します．

● **ATコマンド・モード用ファームウェアの書き
込み**

　付録第3章を参照して，ESP32にATコマンド・
モード用ファームウェアを書き込んでおきます．これ
により，ESP32がATコマンドを解釈できるWi-Fiモ
ジュールになります．

ステップ③…
マイコンと外付けモジュールの接続

　図4のように，PicoのUARTとESP32-DevKit-Cの
UARTを接続します．PicoをPCに接続し，プログラ
ムの書き込みと電源供給をするものとし，Picoの
V_{BUS}端子からESP32の5V端子に電源を供給するもの
とします．

ステップ④…
通信プログラムの作成と動作テスト

● **プログラムの作成**

　先に作成したUARTProxyクラスを活用するため
に必要な通信方式の仕様を**表1**に示します．

　応答フォーマットの1行目は実行したコマンドと同
一の文字列（エコー・バック）です．その次の行から，
実行結果として得られる情報が0行以上続きます．そ
して空行を挟んで応答コードが続きます．応答コード

は実行結果に応じてOKやERRORなどの文字列で表
されます．

　これらの情報を元にUARTProxyを継承して
ESP32ATクラスを作成したものが**リスト3**です．改
行コード，プロンプト文字列，応答メッセージの解析
処理をそれぞれnewlineメソッド，promptメソッ
ド，parseメソッドして実装しています．UARTで
処理する文字列はバイト列として送受信する必要があ
ることに気を付けてください．

▶**コマンドの長さチェックのためにsenderコルー
チンをオーバライドする**

　UARTProxyクラスの中で定義されているsender
コルーチンはオーバライドしなくても基本的には問題
ありませんが，ESP32のATコマンド・モード処理用
ファームウェアでは1行当たり最大256バイトという
制約があるため，ESP32ATクラス側で長さチェック
処理を追加します（37行目）．そこで35行目からのよ
うにESP32ATクラスのsenderコルーチンをオーバ
ライドし，長さチェックのコードを実行してから親ク
ラスのsenderを呼び出すようにしました．このよう
に子クラスで特別な処理が必要な場合でも，親クラス
のコードをコピーせずに処理をカスタマイズできるこ
とも，クラスの継承の大きなメリットとなります．

▶**MQTTの処理**

　ESP32ATクラスでは，Wi-Fi接続用のメソッドと，
MQTTにメッセージを発行（publish）する処理を追加
します．それぞれの処理の実体は，**表2**に示すATコ

リスト3　ESP32ATクラス`esp32at.py`

```
 1: import uasyncio as asyncio
 2: from common.network import UARTProxy
 3:
 4: # ESP32のATコマンド・モードを使ってWi-Fiに接続するクラス
 5: class ESP32AT(UARTProxy):
 6:     def __init__(self, uart, *, qsize=10):
 7:         # 親クラスのインスタンス生成関数を呼びだす
 8:         super().__init__(uart, qsize)
 9:
10:     # ATコマンドモードの改行コードを定義する
11:     def newline(self):
12:         return b"\r\n"
13:
14:     # ATコマンドモードのプロンプトを定義する
15:     def prompt(self):
16:         return b""
17:
18:     # ATコマンドの応答メッセージを解析する
19:     async def parse(self):
20:         result = list()
21:         # エコーバックされるコマンドと改行を読み飛ばす
22:         await self._queue.get()
23:         await self._queue.get()
24:
25:         token = await self._queue.get()
26:         while token not in (b"OK", b"ERROR",
                b"SEND OK", b"SEND FAIL", b"SET OK"):
27:             # 応答コード以外のトークンの場合は文字コードを
                    UTF-8に変換してからキューに積む
28:             result.append(token.decode("utf-8"))
29:             token = await self._queue.get()
30:         result.append(token.decode("utf-8"))
31:         # 末尾の改行を削除
32:         token = await self._queue.get()
33:         return result
```

```
34: 長さチェック処理
35:     async def sender(self, line):
36:         # ATコマンド・モードは1行256バイトの制限があるので
                    エラーチェックをする
37:         if len(line) >= 256:
38:             raise ValueError("Length of a message
                    must be less than 256.")
39:         # 親クラスのsender関数を呼びだす
40:         return await super().sender(line)
41:
42:     # ATコマンドモードを使ってWi-Fiアクセス・ポイントに接続する
43:     async def connect_wifi(self, ssid, password):
44:         print(await self.sender("AT+CWMODE=1"))
45:         print(await self.sender(f'AT+CWJAP="{ssid
                }","{password}"'))
46:         print(await self.sender("AT+CIPSTA?"))
47:
48:     # MQTTのパラメータを設定する
49:     async def mqtt_setconf(self, client_id, host,
                    port):
50:         self._mqtt_client_id = client_id
51:         self._mqtt_host = host
52:         self._mqtt_port = port
53:         print(await self.sender('AT+MQTTCLEAN=0'))
54:         print(await self.sender(f'AT+MQTTUSERCFG=
                0,1,"{client_id}","","",0,0,""'))
55:         print(await self.sender(f'AT+MQTTCONN=0,"
                {host}",{port},0'))
56:
57:     # MQTT publishを実行する
58:     async def mqtt_publish(self, topic, message,
                    qos):
59:         print(await self.sender(f'AT+MQTTPUB=0,"{
                topic}","{message}",{qos},0'))
```

表2　使用するATコマンドと主なパラメータ

項　目	ATコマンド	意　味
Wi-Fiへの接続	AT+CWMODE=1	Wi-Fiをステーション・モードに設定する
	AT+CWJAP="SSID","パスワード"	Wi-Fiアクセス・ポイントに接続する
	AT+CIPSTA?	設定されたIPアドレス情報を取得する
MQTTのアクセス	AT+MQTTCLEAN	MQTT接続状態を解消する
	AT+MQTTUSERCFG=0,1,"クライアントID","","",0,0,""	MQTTの接続情報を設定する
	AT+MQTTCONN=0,"ホスト",ポート番号,0	MQTTブローカに接続する
	AT+MQTTPUB=0,"トピック","メッセージ",QOS,0	MQTTメッセージをパブリッシュする

マンドをESP32に送信して実現します．各コマンドには表に示すもの以外にも設定できるパラメータがあります．詳細は文献(1)を参照してください．

　ATコマンドの送信は，図3で説明したようにsenderコルーチンを使って次のように記述します．

```
result = await self.sender
("AT+CWMODE=1")
```

　await文の実行により，senderコルーチンからの応答を待って自分自身が中断します．その後，senderコルーチンが結果を受信したら処理を再開し，実行結果がresult変数に代入されます．

● プログラムの書き込み

　作成したプログラムを図5のようにPicoのフラッ

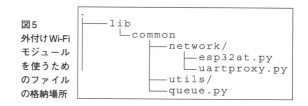

図5
外付けWi-Fi
モジュール
を使うため
のファイル
の格納場所

```
.
└── lib
    └── common
        ├── network/
        │   ├── esp32at.py
        │   └── uartproxy.py
        ├── utils/
        └── queue.py
```

シュ・メモリ上のフォルダに書き込みます．

　これまで作成してきた処理のテストとして，PicoからESP32を使ってMQTTでメッセージを送信するプログラムを作成したのがリスト4です．

6～16行目：メイン・タスクの本体であるmainコルーチンです．

73

```
>>> %Run -c $EDITOR_CONTENT
--- SEND: AT+CWMODE=1
['OK']
--- SEND: AT+CWJAP="XXXXXXXX","XXXXXXXX"
['+MQTTDISCONNECTED:0', 'WIFI CONNECTED', '', 'WIFI GOT IP', '', 'OK']
--- SEND: AT+CIPSTA?
['+CIPSTA:gateway:"192.168.1.1"', '+CIPSTA:netmask:"255.255.255.0"', '', 'OK']
--- SEND: AT+MQTTCLEAN=0
['', 'OK']
--- SEND: AT+MQTTUSERCFG=0,1,"ESP32","","",0,0,""
['OK']
--- SEND: AT+MQTTCONN=0,"test.mosquitto.org",1883,0
['+MQTTCONNECTED:0,1,"test.mosquitto.org","1883","",0', '', 'OK']
--- SEND: AT+MQTTPUB=0,"/esp32at/data","test",0,0
['OK']
```

図6　リスト4の実行結果

リスト4　ESP32を使ってMQTTでメッセージを送信する
esp32at-test.py

```
 1: import uasyncio
 2: from machine import Pin, UART
 3: from common.network import ESP32AT
 4: import secrets
 5:
 6: async def main():
 7:     # UARTクラスのインスタンスを構築する
 8:     uart = UART(0, 115200, tx=Pin(16),
       rx=Pin(17), timeout=200, timeout_char=200)
 9:     # ESP32ATクラスのインスタンスを構築する
10:     esp32 = ESP32AT(uart)
11:     # ESP32を使った受信タスクを開始する
12:     esp32.start()
13:     # ESP32を使ってWi-Fiへの接続とMQTTメッセージの発行
                                              を行う
14:     await esp32.connect_wifi(secrets.WIFI_SSID,
                                 secrets.WIFI_PASSWORD)
15:     await esp32.mqtt_setconf("ESP32", "test.
                                 mosquitto.org", 1883)
16:     await esp32.mqtt_publish("/esp32at/data",
                                 "test", 0)
17:
18: # メイン・タスクを開始する
19: uasyncio.run(main())
```

図7　受信したMQTTメッセージ

8行目：UARTクラスのインスタンスを構築します（引数の意味は付録第1章を参照）．

19行目：メイン・タスクを開始します．

　ESP32のATコマンド・モードにおけるUARTのボー・レートとして115200を指定します．またUARTの受信タイムアウト値をゼロにするとデータを取りこぼす現象が発生することを実験で確認しました．ATコマンド・モードの仕様ではタイムアウト値を定めていませんが，200ms程度にすると安定したので，コンストラクタでも200を指定しています．

10 ～ 12行目：構築したUARTインスタンスを使って受信タスクを開始します．

　この後Wi-Fiに接続してMQTTメッセージを発行します．テスト用として，公開MQTTブローカである test.mosquitto.org を使用します．発行したMQTTメッセージを購読（subscribe）するクライアントは任意のものが利用できますが，本誌ではデスクトップ・クライアントであるMQTT X（https://mqttx.app/）を使用します．MQTT Xインストール方法とMQTTメッセージを購読するための設定は付録第4章を参照してください．

　リスト4では次の設定でMQTTメッセージを発行するので，MQTT Xではこれに合わせて設定します．

- ホスト：mqtt://test.mosquitt.org
  ポート番号＝デフォルト値（1883）
- MQTTトピック：/esp32at/data

● 実行結果

　リスト4をThonnyのエディタ画面に入力して実行してみましょう．実行結果は図6のようになります．

　"---"で始まる行が送信したATコマンド，その次の行にある角括弧で囲われたものがコマンド実行結果をリストで表したものです．このときMQTT Xでは図7のようにメッセージを受信していることを確認してください．

◆参考文献◆
(1) Espressif, AT Command Set.
https://docs.espressif.com/projects/esp-at/en/latest/esp32/AT_Command_Set/index.html

みやた・けんいち

UART接続の外付けモジュールでWi-Fi以外の通信も
お手軽に使える

第3章 接続編③…外付け Sigfoxモジュールを使う

宮田 賢一

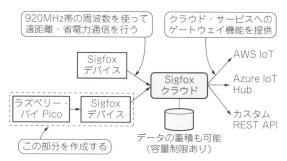

図1　Sigfoxによる通信の特徴

遠距離通信が可能な IoT向け通信規格「Sigfox」

SigfoxはフランスのSigfox社が提供している LPWA（Low Power Wide Area）ネットワークです. 920MHz帯の周波数を用いて省電力かつ遠距離の無線通信を実現しており, 日本国内では京セラコミュニケーションシステムが事業者となり全国に基地局を設置して運用しています.

Sigfoxは, Sigfoxに対応したデバイスから一度Sigfoxクラウドにデータを集約する方式を採っています（図1）. Sigfoxクラウドにはデバイスから送られてきたデータを蓄積できますが, 外部のクラウド・サービスにデータを転送するゲートウェイとしての機能も持っています. デバイスから送られてくる大量のデータを, クラウド・サービスが提供する強力な計算能力を使って処理するというような, いわゆるビッグ・データ・ソリューションにも利用できます. 本章では, Sigfoxデバイスとしてラズベリー・パイPico（以降, Pico）とSigfox対応通信モジュールとを組み合わせる手法を説明します.

ハードウェア

● 市販の外付けSigfoxモジュールを利用する

外付けモジュールとして, Sigfoxモジュール

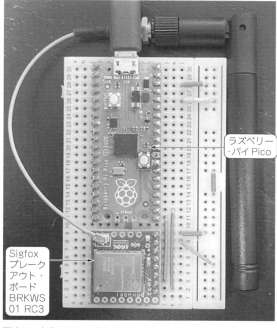

写真1　本章でやること…ラズベリー・パイPicoと外付けSigfox
モジュールBRKWS01を組み合わせてSigfoxに接続する

SFM10R3（ソンジインダストリアル）を使ったブレークアウト・ボードのBRKWS01 RC3（SNOC社, 以下BRKWS01）を使います（写真1）. BRKWS01もSigfox通信の制御のためにATコマンドを使っています. ただしESP32のATコマンドとはコマンド体系が異なります.

● 組み立て

図2のように, PicoのUARTとBRKWS01のUARTを接続します. BRKWS01の電源はPicoの3.3V出力を使用します.

またSigfoxのデバイスを使うためには, デバイスをSigfoxクラウドに登録する必要があります. 付録第5章の内容に従って, デバイスの登録をしてください.

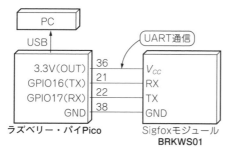

図2　Pico と Sigfox モジュールの接続図

リスト1　Sigfox 通信プログラム brkws01.py

```
 1: import uasyncio
 2: from common.network import UARTProxy
 3:
 4: class BRKWS01(UARTProxy):
 5:     def __init__(self, uart, *, qsize=10):
 6:         super().__init__(uart, qsize)
 7:
 8:     def newline(self):
 9:         return b"\r\n"
10:
11:     def prompt(self):
12:         return None
13:
14:     async def parse(self):
15:         result = list()
16:         while ((token :=
                   await self._queue.get()) != b""):
17:             result.append(token.decode(
                                       "utf-8"))
18:         return result
19:
20:     # モジュールのIDを取得する
21:     async def get_id(self):
22:         return await self.sender("AT$I=10")
23:
24:     # モジュールのPACを取得する
25:     async def get_PAC(self):
26:         return await self.sender("AT$I=11")
27:
28:     # Sigfoxクラウドにデータを送信する
29:     async def send_data(self, data):
30:         await self.sender(f"AT$SF={data}")
```

ソフトウェア

● Sigfox モジュールを利用した通信プログラム

作成したプログラムをリスト1に示します。BRWKS01による通信方式の主な仕様を表1に示します。これを元にUARTProxyを継承して3つのメソッド（newline, prompt, parse）を実装します。応答フォーマットは1行で末尾に改行コードがくるシンプルなフォーマットなので，parseの処理も改行を受信するまでトークンを取得してキューに積むという単純なものとなります。

さらにBRKWS01固有の処理として，BRKWS01のATコマンド（表2）を使ってモジュールのID，PACを取得するメソッド（get_id, get_PAC）と，

表1　BRKWS01 による通信方式の主な仕様
文献（1）と筆者の実験による

項　目	仕　様
コマンド形式	ATコマンド
改行コード	b"\r\n" (CR + LF)
プロンプト文字列	なし
応答フォーマット	情報 \r\n

表2　使用する AT コマンドと主なパラメータ

項　目	ATコマンド	意　味
モジュール情報の取得	AT$I=10	モジュールのIDを取得する
	AT$I=11	モジュールのPACを取得する
Sigfox クラウドへのデータ送信	AT$SF=データ	Sigfox クラウドにデータを送信する

```
.
├── lib
│   └── common
│       ├── network/
│       │   ├── brwks01.py  ◀── リスト1のプログラム
│       │   └── uartproxy.py
│       ├── utils/
│       └── queue.py
```

図3　BRWKS01 を使うためのファイルの格納場所

リスト2　テスト・プログラム brkws01-test.py

```
 1: import uasyncio
 2: from machine import Pin, UART
 3: from common.network import BRKWS01
 4:
 5: async def main():
 6:     # UARTのインスタンスを構築する
 7:     uart = UART(0, 9600, tx=Pin(16),
             rx=Pin(17), timeout=200, timeout_char=200)
 8:     # Sigfoxのインスタンスを構築する
 9:     sigfox = BRKWS01(uart)
10:     # Sigfoxのタスクを開始する
11:     sigfox.start()
12:
13:     print(await sigfox.get_id())
14:     print(await sigfox.get_PAC())
15:     print(await sigfox.send_data(
                   "0123456789AB"))
16:
17: uasyncio.run(main())
```

Sigfox クラウドにデータを送信するメソッド（send_data）を実装します。

● プログラムの書き込みと実行

作成したプログラムを図3のようにPicoのフラッシュ・メモリ上のフォルダに書き込みます。

そしてBRWKS01を使って実際に通信するためのプログラムがリスト2です。プログラムの構造はWi-Fi外付けモジュールのもの（第3部第2章のリスト4）と基本的に同じです。BRWKS01のUARTのボー・レー

```
>>> %Run -c $EDITOR_CONTENT
--- SEND: AT$I=10
['01F70B9A']
--- SEND: AT$I=11
['XXXXXXXXXXXXXXXX']
--- SEND: AT$SF=0123456789AB
None
```

図4　通信プログラムの実行結果
PACの値は隠蔽している

送信したデータが表示される

Time	Seq Num	Data / Decoding	LQI	Callbacks	Location
2022-11-21 22:14:45	36	0123456789ab	▂▄▆█	⬆	📍

図6　デバイスからのメッセージ表示画面

デバイスのIDをクリックする

Communication status	Device type	Group	Id ⬍	Last seen ⬍	Name ⬍	Token state
○	IoT test	Kemusiro company	1F70B9A	2022-11-21 22:14:45	BRKWS01-1	☑
○	SNOC_DevKit_2	Kemusiro company	1F7A1D5	N/A	SNOC_DevKit_2-device	❓

図5　デバイス一覧画面

トはデフォルトで9600です．

　それでは**リスト2**をThonnyのエディタ画面に入力して実行してみましょう．実行結果は**図4**のようになります．

　実際にSigfoxクラウドにデータが送信されていることを確認してみます．まずSigfoxクラウド（https://backend.sigfox.com/）にアクセスします．次に画面上部の［DEVICE］メニューをクリックして，デバイス一覧画面を開きます（**図5**）．

　デバイス一覧の中からPicoに接続しているデバイスのIDをクリックして，デバイス情報表示画面を開

き，画面左側から［MESSAGES］メニューをクリックします．そうするとSigfoxクラウドで受信したメッセージ一覧が表示され，実際に一番上に今送ったデータが表示されていることが確認できます（**図6**）．

◆参考文献◆
(1) Seongji，SJI/SFM11R3 Data Sheet.
http://support.seongji.co.kr/wp-content/uploads/2018/07/DS_SFM11R3000_REV11_220825-1.pdf

みやた・けんいち

コラム　**Sigfoxの利用例**　　　　　　　　　　　　　**宮田 賢一**

　Sigfoxは一度に送れるデータが最大12バイトと小さい代わりに，到達距離が最大50kmと長いという特性があります．また，Sigfoxは通信用のデバイスだけではなく，Sigfox専用のクラウド・サービスも合わせて提供されているのも強みです．これにより監視員が常駐することが困難な場所に置いた各種センサとSigfox通信モジュールとを組み合わせて，Sigfox規格で送信し，SigfoxクラウドをゲートウェイとしてAmazon Web Service（AWS），Microsoft Azure，Google Cloud Platform（GCP）といったメガクラウドの各種サービスとの連携を図ることが可能となります．

　例えばですが，年間1500円などと通信費用が安価に抑えられることから，「3G/LTE/5Gなどの回線は通信速度やコストの点でリッチすぎる」という分野への適用も可能であり，IoTのトータル・ソリューションを提供するためのインフラとして適用事例が増えています（**表A**）．

表A　Sigfoxの適用事例
京セラコミュニケーションシステムの事例集，https://www.kccs.co.jp/sigfox/case/から引用

センサ	事例
液面センサ	水位センサによる自治体管理の中小河川の水害リスク可視化，自治体職員による監視負荷の軽減．家庭用灯油タンクの残量を配送業者に通知，適切なタイミングでの灯油の配送
機器の死活監視	町内の街頭防犯カメラの死活監視
CO$_2$センサ	食堂の待合室の「密」を可視化，来店客や店内スタッフの不安解消
スマートメータ	水道検針業務の効率化，LPガスの配送のタイミングの最適化
振動検知	スポーツ自転車盗難検知，センサ・デバイスの鳴動によるアラート．鳥獣による農作物被害を抑止するために設置した罠の作動を検知，見回り作業の効率化．冷蔵庫の作動検知による高齢者の見守り支援
位置情報	空港内の荷役運搬台車の位置追跡，台車不足時の未稼働台車の捜索

双方向通信でLEDのON/OFFを制御

第4章

通信編①…MQTT

宮田 賢一

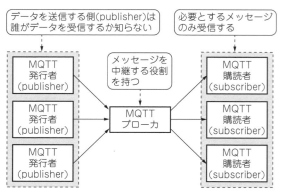

図1　MQTTによる通信方式

図中テキスト：
- データを送信する側(publisher)は誰がデータを受信するか知らない
- 必要とするメッセージのみ受信する
- MQTT発行者(publisher)
- メッセージを中継する役割を持つ
- MQTTブローカ
- MQTT購読者(subscriber)

```
─── トピックの例 ───
room1/sensor/temperature
room1/sensor/humidity
room1/switch/status
room2/sensor/temperature
```

```
─── 購読するトピックの例 ───
room1/sensor/#（room1のセンサ全て）
#/sensor/#     （全てのセンサ）
room1/+        （room1の全ての情報）
（#：その階層の全て，+：下位の階層全て）
```

図2　MQTTのトピックの例

本章からは，インターネットを介した通信プロトコルの活用方法を説明します．外付けモジュールなしに直接インターネットに接続できるラズベリー・パイPico W（以降，Pico W）とESP32を使います．

軽量かつシンプルな通信プロトコル「MQTT」

● 通信方式

MQTTとは，軽量・シンプルなデータ転送プロトコルです．軽量というのは送りたいデータ本体以外に必要なメッセージ・ヘッダが最小2バイトと小さいことを意味していて，通信状況が十分とは言えない場所に設置されたセンサから情報をインターネットに送信するような使い方でその効果を発揮します．

MQTTは発行者/購読者モデル（publisher/subscriberモデル）を採用しています．発行者が送信したデータはMQTTブローカが受け取った後，MQTTブローカから購読者にデータが配信されるという仕組みです（図1）．この方式のポイントは，発行側は誰が受信するかを気にする必要がなく，購読者側も直接発行者を特定せずにデータを受け取れるということです．

● トピックとメッセージ

MQTTでやりとりされるデータは，トピックとメッセージからなります．トピックはメッセージに対するタグのようなものです．購読者側は自分自身をMQTTブローカに登録するときに，受信したいトピックを指定します．図2にトピックの例を示します．発行者側はメッセージのトピックを細かく指定するのに対して，購読者側はワイルドカード（#や+）を使って特定の分類に属するメッセージのみ受け取ることができます．

ステップ①…MQTTクライアントのインストール

MicroPythonでMQTTを使うには，最初にMQTTクライアントumqtt.simpleをインストールする必要があります．MicroPythonではPythonのpipモジュールと同じように，ネットワーク上のモジュールを検索してインストールしてくれる専用のモジュールmipが用意されているので，これを活用します．mipはPico WまたはESP32がネットワークに接続している状態で使用します．

インストールの様子を図3に示します．これによりプログラム格納用のフラッシュ・メモリ上に，lib/umqtt.simpleというフォルダと，関連するMicroPythonファイルが格納されるので，これ以降はmipを実行しなくてもumqtt.simpleモジュールを使えるようになります．

```
>>> from common.network import init_wlan
>>> import secrets
>>> init_wlan(secrets.WIFI_SSID,
                        secrets.WIFI_PASSWORD)
waiting...
waiting...
waiting...
waiting...
waiting...
waiting...
<CYW43 STA up 192.168.1.183>
>>> import mip
>>> mip.install("umqtt.simple")
Installing umqtt.simple (latest) from https:
                   //micropython.org/pi/v2 to /lib
Copying: /lib/umqtt/simple.mpy
Done
```

図3　`umqtt.simple`のインストール

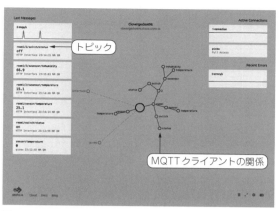

図4　shiftr.ioのダッシュボード画面
トピックがグラフ上に表示され視覚的に理解しやすい

ステップ②…MQTTブローカ「shift.io」の利用登録

● 無料でも使えるクラウドMQTTブローカ

ここではクラウド・サービスとしてMQTTブローカ機能を提供しているshiftr.ioを使ってみましょう. shiftr.ioにユーザ登録すると，ユーザ専用のMQTTブローカがクラウド上に用意されます. test.mosquitto.orgのような公開MQTTブローカとは異なり，自分の発行したメッセージを他のユーザに購読されたり，他のユーザが発行したメッセージを受信してしまうことを防げるので安心して利用できます. また専用のダッシュボードによりトピックやMQTTクライアントの関係やメッセージの送受信状況をリアルタイムで視覚的に把握できます(図4). 利用料金は無償と有償のプランがありますが，無償プランでも同時接続100クライアント，1秒当たり5000程度のメッセージ流量まで利用でき，テスト目的であれば十分な容量があります[1]. またshiftr.ioとのインターフェースはMQTTの他にREST API(HTTPによるコマンド実行)とのゲートウェイ機能も利用可能なので，ウェブ・アプリケーションとの統合も容易です.

● アカウント登録とインスタンス作成

説明の準備として，付録第5章の手順を参考にshiftr.ioへのアカウント登録，インスタンス作成まで進めてください. 無償プランの場合はインスタンスを起動できるのが1日6時間という制約があるので，まだインスタンス起動はしなくても構いません. 以降では以下の設定のインスタンスを作成したものとします.

- インスタンス名：INSTANCE
- ドメイン名：DOMAIN
- トークン(パスワード)：TOKEN

このときインスタンスのエンドポイント名(MQTTブローカに対するURL)は次のように表されます.

```
mqtt://INSTANCE:TOKEN@DOMAIN.cloud.
shiftr.io
```

ステップ③…MQTT通信プログラムの作成

MQTTのテストとして，図5の動作をするプログラムを作成します.

- Pico WまたはESP32からshiftr.ioに数値(温度センサの取得値を想定)を1秒おきに送る
- インターネット上に接続しているPCから，自宅にあるPico WまたはESP32のLEDをON/OFFする

● MQTTブローカへの接続

MQTTブローカへの接続は，umqtt.simple.

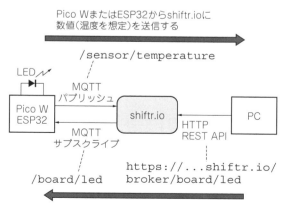

図5　ラズベリー・パイ Pico W または ESP32 と shiftr.io との間でメッセージを送受信する

リスト1　LEDをON/OFFするコールバック関数

```
def callback(topic, msg):
    print(f"received topic: {topic} message: {msg}")
    if topic == b"board/led":
        led = Pin(config.DEFAULT_LED, Pin.OUT)
        if msg == b"on":
            led.on()
        elif msg == b"off":
            led.off()

mqtt.set_callback(callback)
```

MQTTClientクラスのインスタンスを介して行います（主な仕様は付録第1章を参照）．インスタンスはMQTTのクライアントID，ブローカのホスト名，ポート番号に加え，ブローカがユーザ認証を要求する場合はユーザ名とパスワードを指定します．

```
mqtt = MQTTClient("picow", BROKER,
port=1883, user=INSTANCE, password
=TOKEN)
```

● LEDをON/OFFするコールバック関数

　MQTTメッセージを購読する場合は，メッセージの受信時に呼び出されるコールバック関数をmqttインスタンスに設定します．コールバック関数はトピックとメッセージを受け取るbytes型の引数が必要です．

　今回はboard/ledというトピックを受け取ったら，そのメッセージ内容に応じてLEDを点灯または消灯したいと思います．そこで次のように，machine.Pinクラスを使ってGPIOの状態をon関数またはoff関数で変更することにより，GPIOに接続しているLEDの状態を変えるものとします．GPIO

によるLED制御の詳細は第5部第1章でも説明しているので参照してください．

　LEDをON/OFFするコールバック関数を**リスト1**に示します．

● メッセージの発行と購読

　設定が終わったら次のようにMQTTブローカに接続します．接続が完了するとmqttインスタンスを使ってメッセージの発行と購読ができるようになります．

`mqtt.connect()`

　MQTTメッセージの発行にはpublishメソッドを使います．例えば次の行は，トピックsensor/temperatureに対して0以上100未満のランダムな整数を発行するという意味になります．publishの引数はbytes型を受けとることを前提としているので，encode()関数を使って文字列をbytes型に変換します．

```
mqtt.publish(b"sensor/temperature",
str(random.randrange(0,100)).encode
())
```

　またMQTTメッセージの購読にはsubscribeメソッドを使います．例えば次の行は，トピックboard/ledを購読するという意味になります．

`mqtt.subscribe(b"board/led")`

　umqtt.simpleモジュールを使ってMQTTメッセージを購読する場合は，ブローカからクライアント（今回の場合はPico WまたはESP32）に送信を保留しているメッセージがあるかを，check_msg関数を使って定期的にチェック（ポーリング）しなければな

リスト2　MQTT通信プログラム`mqtt-test.py`

```
 1: from machine import Pin
 2: import random
 3: import time
 4: from umqtt.simple import MQTTClient
 5: from common.network import init_wlan
 6: import secrets
 7:
 8: # shiftr.ioで作成したインスタンスに従って設定する
 9: DOMAIN = "DOMAIN"
10: INSTANCE = "INSTANCE"
11: TOKEN = "TOKEN"
12:
13: BROKER = DOMAIN + ".cloud.shiftr.io"
14:
15: # 購読しているメッセージを受信したときに呼びだされるコールバック関数
16: def callback(topic, msg):
17:     print(f"received topic: {topic} message:
                                            {msg}")
18:     if topic == b"board/led":
19:         led = Pin(config.DEFAULT_LED, Pin.OUT)
20:         if msg == b"on":
21:             led.on()
22:         elif msg == b"off":
23:             led.off()
```

```
24:
25: # Wi-Fiへの接続
26: wlan = init_wlan(secrets.WIFI_SSID,
                            secrets.WIFI_PASSWORD)
27: print(wlan.ifconfig())
28:
29: # MQTTクライアントの接続
30: mqtt = MQTTClient("picow", BROKER, port=1883,
31:                 user=INSTANCE, password=TOKEN)
32: mqtt.set_callback(callback)
33: mqtt.connect()
34:
35: # トピックの購読
36: mqtt.subscribe(b"board/led")
37:
38: # ブローカからの送信されてきたメッセージの有無をチェックする
39: while True:
40:     # メッセージを発行
41:     mqtt.publish(b"sensor/temperature",
42:                 str(random.randrange(0,100)).
                                            encode())
43:     mqtt.check_msg()
44:     time.sleep(1)
```

りません．非同期に任意のタイミングで発生する
MQTTブローカからのメッセージ受信は，マルチ・
スレッドに対応したOSであれば待ち受け処理を別の
スレッドとして記述するのが一般的ですが，umqtt.
simpleモジュールはOSやコルーチンの助けを借り
ずにシングル・スレッドで待ち受け処理を実行できる
ように，ポーリング型の処理として実装されていま
す．そのためにcheck_msgメソッドにより，メッ
セージの待ち受けをします．

```
while True:
    mqtt.check_msg()
    time.sleep(1)
```

　以上を実装したMQTTプログラムが**リスト2**にな
ります．

ステップ④…動作確認

　それでは実際に動かしてみます．まず準備として，
MQTTクライアントとREST APIを発行できるアプ
リケーションを用意します．ここではMQTTクライ
アントの例としてMQTT X，REST APIを発行でき
るアプリケーションとしてChromeブラウザの機能拡
張プラグインであるTalend API Testerを使うものと
します．

● MQTT Xの設定

　アプリケーションのインストールは付録第4章を参
照してください．インストールが終わったら，次の情
報を使ってMQTTブローカとしてshiftr.ioの登録と，
購読するトピックを登録します．shiftr.ioはMQTT
バージョン5にはまだ対応していないので，バージョ
ンとして3.1.1を指定します．

- Name：MQTT Xの中で識別名（任意の名前）
- Client ID：shiftr.ioの中でクライアントを識別す
  る名前
- Host：mqtt://INSTANCE:TOKEN@DOMAIN.
  cloud.shiftr.io
- Port：1883
- MQTT Version：3.1.1を選択

● Talend APIの設定

　Talend APIを付録第4章に従ってChromeブラウザ
に追加します．shiftr.ioに対してREST API経由で
メッセージを発行する場合は，次の形式のURLとな
ります．

- ホスト名：https://DOMAIN.cloud.shiftr.
  io
- APIパス：/broker/トピック
- Basic認証のユーザ名：INSTANCE

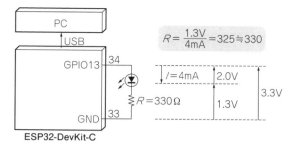

$$R = \frac{1.3V}{4mA} = 325 ≒ 330$$

図6　ESP32にLEDを接続する

- Basic認証のパスワード：TOKEN
- 送信するデータの形式：text/plain

　そこでAPIパス/broker/board/ledに対し
て，送信したいメッセージがONのものとOFFのも
のを作って保存しておきます（"pico-led-on"と
"pico-led-off"とする）．

● ハードウェアの組み立てとプログラムの実行

　Pico Wの場合はオンボードのLEDを使えます．
ESP32では本書ではGPIO13にLEDを接続するもの
とします（**図6**）．LED（赤）は順方向電圧2.0V，順方
向電流最大20mAのものを使用します．LEDに4mA
の電流を流すものとすると，ESP32のGPIO出力電圧
は3.3Vであることから，抵抗値は330Ωとします．他
のLEDを使用する場合は，LEDの仕様から抵抗値を
決定してください．

　これで準備ができたので**リスト2**をThonnyのエ
ディタ画面に入力して実行します．Thonnyのコン
ソール画面には次のようにPico WまたはESP32に割
り当てられたIPアドレスの情報が表示されます．

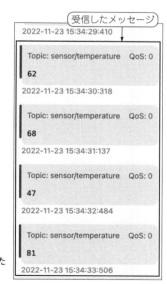

図7
MQTT Xで受信した
メッセージ

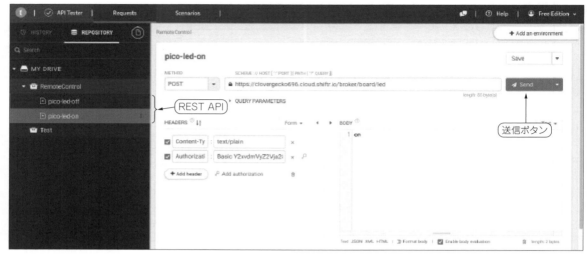

図8　Talend API Tester から REST API を実行する

```
>>> %Run -c $EDITOR_CONTENT
('192.168.1.183', '255.255.255.0',
'192.168.1.1', '192.168.1.1')
```

　ここでMQTT Xの画面を見ると，1秒おきにPico
から発行されたメッセージが届いていることを確認で
きます（図7）.

　さらにChromeのTalend API Testerの中から実行
したいREST APIを選択して送信ボタンを押すと，
Pico WまたはESP32のLEDを点灯させたり消灯させ
たりできます（図8）.

◆参考文献◆

(1) OpenWeather，Current weather data API document.
　　https://openweathermap.org/current

みやた・けんいち

REST APIを使って天気情報を取得する

第5章 通信編②…HTTP

宮田 賢一

● ウェブ・サーバがAPIを提供するようになった

マイコンからのネットワーク通信としてMQTTとともによく使われるのがHTTPです.

HTTPはウェブ・ページの閲覧で使うというのが身近な使い方でしょう. しかしウェブ・サーバに対して情報をアップロードしたりダウンロードしたりという従来の仕組みから考え方を拡大して, ウェブ・サーバに対してコマンドを送信してウェブ・サーバが実行し, 実行結果をクライアントに返すという, いわばウェブ・サーバが関数を実行できるコンピュータのようにみなすという使い方も近年増えてきました. この使い方を一般的に, ウェブ・サーバがAPI（Application Programming Interface）を提供していると言います.

MQTTの実験で利用したshiftr.ioはREST APIを提供しています. RESTとはRepresentational State Transferの略語で, ウェブ上で実行できるAPIの設計原則を表す言葉です. RESTとして満たさなければならない原則には,

- セッション情報を持たない
- 全ての情報がURLで一意に識別される
- 全ての情報に適用でき, その意味が一意に定義された操作のセット（例えばGET, POST, PUT, DELETEなど）を持つ

などがあります. この原則に従って設計されたAPIであれば, データを取得するにはHTTPのGETメソッド, データをアップロードするにはHTTPのPOSTメソッドを使うという, 統一的なAPIの実行方法を提供できるということになります.

MicroPythonではHTTPメッセージの送受信のためにurequestsモジュールが使えます. umqtt.simpleのインストールと同じように, Wi-Fiに接続した状態でmipモジュールを使ってurequestsモジュールをインストールできます（図1）. インストールが完全には完了していないというエラー・メッセージが出ていますが, 本書の使い方の範囲では無視して構いません.

● REST APIで天気予報を取得する

Pico WやESP32からREST APIを使用する例として, OpenWeather APIからの天気予報取得を取り上げます. OpenWeatherは世界中の現在の天気や天気予報など, 気象情報をAPIで取得できるサービスです. 無償版と有償版があり, 無償版では現在の天気と3時間ごと5日分の天気予報を取得できます.

```
>>> from common.network import init_wlan
>>> import secrets
>>> init_wlan(secrets.WIFI_SSID,
                        secrets.WIFI_PASSWORD)
waiting...
waiting...
waiting...
waiting...
waiting...
waiting...
<CYW43 STA up 192.168.1.183>
>>> import mip
>>> mip.install("urequets")
Installing urequets (latest) from
            https://micropython.org/pi/v2 to /lib
Package not found: https://micropython.org/pi/v2/
                package/6/urequets/latest.json
Package may be partially installed
```

> インストールが完全には完了していないというメッセージが出るが本書の範囲では無視して問題ない

図1 urequestsモジュールのインストール

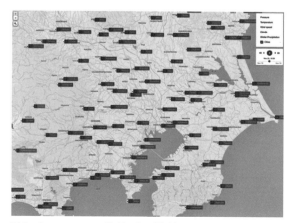

図2 OpenWeatherで取得できる観測点

```
{"coord":{"lon":139.6917,"lat":35.6895},"weather":[{"id":521,"main":"Rai
n","description":"shower rain","icon":"09n"}],"base":"stations","main":{
"temp":11.12,"feels_like":10.72,"temp_min":9.92,"temp_max":12.53,"pressu
re":1010,"humidity":93},"visibility":3400,"wind":{"speed":9.26,"deg":350
},"rain":{"1h":0.49},"clouds":{"all":75},"dt":1669198287,"sys":{"type":2
,"id":268395,"country":"JP","sunrise":1669152277,"sunset":1669188643},"t
imezone":32400,"id":1850144,"name":"Tokyo","cod":200}
```

（a）応答結果

```
"main": {
    "temp": 11.12,       # 温度
    "feels_like": 10.72, # 体感温度
    "temp_min": 9.92,    # 最低気温
    "temp_max": 12.53,   # 最高気温
    "pressure": 1010,    # 気圧
    "humidity": 93       # 湿度
},
```

（b）整形したもの

図3　JSON形式の文字列での天気データ

リスト1　REST APIで天気予報を取得するopenweather.py

```
 1: import json                                12:
 2: import urequests                           13: resp = urequests.get(
 3: from common.network import init_wlan       14:     "https://api.openweathermap.org/data/2.5/
 4: import secrets                                                                      weather"
 5:                                             15:     f"?q={CITY}&units=metric&APPID={API_KEY}")
 6: # OpenWeatherで取得したAPIキー               16: d = json.loads(resp.text)
 7: API_KEY = "XXXXXXXX"                        17:
 8: # 気象情報を取得したい都市名                 18: print("天気: {}".format(d["weather"][0]["main"]))
 9: CITY = "Tokyo"                              19: print("気温: {}".format(d["main"]["temp"]))
10:                                             20: print("気圧: {}".format(d["main"]["pressure"]))
11: wlan = init_wlan(secrets.WIFI_SSID,        21: print("湿度: {}".format(d["main"]["humidity"]))
                     secrets.WIFI_PASSWORD)     22: print("風速: {}".format(d["wind"]["speed"]))
```

```
>>> %Run -c $EDITOR_CONTENT
waiting...
waiting...
waiting...
waiting...
天気: Rain
気温: 10.84
気圧: 1010
湿度: 93
風速: 8.23
```

図4　リスト1の実行結果

　まず付録第5章に従って，アカウント登録とAPI
キーを取得しておきます．

　OpenWeather APIで特定の場所の現在の天気を取
得する呼び出し方[1]の一例は，次の通りです．

```
https://api.openweathermap.org/data
/2.5/weather?q=都市名&units=温度の単位
&APPID=APIキー
```

　指定できる都市名は次のウェブ・ページで参照でき
ます（東京周辺の例は図2）．

```
https://openweathermap.org/weatherm
ap?basemap=map&cities=true&layer=no
ne
```

　温度の単位は，standard（ケルビン），metric
（セ氏），imperial（華氏）から選択します．

　APIを実行すると，応答として図3（a）のJSON形
式の文字列が得られます．

　これを見やすいように整形して主要な部分を抜き出
すと図3（b）のようなフォーマットになっています（#
以降のコメントは筆者による追記）．

　MicroPythonにはJSON形式の文字列を辞書に変換
するjsonモジュールが組み込まれているので，これ
を使ってプログラム中から好きなデータを抜き出すこ
とができます．

　OpenWeather APIを使ったプログラムがリスト1
です．コアの部分は次の通りシンプルです．

```
resp = urequests.get(
    "https://api.openweathermap.org
            /data/2.5/weather"
    f"?q={CITY}&units=metric&APPID=
            {API_KEY}")
d = json.loads(resp.text)
```

　urequests.get関数の実行結果のtext属性に
API実行結果の文字列が入っているので，これを
json.loads関数を使ってMicroPythonの辞書に変
換しています．

　実行すると図4のように，天気や気温などの情報を
取得できたことが分かります．

◆参考文献◆
(1) OpenWeather, Current weather data API document.
　　https://openweathermap.org/current

みやた・けんいち

デバイスの仕様書から必要な情報を読み取って
MicroPythonでプログラム化する

第1章

シリアル通信（I²C）で出力するセンサ

宮田 賢一

温湿度センサ
SHT31

写真1 温湿度センサ・モジュールAE-SHT31（秋月電子通商）

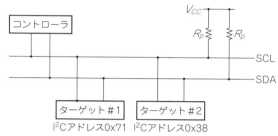

図1　I²C通信のための結線

　マイコンとセンサを組み合わせて周辺の状況を数値化することは，マイコンの使い方としては基本的かつ応用範囲も広いものです．また，MicroPythonによるプログラミングとしても得意分野です．

　取得できるデータには大きく分けて2種類あります．

・ディジタル・データ：センサからのデータがディジタル数値として直接得られるもの．直接マイコンに取り込める
・アナログ・データ：センサからのデータがアナログ量（電圧値，抵抗値など）であるもの．マイコンに取り込むためにディジタル値に変換しなければならない

　MicroPythonで個々のセンサを扱うためのライブラリは，センサ提供元や一般の有志によって公開されているものが多くあります．しかし本章では，MicroPythonの学習のためにライブラリを使わず，自分自身で実装する方法を学びます．手法をマスタすれば，未知のデバイスや誰も触ったことがないレアなデバイスであっても，仕様書を読めばプログラミングできるようになるでしょう．

　ここでは，**写真1**の温湿度センサ・モジュールを例に，MicroPythonでセンサを制御する方法を体験します．

I²Cのあらまし

● 2線式のシリアル通信規格

　シリアル通信の規格の一種として，I²C（Inter-Integrated Circuit）があります．シリアル通信とは送信するデータをビット単位に順に転送する方式で，複数のビットをまとめて送るパラレル通信と対比される方式です．

　I²Cは2本の信号線を使ってデータの送受信を行います．信号線の1つはクロック信号を伝達するSCL（Serial Clock），もう1つはデータを伝達するSDA（Serial Data）と呼びます．データはSCLのクロックに同期して1ビットずつSDAを流れていきます．

　I²Cを使用するときの結線を**図1**に示します．SCLとSDAはプルアップ抵抗R_pを通して電源V_{cc}に接続しなければなりません．データ転送はいわゆるコントローラ・ターゲット方式であり，コントローラとなるデバイス（マイコン）が主体となって，ターゲットとなるデバイス（センサやキャラクタ・ディスプレイなど）からデータを読み出したり，データを書き込んだりします．

　I²Cデバイスは固有のアドレス情報を持っているので，複数のターゲットを同じ信号線上に接続しても，データ送受信時にI²Cアドレスを使って対象のターゲット・デバイスを選択できます．データ転送用の信号線はSDAの1本しかないので，データの送受信が

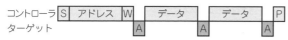

（a）コントローラからターゲットへの書き込み

（b）コントローラからターゲットの読み出し

S：スタート・ビット，P：ストップ・ビット，A：ACK，
N：NACK，W：書き込みフラグ，R：読み出しフラグ

図2　I²Cによるデータフロー

必要な場合は送信と受信を交互に行います．

　I²Cによるデータフローを図2に示します．まずデータ転送はコントローラがスタート・ビットを送信するところから始まります．次にコントローラはアクセスしたいデバイスのI²Cアドレスと，データの読み出しフラグまたは書き込みフラグを送信します．デバイス側は，信号線上に自分自身にマッチするI²Cアドレスが流れてきたら，アクノリッジ（ACK）信号で応答します．これ以降はデータの送信方向（書き込みか読み出しか）によって処理が異なります．

● データの書き込み

　ターゲットからのACK応答を受けた後，コントローラがデータをSDA信号線上に送信します．ターゲットはデータを受け取るとACKで応答します．I²Cにおけるデータ・サイズは8ビットなので，これ以降，必要なデータを8ビットずつコントローラからターゲットに送信し，ターゲットは8ビットを受け取るごとにACKで応答することを繰り返します．データを全て送信したら，コントローラはストップ・ビットを送信し，データフローが終了します．

● データの読み出し

　ターゲットがACKを応答した直後から，ターゲットからコントローラにデータを送信し始めます．コントローラはデータを受信するごとにACKで応答します．コントローラは必要なデータを全て受信したらノット・アクノリッジ（NACK）を送信します．ターゲットはNACKを受信したらデータの送信を終了します．最後にコントローラはストップ・ビットを送信し，データフローが終了します．

　その他，I²Cのクロック・ストレッチという機能があり，ターゲット側の処理が間に合わないときにターゲット側でSCLを強制的にLレベルに固定することにより，コントローラからのクロック送信を保留させることができます．

表1　SHT31の主な仕様

項　目		仕　様
電源電圧		2.4〜5.5V
通信方式		I²C
測定範囲と精度	温度	−40〜+125℃，±0.3℃
	湿度	0〜100%，±2%
データ・ビット長		16ビット

● MicroPythonでI²Cを使う方法

　MicroPythonではI²Cを制御するためにmachine.I2Cクラスを用意しています．このクラスを使うと，スタート・ビット／ストップ・ビットやACK/NACKといった信号レベルでの処理を記述する必要はなく，送受信するデータのみに焦点を当ててロジックを記述できます．machine.I2Cクラスが提供するインターフェースは付録第1章を参照してください．

温湿度センサSHT31をMicroPythonで使う

● SHT31はI²Cで制御可能

　SHT31（センシリオン）はI²Cでデータを取得できる高精度な温湿度センサです．主な仕様を表1に示します．ここでは，写真1のSHT31を搭載するセンサ・モジュールを使用します．このモジュールはI²C用のプルアップ抵抗が実装されているので，追加でプルアップ抵抗を接続する必要はありません．

● プログラミングに必要な仕様の調査

　プログラミングに必要な仕様を調べるために，データシートを読み取るところから始めましょう．図3はSHT31のデータシート[1]から引用した動作仕様です．ここからは次のことが読み取れます．

- コマンドは16ビット（ビッグ・エンディアン）であり，反復精度（Repeatability）とクロック・ストレッチの組み合わせで決まる．
- コマンドを送信した後，センサ内で計測している期間待つ必要がある．
- センサに対してI²Cアドレスとともに読み出し要求を送信する．
- クロック・ストレッチを使わないとき，センサの計測中はNACKが返る．その場合はしばらく待って再度読み出し要求を発行する．
- センサからのデータは，16ビットの温度（ビッグ・エンディアン）+8ビットのCRC，16ビットの湿度（ビッグ・エンディアン）+8ビットのCRCの順で送られてくる．

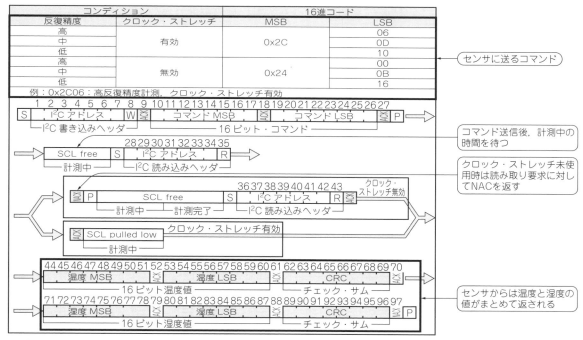

コンディション		16進コード	
反復精度	クロック・ストレッチ	MSB	LSB
高	有効	0x2C	06
中			0D
低			10
高	無効	0x24	00
中			0B
低			16
例：0x2C06：高反復精度計測，クロック・ストレッチ有効			

図3(1)　SHT31の動作仕様

● プログラムの設計

SHT31用の処理をクラスとして実装します．また，簡単のためにクロック・ストレッチを使用しないものとします．先にプログラムの完成形をリスト1に示します．以降ではこのプログラムの中からポイントとなる部分の設計方針を説明していきます．

▶コンストラクタ

クラスの再利用性を考慮して，次のようにコンストラクタを定義します．

```
def __init__(self, i2c, *,
             repeatability=REP_HIGH,
             addr=DEFAULT_I2C_ADDRESS):
```

コンストラクタ内部ではI2Cクラスのオブジェクトを生成せずに，外部で作成したI2Cオブジェクトをi2c引数で受けとる方式としました．これによりSHT31クラス側では，I2Cの設定情報を気にせずに，I2Cデバイスとの通信処理のみに集中してプログラムの記述ができます．

また反復精度 (repeatability) とI2Cアドレス (addr) を指定できるようにするものとし，それらにはデフォルト引数を設定します．これによりSHT31クラスの使用者はSHT31がどんなパラメータを持っているかを気にしなくても (明示的に設定しなくても)，お勧めの設定で利用できます．

▶バイナリ・データの取り扱い

センサからデータを取得するような使い方では，定期的に何度もバッファを使うことになるので，あらかじめ必要な量のバッファをクラス内で用意しておいて，これを使い回すのがよいでしょう (コラム参照)．

そこでコンストラクタの中で，あらかじめ必要な要素数を持つbytearray型のバイト配列を割り当てることにします．SHT31の仕様より，最長で6バイトのデータを読み出すことになるので，要素数が6のバイト配列を作成します．

```
self._buffer = bytearray(6)
```

センサから得られるデータはバイナリ・データ (バイト配列) です．この中から必要な値を取り出す場合，シンプルな方法としてはシフト演算と論理和・論理積演算を組み合わせるものが基本ですが，MicroPythonではプログラマが指定したフォーマットでバイナリ・データを分解してくれるstructモジュール (付録第1章) を使うのが便利です．SHT31の場合は，

- 温度 (ビッグ・エンディアン，符号なし16ビット) ＋チェックサム (符号なし8ビット)
- 湿度 (ビッグ・エンディアン，符号なし16ビット) ＋チェックサム (符号なし8ビット)

の順で6バイトを取得できるので，フォーマット文字列はビッグ・エンディアンを意味する">"，符号なし2バイト整数を表す"H"，符号なし1バイト整数を表す"B"を組み合わせて">HBHB"となります．そこでstruct.unpack関数を用いて，バッファの内容を4つの変数に分解して格納するようにします．

リスト1　I²C温湿度センサSHT31から温度と湿度を取得するプログラム（`/lib/common/device/sht31.py`）
SHT31用の処理はクラスとして実装した

```
 1: import struct
 2: import time
 3: from machine import I2C
 4:
 5: DEFAULT_I2C_ADDRESS = 0x44
 6:
 7: REP_HIGH = "High"
 8: REP_MED = "Medium"
 9: REP_LOW = "Low"
10:
11: _COMMAND_TABLE = {
12:     REP_HIGH: 0x2400, REP_MED: 0x240b, REP_LOW: 0x2416
13: }
14:
15: class SHT31:
16:     def __init__(self, i2c, *, repeatability=REP_HIGH, addr=DEFAULT_I2C_ADDRESS):
17:         self.i2c = i2c
18:         self.addr = addr
19:         self.repeatability = repeatability
20:         self._buffer = bytearray(6)
21:
22:     # センサのコマンドを送信する
23:     def _send_command(self, command):
24:         self.i2c.writeto(self.addr, struct.pack(">H", command))
25:
26:     # バイト列からCRC8を計算する
27:     def _crc8(self, data):
28:         crc = 0xff
29:         for v in data:
30:             crc ^= v
31:             for _ in range(8):
32:                 if crc & 0x80 != 0:
33:                     crc = (crc << 1) ^ 0x31
34:                 else:
35:                     crc <<= 1
36:         return crc & 0xff
37:
38:     # センサから温度と湿度を取得する
39:     def measure(self):
40:         command = _COMMAND_TABLE[self.repeatability]
41:         self._send_command(command)
42:         # デバイスの計測中の待ち時間
43:         time.sleep_ms(15)
44:         self.i2c.readfrom_into(self.addr, self._buffer)
45:         raw_t, crc_t, raw_h, crc_h = struct.unpack('>HBHB', self._buffer)
46:         if (self._crc8(self._buffer[0:2]) != crc_t or
47:             self._crc8(self._buffer[3:5]) != crc_h):
48:             print('不正なデータを受信しました. ')
49:             return 0, 0
50:         else:
51:             temperature = -45 + 175 * (raw_t / 65535)
52:             humidity = 100 * (raw_h / 65535)
53:             return temperature, humidity
```

```
raw_t, crc_t, raw_h, crc_h =
struct.unpack('>HBHB', self._buffer)
```

　同じように，SHT31に対するコマンドはビッグ・エンディアンで符号なしの16ビットなので，コマンド送信時はsturct.pack関数を使ってコマンド数値をバイト列に変換してから，I2C.writetoメソッドを使って送信します．

```
self.i2c.writeto(self.addr,
        struct.pack(">H", command))
```

▶ I²C通信の方法

　SHT31で計測したデータを取得する処理はmeasureメソッドに実装します．処理の流れはコマ

ンド送信→計測待ち→データ受信とシンプルなので，プログラム上も素直にその流れを記述するだけです．センサから読み出したデータは先ほど用意したバイト配列に書き込みたいため，I2Cクラスのreadfrom_intoメソッドを使うことにします．

```
self._send_command(command)
                            # コマンド送信
time.sleep_ms(15)           # 15ms秒待ち
self.i2c.readfrom_into(self.addr,
        self._buffer)  # データ受信
```

　その後は得られたデータの妥当性を，CRC8を計算する_crc8関数で検証し，温度と湿度への換算式を

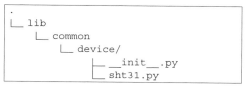

図4　SHT31クラスを使うためのファイルの格納場所

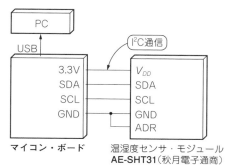

マイコン・ボード　　温湿度センサ・モジュール
AE-SHT31（秋月電子通商）

図5　マイコン・ボードとSHT-31センサ・モジュール
との接続図

表2　マイコン・ボードごとのI²C用GPIO番号（I²C番号）

信号種別	Pico	Pico W	ESP32
SDA	GPIO8 (I2C0)	GPIO4 (I2C0)	GPIO19 (I2C0)
SCL	GPIO9 (I2C0)	GPIO5 (I2C0)	GPIO18 (I2C0)

用いてデータを変換すれば，measureメソッドの処理は完成します．

● モジュールとして登録

リスト1をマイコン・ボード上のlib/common/deviceフォルダ配下に格納します（図4）．また，lib/common/device/__init__.pyに次の内容を追記します（第1部第4章で行う作業が終わっていれば既に記述されているはず）．これらにより，SHT31クラスをモジュールの要素として利用できるようになります．

```
from .sht31 import SHT31
```

リスト2　SHT31による温湿度取得の例 sht31-test.py

```
 1: import time
 2: from machine import I2C
 3: from machine import Pin
 4: from common.device import SHT31
 5:
 6: i2c = I2C(0)
 7: sensor = SHT31(i2c)
 8: while True:
 9:     temperature, humidity = sensor.measure()
10:     print(f'temp = {temperature},
                        hum = {humidity}')
11:     time.sleep(1)
```

```
>>> %Run -c $EDITOR_CONTENT
temp = 28.51682, hum = 44.02533
temp = 28.48745, hum = 44.05738
temp = 28.4741, hum = 44.05433
temp = 28.4741, hum = 44.08027
```

図6　リスト2の実行結果

● ハードウェアの組み立て

マイコン・ボードとセンサ・モジュールは図5のように接続します．マイコン・ボードとしてラズベリー・パイPico/Pico WまたはESP32を使用する場合のGPIO番号を表2に示します．これらはそれぞれのマイコン・ボードのデフォルト番号なので，I²Cインスタンスを生成する際にI²C番号だけ指定すれば，SDAとSCLを指定する必要はありません．

● 実行

センサ・モジュールを使って，1秒ごとに温度と湿度を取得するテスト用プログラムがリスト2です．リスト2をThonnyのエディタ画面に入力して実行した結果が図6です．

◆参考文献◆
(1) Sensirion, Datasheet SHT3x-DIS.
https://sensirion.com/media/documents/213
E6A3B/63A5A569/Datasheet_SHT3x_DIS.pdf

みやた・けんいち

コラム　不要になったオブジェクトの回収処理：ごみ集め

宮田 賢一

MicroPythonのオブジェクトは，プログラム実行中に必要となるたびに自動的に生成されますが，生成されたオブジェクトをプログラマが明示的に解放する処理を記述する必要はありません．

このままだとプログラムを長時間実行しているうちに，不要になったオブジェクトがメモリ上に残り続けることになり，いずれ空きメモリがなくなってプログラムが停止してしまうのではないかと思うかもしれません．

しかしMicroPythonでは「ごみ集め」（ガーベジ・コレクション；Garbage Collection）という仕掛けによりメモリを使い尽くすことを防止しています．ごみ集めとは，メモリ空き容量が一定のレベルを下回ったときに，メモリ内をスキャンして，実行中のプログラムのどの変数からも指されていないオブジェクトを探し出し，MicroPython処理系側で解放

してくれる処理です．なおMicroPythonのgcモジュールを使うと，プログラマが明示的にごみ集め処理を起動できます．

この仕組みのおかげでメモリ不足にならないようにできるとともに，プログラマがメモリ解放処理を忘れてしまってもメモリ・リークが発生せず実行環境を安全に保てるというメリットがあります．その一方でプログラマによってコントロールできない任意のタイミングでごみ集め処理が始まることがあるので，一時的にユーザ・プログラムの処理性能が低下してしまうというデメリットもあります．

そこでなるべくごみ集め処理が起こらないように，デバイスとのデータ送受信用に使用するバッファのように繰り返し使われるオブジェクトはできるだけ使い回すようにして，新しいオブジェクトの生成を避けるプログラミングが行われます．

測定データを時間に変換して出力する超音波距離センサ
HC-SR04で試す

第2章

パルス幅で出力するセンサ

宮田 賢一

　センサによっては，取得したデータを信号のパルス幅で出力するものがあります（**図1**）．パルス幅とは信号のレベルが一定のレベルで継続する時間のことです．つまり，センサで計測したデータが時間に変換されて得られるので，得られた時間からの逆変換によって計測データを算出できます．

　ここで利用する超音波距離センサHC-SR04（**写真1**）は，対象物に向けて発信した超音波が反射して戻ってくるまでの時間を計測して対象物までの距離を求めるセンサです．

　HC-SR04の主な仕様を**表1**に示します．

MicroPythonでパルス幅を扱う方法

　MicroPythonでパルス幅を扱うには主に2つの方法があります．

- GPIOピンの信号レベルが変化するのをポーリングで待ち，状態変化した時刻の差分を計算することで，所要のパルス期間を求める
- `machine.time_pulse_us`関数を用いる

　前者の方法は，数時間を超えるような極めて長いパルス幅を計測する場合でも使える汎用的な方法ですが，逆にμsオーダのパルス幅の計測には向いていません．

　後者の`machine.time_pulse_us`関数は，マ

パルス幅
T秒

"H"
"L"

図1　計測値がパルス幅（＝時間）として得られる

イコン・ボードのCPUが持つGPIO割り込み機能とタイマ機能を使って，MicroPython内部で時間間隔を測定してくれる関数です．この関数はμs単位でパルス幅を取得できます．今回は後者の方法でパルス幅を計測します．

計測プログラムの作成

● プログラミングに必要な仕様の調査

　HC-SR04は，トリガ（trig）とエコー（echo）という2つの入出力ピンを持ちます．トリガ・ピンに10μsのパルスを与えると，超音波を発信するとともにエコー・ピンを"H"にし，反射してきた超音波を受信するとエコー・ピンを"L"にします．従って，エコー・ピンに現れるパルス幅をマイコンで計測すると，別途定めた音速を使って距離を計算できます．

　ただし，計測されるパルス幅の時間は対象物との間の往復時間となるので，距離を求める際は**図2**のように計測した時間の1/2にしなければならないことに気を付けてください．

　HC-SR04用のクラスを作成します．プログラムの完成形は**リスト1**です．以降ではこのプログラムの中からポイントとなる部分の設計方針を説明していきます．

表1　HC-SR04の主な仕様

項　目	仕　様
電源電圧	5V
測距範囲	2〜400cm
動作周波数	40kHz
トリガ信号	10μs（TTLレベル・パルス）
エコー信号	反射時間

写真1　超音波距離センサHC-SR04

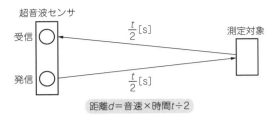

図2　超音波距離センサの計測の仕組み

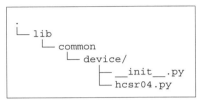

図3　HC-SR04クラスを使うためのファイルの格納場所

リスト1　HC-SR04を扱うクラス`hcsr04.py`

```
 1: from machine import Pin, time_pulse_us
 2: import time
 3:
 4: class HCSR04:
 5:     def __init__(self, trigger, echo):
 6:         self._trigger = trigger
 7:         self._echo = echo
 8:         self._trigger.value(0)
 9:
10:     def _speed_of_sound(self):
11:         return 340.0 # m/s
12:
13:     def sense(self):
14:         # cm単位での距離を返す
15:         self._trigger.value(1)
16:         time.sleep_us(10)
17:         self._trigger.value(0)
18:
19:         duration = time_pulse_us(self._echo, 1,
                                        30*1000)
20:         distance = (duration / 2) / 1_000_000 *
                        self._speed_of_sound() * 100
21:         if distance < 2.0 or distance > 400.0:
22:             return -1
23:         else:
24:             return distance
```

GPIOの状態変化を測定する`time_pulse_us`関数

`10μs`の待ち

音速

タイムアウト時間 `30000μs`

● 時間の計測方法

　GPIOの状態変化を測定するのに，前述の`time_pulse_us`関数を使います．この関数ではGPIOピンの状態が0または1（"L"または"H"）の状態が継続する時間をμs単位で取得できます．またタイムアウト時間を設定することで，無限に待つことがないようにできます．その他の仕様は付録第1章を参照してください．

　表1に示したとおり，HC-SR04で取得できる距離は最小2cmから最大4mです．つまり音速を340m/sとするとパルス幅の最大値は，4m×2（往復分）÷340m/s×1000000（μs）=23529μsとなります．これ以上の時間を待っても意味がないので，`time_pulse_us`関数にはタイムアウト値として30000μs（23529をキリのよいところで切り上げたもの）を設定します．

```
duration = time_pulse_us(self._
echo, 1, 30*1000)
```

● 計測の開始処理

　計測開始はHC-SR04のトリガ・ピンに対して10μsの"H"パルスを送信すればよいことが分かっています．このパルスは厳密な精度は不要と考えられるので，単純に`time.sleep_us`関数を用いて10μsの待ちを入れるものとします．

```
self._trigger.value(1)
time.sleep_us(10)
self._trigger.value(0)
```

● 距離への換算

　今回作成するシステムでは，センサの設置環境や気温，MicroPython自身の挙動から発生する計測誤差の評価をしていないので音速は固定値（340m/s）とします．しかし将来の拡張を見据えて音速を`_speed_of_sound`メソッドの呼び出しの形で取得することにしました．これにより，何らかの独自補正をしたければ`_speed_of_sound`メソッドに適切な処理を加えることで実現できます．

```
duration = time_pulse_us(self._echo,
                         1, 60*1000)
distance = (duration / 2) / 1_000_000
    * self._speed_of_sound() * 100
```

● モジュールとして登録

　リスト1をマイコン・ボード上の`lib/common/device`フォルダ配下に格納します（図3）．また，`lib/common/device/__init__.py`に次の内容を追記します（第1部第4章で行う作業が終わっていれば既に記述されているはず）．

```
from .sht31 import SHT31
```

ハードウェアの組み立て

　HC-SR04とマイコンとは図4のように接続します．HC-SR04は電源が5Vのデバイスのため，マイコンの5V出力ピンをHC-SR04に接続します．注意しなければならないのはHC-SR04のトリガ（trig）ピンとエコー（echo）ピンも5Vでの入出力を前提としているこ

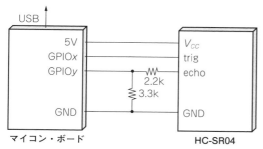

図4　マイコンとHC-SR04の接続回路

表2　HC-SR04と接続するマイコン側のGPIOピン

マイコン・ボード	トリガ・ピン (GPIOx)	エコー・ピン (GPIOy)
ラズベリー・パイ Pico/Pico W	GPIO21	GPIO20
ESP32	GPIO17	GPIO16

とです．HC-SR04から見て入力側のトリガ・ピンは3.3V系の"H"/"L"を与えても問題ありませんが，HC-SR04から出力される5Vの電圧を3.3V系のマイコン（Pico，ESP32）のGPIOに直接入力すると，マイコンを破壊する可能性があります．そこで2.2kΩと3.3kΩの抵抗を使って分圧回路を作成し，分圧された電圧をマイコンのGPIOに接続するようにします．

本書ではマイコン側のGPIOとして表2に示すものを使用するものとします．

実行結果

HC-SR04を使って0.1sごとに距離を測定するテスト・プログラムがリスト2です．本書における実験環

リスト2　HC-SR04を使って0.1sごとに距離を測定する hcsr04-test.py

```
1: import time
2: from machine import Pin
3: from common.device import HCSR04
4:
5: sensor = HCSR04(Pin(config.HCSR04_TRIG, Pin.OUT),
6:                 Pin(config.HCSR04_ECHO, Pin.IN))
7: while True:
8:     print(sensor.sense())        マイコン固有の情報
9:     time.sleep(0.1)              を定義している
```

```
>>> %Run -c $EDITOR_CONTENT
4.199
4.743
6.052
7.837
68.391
22.984
13.957
...
```

図5　リスト2の実行結果

境では，ブート時にマイコン固有の情報（GPIOピン番号など）をconfigモジュールで定義するようにしているので，GPIOピンのインスタンスを生成するときにconfig.HCSR04_ECHOとconfig.HCSR04_TRIG変数を使えば，PicoとESP32で同一のプログラムにできるようにしています．

```
sensor = HCSR04(
  Pin(config.HCSR04_TRIG, Pin.OUT),
  Pin(config.HCSR04_ECHO, Pin.IN))
```

Thonnyのエディタ画面にリスト2を入力して実行した結果は図5のようになります．距離が数値として出力されています．

みやた・けんいち

土壌水分センサのアナログ電圧出力を
A-Dコンバータで読み取って表示する

第3章 アナログ電圧や電流で 出力するセンサ

宮田 賢一

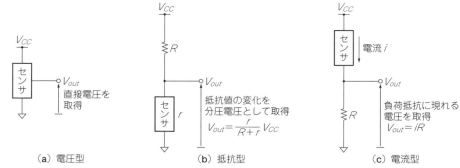

図1 アナログ値を出力するセンサの使い方

（a）電圧型 — 直接電圧を取得

（b）抵抗型 — 抵抗値の変化を分圧電圧として取得 $V_{out} = \dfrac{r}{R+r} V_{CC}$

（c）電流型 — 負荷抵抗に現れる電圧を取得 $V_{out} = iR$

アナログ値はA-Dコンバータで取り込む

アナログ値を出力するセンサのデータは，マイコンのA-Dコンバータを使って取得します．A-Dコンバータとはアナログ電圧をディジタル値に変換する機能であり，基準となる電圧と0Vの間のどの電圧であるかを，離散的なディジタル値でマイコンに取り込むことができます．

● 出力されるアナログ値の3つのタイプ

出力されるアナログ値には電圧，抵抗値，電流のタイプがあります（図1）．それぞれA-Dコンバータへの入力となる電圧の取得の仕方は次のようになります．

▶電圧型の場合［図1（a）］

センサの出力電圧がマイコンの許容範囲に収まっていれば直接A-Dコンバータへの入力にできます．収まっていない場合は，抵抗による分圧回路を構成したり，電圧レベル変換用のモジュールを使ったりして，適正な電圧範囲に入るよう調整します．

▶抵抗型の場合［図1（b）］

センサと抵抗を直列に接続して電源電圧との分圧回路を作ることで，センサの両端の電圧をA-Dコンバータに入力します．センサの抵抗値が0Ω付近まで変化する場合は過度な電流が流れないような工夫が必要と

なります．

▶電流型の場合［図1（c）］

センサと直列に負荷抵抗を接続して，負荷抵抗に発生する電圧をA-Dコンバータに入力します．A-Dコンバータの内部インピーダンスに比べて負荷抵抗が無視できない大きさになると計測する電圧に誤差が発生するので，負荷抵抗とA-Dコンバータとの間にバッファを挟むなどの工夫が必要となります．

＊

本章では静電容量式土壌水分センサを例に，アナログ値（電圧）を出力するセンサをMicroPythonで扱ってみます．

MicroPythonでアナログ値を扱うには，machine.ADCクラスを使います．machine.ADCクラスの主なインターフェースは付録第1章を参照してください．

静電容量式土壌水分センサを 使ってみる

● 静電容量式センサの原理

静電容量式土壌水分センサは，2枚の電極間の静電容量が周囲の誘電体の材質などに応じて変化することを利用したセンサです．センサ周囲の水分量の変化が静電容量の変化となって現れるので，この静電容量を測定できればよいことになります．

図2は静電容量式センサの原理です．センサはコン

表1　静電容量式土壌水分センサ
SEN0193（DFRobot）の主な仕様

項　目	仕　様
電源電圧 [V]	3.3〜5.5
出力電圧 [V]	0〜3.0
消費電流 [mA]	5

表2　A-Dコンバータの基準電圧と測定可能範囲

マイコン	基準電圧	測定可能範囲
ラズベリー・パイ Pico/Pico W	3.3V	0〜3.3V
ESP32	1.1V	100mV〜950mV（ADC.ATTN_0DB 指定時）
		100mV〜1250mV（ADC.ATTEN_2_5DB 指定時）
		100mV〜1750mV（ADC_ATTN_6DB 指定時）
		100mV〜2450mV（ADC.ATTN_11DB 指定時）

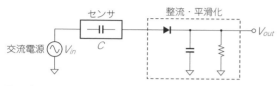

図2　静電容量式センサの原理

写真1　静電容量式土壌水分センサ SEN0193（DFRobot）

デンサと等価とみなして静電容量をCとすると，センサにはCに依存した電流が流れます（交流電源とコンデンサだけの回路に単純化すると，電流はCに反比例する）．つまりCが変われば電流が変化するので，この電流を整流・平滑化して直流電圧の形に変換すればマイコンのA-Dコンバータへ入力できます．

　実験では，静電容量式土壌水分センサSEN0193（DFRobot）を使うことにします（写真1，表1）．このセンサは内部に発振器と整流・平滑化回路が組み込まれているので，センサ出力は電圧として直接得られます．また出力電圧の範囲が0〜3Vのため，電圧変換せずにラズベリー・パイPicoやESP32に接続できます．

● プログラムの設計

　プログラムとしてはA-DコンバータでGPIOピンの電圧値を取得するだけと単純なので，クラスとしては作らず直接machine.ADCクラスを使うものとします．完成形のプログラムをリスト1に示します．

▶ADCインスタンスの生成

　machine.ADCクラスのインスタンスを生成するには，A-Dコンバータの番号を指定する方法と，使用するGPIO番号を指定する方法があります．ここではGPIO番号を指定する方法を使います．A-Dコンバータの動作には測定可能な電圧の最大値となる基準電圧が必要となりますが，この扱いがラズベリー・パイPico/Pico WとESP32とで異なるので注意が必要です．A-Dコンバータの基準電圧と測定可能範囲を表2に示します．

　ラズベリー・パイPico/Pico Wは基準電圧が3.3Vで測定可能範囲も同じです．

　一方ESP32の場合は基準電圧が1.1Vなのでデフォルトでは1.1Vを超える電圧は測定できません（実際にはマージンがある）．そのためmachine.ADCクラ

リスト1　静電容量式土壌水分センサによる水位測定moisture_test.py

```
 1: import time
 2: from machine import ADC
 3: from machine import Pin
 4:
 5: if MYBOARD == "esp32":
 6:     a = ADC(Pin(config.DEFAULT_ADC), atten=
                                    ADC.ATTN_11DB)
 7: else:
 8:     a = ADC(Pin(config.DEFAULT_ADC))
 9:
10: while True:
11:     print(a.read_u16())
12:     time.sleep(1)
```

スのインスタンスを生成する際に，電圧の減衰量を指定でき，それによって上限をチューニングします．

　本書ではマイコンのブート時に実行されるboot.pyでMYBOARD変数にマイコン種別を設定しているので，これを使ってADCインスタンスの生成方法を変えることにしました．

```
if MYBOARD == "esp32":
    a = ADC(Pin(config.DEFAULT_
        ADC), atten=ADC.ATTN_11DB)
else:
    a = ADC(Pin(config.DEFAULT_
        ADC))
```

▶アナログ値の読み取り

　machine.ADCクラスには，アナログ値を読み取るためのread_u16()メソッドがあります．このメソッドは読み取った電圧値を0〜65535にスケーリングしたものを返します．従って基準電圧が異なるボードであっても，測定条件が同じであれば原則としてメソッドの戻り値は同じになります．

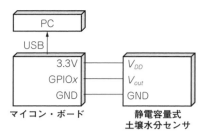

図3 マイコンと静電容量式土壌水分センサの接続

表3 静電容量式土壌水分センサと接続するマイコン側のGPIOピン

マイコン・ボード	GPIOx
Pico，Pico W	GPIO26
ESP32	GPIO32

● ハードウェアの組み立て

マイコンと静電容量式土壌水分センサとの接続図を図3に示します．またマイコン・ボード側のGPIOは表3のように接続するものとします．

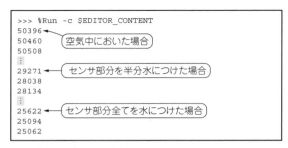

図4 リスト1のプログラムの実行結果

● 実行結果

リスト1をThonnyのエディタ画面に入力して実行した結果は図4のようになります．あまり線形性はないようですが，水につかる部分の大小によって取得した値が変化していることが分かります．

みやた・けんいち

GPIO操作とタイマ割り込みの基礎

第1章

マイコンI/Oの基本…
LED点滅

宮田 賢一

リスト1　200ms間隔でLEDを点滅させる`led.py`

```
1:  from machine import Pin
2:  import time
3:
4:  led = Pin(config.DEFAULT_LED, Pin.OUT)
5:  for _ in range(10):
6:      led.on()
7:      time.sleep_ms(200)
8:      led.off()
9:      time.sleep_ms(200)
```

$$R = \frac{1.3V}{4mA} = 325 \fallingdotseq 330\,\Omega$$

図1　ESP32-DevKit-CにLEDを接続する

● 動作の正常／異常を知る手段に便利なLED

　システムの動作状態を表示したり，取得したデータを可視化したりすることは，ユーザ・インターフェースとして重要な要素です．第5部ではMicroPythonによるデータ表示手法を説明します．

　LEDはシンプルな表示デバイスではありますが，単に電源ONを示すために点灯させるだけではなく，通信中など，特定の状況の間点滅させることで正しく動作していることを示すこともできます．また，マイコン上のプログラムのデバッグ中に何らかの不正な状態に陥ったことを示すために，コンソール画面がなく

てもLEDの点灯でエラー状態を示すという使い方もあるでしょう．

● マイコンのGPIO端子を使って制御する

　LEDはマイコンのGPIO（General Purpose Input/Output）を使って制御します．MicroPythonではmachineモジュールに含まれるPinクラス（付録第1章）を使ってGPIOの制御ができます．

　プログラマが指定したタイミングでLEDの点灯または消灯をしたい場合は，Pinクラスのonメソッド

コラム　**MicroPythonでは処理系内部でボードごとの差異を隠蔽している**　　宮田 賢一

　ラズベリー・パイPico/Pico WにはオンボードでLEDが搭載されていますが，実は同じGPIOには接続していません．

　Picoはメイン・マイコンであるRP2040のGPIO25に接続している一方，Pico WはWi-Fi用の通信モジュールであるCYW43439のGPIO0に接続しています．そのためC言語からオンボードLEDを制御する場合は，呼び出すAPIが異なっていますし，CYW43439を初期化するAPIを明示的に記述する必要があります．

　しかしMicroPythonではCYW43439かどうかはほとんど気にする必要はありません．Pinクラス

のインスタンスを生成するときのPin番号指定方法が異なるのみです．CYW43439の初期化コードはMicroPython処理系内部で実行されているのでプログラマが記述する必要はありません．

- Picoの場合：
  ```
  led = machine(25, Pin.OUT)
  ```
- Pico Wの場合：
  ```
  led = machine("LED", Pin.OUT)
  ```

　このようにマイコン・ボードごとの差異が処理系内部で隠蔽されることでプログラマがボードの違いを極力意識せずに済むのが，C言語によるプログラミングとの大きな違いの1つと言えると思います．

とoffメソッドを必要な場所に記述するだけです.

リスト1は200ms間隔でLEDを10回点滅させるプログラムです. ラズベリー・パイPico/Pico WではオンボードのLEDが点滅します. ESP32にはオンボードLEDがないので, 図1に示した回路図に従ってGPIOにLEDを外付けすれば, 同じようのLEDの点滅を制御できます.

● タイマ割り込みによるバックグラウンド点滅

パイロット・ランプのように, マイコン・ボードが動作中であることを知らせるために, LEDを点滅させたい場合もあるでしょう. そのようなときにはタイマ割り込みを使った方法が便利です. タイマ割り込みを使うことにより, プログラムのメイン・ループ中でLEDの点滅間隔を制御するようなコードを書かずに, バックグラウンドで自動的に点滅させることが可能です.

MicroPythonでタイマ割り込みを扱うためのクラスはmacine.Timerです(付録第1章). リスト2はタイマ割り込み版のLED点滅プログラムです.

みやた・けんいち

リスト2　タイマ割り込みによるLED点滅プログラム led_timer.py

```
 1: from machine import Pin
 2: from machine import Timer
 3: import time
 4:
 5: state = 0
 6: def toggle_led(t):
 7:     global state
 8:     led.value(state)
 9:     state = 1 if state == 0 else 0
10:
11: led = Pin(config.DEFAULT_LED, Pin.OUT)
12:
13: t = Timer(config.DEFAULT_TIMER_ID)
14: t.init(period=100, callback=toggle_led)
15: time.sleep(3)
16: Timer.deinit(t)
17: # タイマが非初期化するまで待つ
18: time.sleep(0.1)
19: led.off()
```

SPI接続で定番の制御チップSSD1331を操作

第2章
グラフィックスLCDで波形や文字を表示する

宮田 賢一

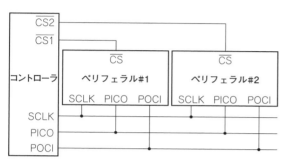

図1　SPIの構成…クロック，データ2本，チップ・セレクトの4本の信号線を使う

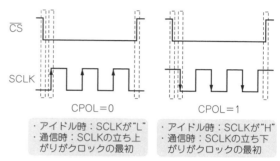

図2　クロック極性（CPOL）の違い

この章ではSPIで制御するグラフィックスLCDのプログラミングを説明します．

シリアル通信規格「SPI」の基礎知識

● 全二重通信が可能な4線式シリアル通信規格

SPI（Serial Peripheral Interface）はシリアル通信の規格の一種です．同じシリアル通信のI2Cとは信号線の数が異なり，I2Cが3本なのに対してSPIはSCLK，PICO，POCI，CSの4本を使用します（図1）．SPIにはコントローラとペリフェラルがあります．一般的には1つのマイコンがコントローラになり，これに複数のデバイスがペリフェラルとしてつながります．

SCLK（Serial Clock）はクロック信号をコントローラからペリフェラルに伝達します．PICO（Peripheral In/Controller Out）はコントローラからペリフェラルの方向にデータを伝達し，POCI（Peripheral Out/Controller In）はペリフェラルからコントローラの方向にデータを伝達します．つまりコントローラ-ペリフェラル間は全二重でのデータ送受信が可能です（同時に双方向の通信が行える）．どちらか1方向のみの通信しか必要ない場合でも，SPIバス上は逆方向の通信もダミーで行われています．

SPIでもI2Cと同じように1つの信号伝達バスに複数のペリフェラルを接続できますが，I2CではI2Cアドレスによってペリフェラルを区別するのに対して，SPI

ではCS（Chip Select）信号を使ってどのペリフェラルと通信するかを選択する方式となります．もしペリフェラルが1台しかなければ，CS信号を固定してしまうことで，3本の信号線で制御できます．

特性としては，I2Cが比較的低速なデータ転送向け（センサからのデータ読み取りなど）なのに対して，SPIは比較的高速なデータ転送（例えばグラフィックス・ディスプレイへのデータ送信など）に向いています．

● デバイスごとに意識すること

SPIでデータ転送を行う場合，デバイスごとに定められているクロック極性とクロック位相の2種類のパラメータを考慮してプログラムを作成しなければなりません．

▶クロックの極性（CPOL）

クロックの極性（polarity）です．SCLKの立ち上がりと立ち下がりのどちらがクロック・パルスの最初になるかを意味するフラグです（図2）．通信が行われていないアイドル時にSCLKが"L"の状態で，クロックの立ち上がりでクロックを開始する場合はCPOL=0であり，逆にアイドル時のSCLKが"H"で，クロックの立ち下がりでクロックを開始する場合はCPOL = 1となります．

▶クロックの位相（CPHA）

クロックのどの位相（phase）でPOCIまたはPICOのデータをサンプリングするかを意味するフラグです

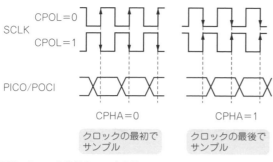

図3　クロック位相（CPHA）の違い

表1　SPIモード

SPIモード	CPOL	CPHA
0	0	0
1	0	1
2	1	0
3	1	1

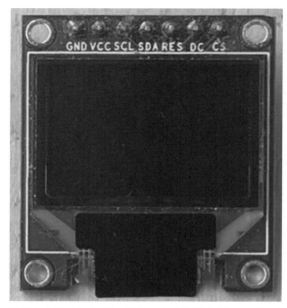

写真1　0.95インチ 96×64ドットの有機ELディスプレイ QT095B（秋月電子通商）

表2　有機ELディスプレイ QT095B の主な仕様

項　目	仕　様
解像度	96×64ドット，RGB
制御IC	SSD1331
電源電圧	3.3～5.0V
I/O電圧	3V
インターフェース	SPI

（図3）．クロックの最初（CPOLによって立ち上がりか立ち下がりかは異なる）でサンプリングする場合はCPHA=0，クロックの最後でサンプリングする場合はCPHA=1となります．

これらの組み合わせによりSPIのモード番号が決まっているので（表1），SPIデバイスをマイコンで使う場合はデバイスがどのモードに対応しているかを調べる必要があります

グラフィックスLCDを制御する

本章ではグラフィックスLCDの制御チップとしてSPI接続のSSD1331（Solomon Systech）を使用する製品をMicroPythonで制御します．

● MicroPythonでSPIを使う方法

MicroPythonではmachineモジュールのSPIクラスを使ってSPIを制御します．SPIクラスが提供するインターフェースは付録第1章を参照してください．

● 定番の制御チップSSD1331

SSD1331はよく使われるグラフィックスLCDの制御チップの1つで，特に小型のTFT LCD制御用に採用されています．本章ではSSD1331を搭載する写真1に示す有機ELディスプレイQT095B（Shenzhen Taida Century Technology）を題材として用います．このディスプレイの主な仕様を表2に示します．

● プログラミングに必要な仕様の調査

このモジュールのデータシート[1]より，SPI信号の仕様を調べます．図4はデータシートから引用したSPI信号の仕様から，次のことが読み取れます．

- CSがアクティブになるときにクロックは "H"
  →クロック極性CPOL=1
- クロックの立ち上がりでサンプリング
  →クロック位相CPHA=1

また同じデータシートではSPIのクロック・サイクルの最小時間が150nsと規定されているので，周波数で考えるとその逆数を計算して最大約6.7MHzとなります．

さらにモジュールの信号線としてSPIで必要なものの他に，次のものも接続します．

- RES：リセット信号（アクティブ "L"）
- D/C：データ・コマンド制御（データ送信時 = "H"，コマンド送信時 = "L"）

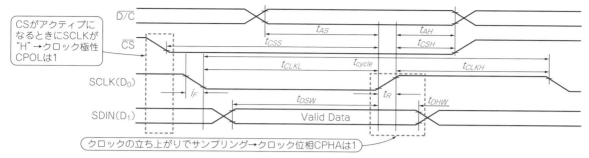

図4(1) SSD1331のSPI信号

左図内ラベル：
- CSがアクティブになるときにSCLKが "H"→クロック極性CPOLは1
- クロックの立ち上がりでサンプリング→クロック位相CPHAは1

プログラム

SSD1331用の処理をクラスとして実装します. 先にプログラムの完成形を**リスト1**に示します. 以降ではこのプログラムの中からポイントとなる部分の設計方針を説明していきます.

● コンストラクタ

コンストラクタ(32〜41行目)では, クラスの外で定義したSPIクラスのオブジェクトを受け取ります. SSD1331はモジュールによってディスプレイ・サイズがカスタマイズ可能なので, 幅と高さのピクセル数が必要です. さらにSPIクラスのオブジェクトには含まれない信号線(リセット, データ・コマンド, チップ・セレクト)の情報も, Pinオブジェクトとして受け取るようにします.

● コマンド送信

SPIにおけるコマンド送信の流れは,

- 対象デバイスを選択する(CSを有効にする)
- データかコマンドを選択する(D/Cピンをセットする)
- データを送信する
- CSを無効にする

となります. これを実装したものが _send_command メソッドです(44〜50行目).

ここで例外処理を記述しているのは, データ送信中にエラーが発生したときでも確実にCSピンを無効に戻したいためです. try文のfinally節は, try文本体が正常に終了した場合でも例外が発生して中断した場合でも, 必ず実行したいコードを記述するものです. そこでfinally節にCSピンに1を設定するコードを書けば, 目的を達成できるということになります.

● フレーム・バッファ

SSD1331にはグラフィックス用のRAMを内蔵して

おり, またディスプレイ上で直線や長方形を描画するコマンドも用意されています.

しかし単純な線と長方形で描画できないような複雑なグラフィックスを表示したいときに, ピクセルごとに1回の描画コマンド(例えば長さが1の直線)を送信するのは効率が良くありません. そこでマイコン側で表示領域のコピーとなるバッファ・メモリを用意しておいてそこに描画し, 定期的にバッファ・メモリの内容をまとめてSSD1331に送信した方が, オーバヘッドが少なく効率が良いと言えます.

このような用途のためにMicroPythonではframebufモジュールでFrameBufferクラスを提供しています. このクラスはビットマップ・イメージをMicroPython内のメモリ領域に割り当てて, ディスプレイに効率良く送信するための仕組みを提供しています. また基本的な図形や文字列の表示などのメソッドも用意されており利便性も良いです.

SSD1331クラスのコンストラクタでは, 39〜41行目のようにフレーム・バッファを割り当てます. バッファの実体はbytearrayとします. SSD1331の内蔵RAMは1ピクセルあたり16ビット(赤5ビット, 緑6ビット, 青5ビット)で表現されるため, 割り当てるバッファのサイズはピクセル数×2バイトとなります.

● ディスプレイのリセット・シーケンス

データシートに記載されているリセット・シーケンスを参考に, ディスプレイの初期化をするコードを作成します. 初期化処理は定型の固定コマンド列なので, あらかじめ全てのコマンドを書き下したバイト配列のタプルとして用意しておき(17〜30行目), 初期化時にこれらを順に実行する方式とします(71〜72行目). SSD1331とはコマンド体系だけが異なる他のディスプレイ制御チップも多いので, _reset_sequence変数を書き換えれば他のディスプレイに応用できるでしょう.

リスト1 SSD1331 によるグラフィックスの表示

```
 1: import time
 2: from machine import Pin, SPI
 3: import framebuf
 4:
 5: # RGBの各要素(0～1.0)からピクセルのビット・パターンを作成する
 6: def fbcolor(r, g, b):
 7:     r = int(r * 0x1f) & 0x1f
 8:     g = int(g * 0x3f) & 0x3f
 9:     b = int(b * 0x1f) & 0x1f
10:     v = ((g & 0x07) << 13) + (r << 8) + (b << 3) + ((g
                                          & 0x38) >> 3)
11:     return v
12:
13: COLOR_BLACK = fbcolor(0, 0, 0)
14: COLOR_WHITE = fbcolor(1, 1, 1)
15:
16: class SSD1331:
17:     _reset_sequence = (
18:         b"\xae",         # display off
19:         b"\xa0\x76",     # remap
20:         b"\xa1\x00",     # start line = 0
21:         b"\xa2\x00",     # vertical offset = 0
22:         b"\xa4",         # normal display
23:         b"\xa8\x3f",     # multplex ratio = 64
24:         b"\xad\x8e",     # set master configuration
25:         b"\x87\x0f",     # master current = 0x0f
26:         b"\x81\x80",     # contrast A = 0x80
27:         b"\x82\x80",     # contrast B = 0x80
28:         b"\x83\x80",     # contrast C = 0x80
29:         b"\xaf"          # display on
30:     )
31:
32:     def __init__(self, spi, width, height, reset, dc, cs):
33:         self._spi = spi
34:         self._width = width
35:         self._height = height
36:         self._reset = reset
37:         self._dc = dc
38:         self._cs = cs
39:         self._buffer = bytearray(width * height * 2)
40:         self._fbuf = framebuf.FrameBuffer(
                            self._buffer, width, height,
41:                         framebuf.RGB565)
42:
43:     # SPIデバイスにコマンドを送信する
44:     def _send_command(self, command):
45:         try:
46:             self._cs.value(0)
47:             self._dc.value(0)
```

```
48:             self._spi.write(command)
49:         finally:
50:             self._cs.value(1)
51:
52:     # SPIデバイスにデータを送信する
53:     def _send_data(self, data):
54:         try:
55:             self._cs.value(0)
56:             self._dc.value(1)
57:             self._spi.write(data)
58:         finally:
59:             self._cs.value(1)
60:
61:     # ディスプレイをリセットする
62:     def reset(self):
63:         self._reset.value(1)
64:
65:         self._cs.value(0)
66:         self._reset.value(0)
67:         time.sleep_us(3)
68:         self._reset.value(1)
69:         self._cs.value(1)
70:
71:         for command in SSD1331._reset_sequence:
72:             self._send_command(command)
73:
74:     # ディスプレイを背景色cでクリアする
75:     def clear(self, c):
76:         self._fbuf.fill(c)
77:
78:     # 指定した位置に文字列を表示する
79:     def text(self, s, x, y, c=COLOR_WHITE):
80:         self._fbuf.text(s, x, y, c)
81:
82:     # 指定した位置にピクセルを描画する
83:     def pixel(self, x, y, c):
84:         self._fbuf.pixel(x, y, c)
85:
86:     # 指定した2点間で直線を描画する
87:     def line(self, x1, y1, x2, y2, c):
88:         self._fbuf.line(x1, y1, x2, y2, c)
89:
90:     # ディスプレイを指定方向にシフトする
91:     def scroll(self, xstep, ystep):
92:         self._fbuf.scroll(xstep, ystep)
93:
94:     # フレーム・バッファの内容をディスプレイに一括送信する
95:     def update(self):
96:         self._send_data(self._buffer)
```

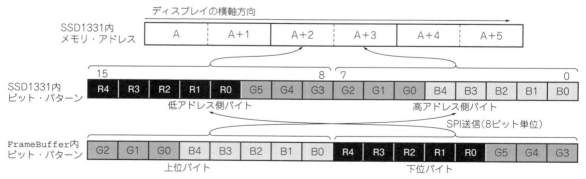

図5 SSD1331内とFrameBuffer内のビット・パターンの考え方

● 色の変換

SSD1331内蔵のRAM上では，各ピクセルは16ビットのカラー値として表現されています．ここでディスプレイ上のアドレスと1ピクセルのビット・パターン，

FrameBuffer内のビット・パターンの対応を図示したものが図5です．

カラー値はビッグ・エンディアンでRGBの順に16ビットが並びます．メモリ・アドレスはディスプレイ

の右に向かってアドレスが増えていく構造なので，16ビットのデータをバイト単位に分割して考えるとピクセル・データの上位8ビットがメモリ・アドレスの低位側バイト，下位8ビットが上位側バイトとなります．

一方FrameBuffer内では16ビットのデータがリトル・エンディアンで並んでいるため，SPIで送信すると上位バイト→下位バイトの順となり，SSD1331側が期待するバイトの並び順とは逆になってしまいます．

そこでFrameBuffer内のカラー値のビット・パターンがSSD1331の内蔵RAMを意識した並びになるように，fbcolor関数（6～11行目．frame buffer関数の意味）を用意します．この関数はR，G，Bの値を0～1.0の間で指定すると，**図5**で示されるビット順にRGBの値を並べ替えます．SSD1331クラスで色を指定する場合は，fbcolor関数を仲介して実際のカラー値を作成するようにします．

● モジュールとして登録

リスト1をマイコン・ボード上のlib/common/deviceフォルダ配下に格納します（**図6**）．また，lib/common/device/__init__.pyに次の内容を追記します（第1部第4章で行う作業が終わっていれば既に記述されているはず）．これらにより，SSD1331クラスをモジュールの要素として利用できるようになります．

```
from .ssd1331 import SSD1331,
fbcolor
```

ハードウェアの組み立て

マイコン・ボードとディスプレ・モジュールは，**図7**のように接続します．マイコン・ボードとしてラズベリー・パイ Pico/Pico W またはESP32を使用する場合のGPIO番号を**表3**に示します．今回使用する

図6　SSD1331クラスを使うためのファイルの格納場所

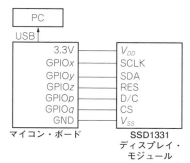

図7　マイコン・ボードとSSD1331ディスプレイ・モジュールの接続図

表3　マイコン・ボードごとのSPI用GPIO番号（SPI番号）

信号種別	Pico	Pico W	ESP32
SCLK (GPIOx)	GPIO6 (SPI0)	GPIO18 (SPI0)	GPIO14 (SPI1)
SDA (GPIOy)	GPIO7 (SPI0)	GPIO19 (SPI0)	GPIO13 (SPI1)
RES (GPIOz)	GPIO14	GPIO14	GPIO26
D/C (GPIOp)	GPIO15	GPIO15	GPIO27
CS (GPIOq)	GPIO5	GPIO17	GPIO15

ディスプレイ・モジュールにはPOCIに接続するピンは無い（ディスプレイ・モジュールからのデータ読み出しに対応していない）ので接続不要です．

リスト2　SSD1331に波形を表示するプログラム ssd1331-test.py

```
 1: import math
 2: import time
 3: from machine import Pin, SPI
 4: from common.device import SSD1331, fbcolor
 5:
 6: spi = SPI(config.SSD1331_SPI_ID, baudrate=5_000_000,
 7:          polarity=1, phase=1,
 8:          sck=Pin(config.SSD1331_SPI_SCLK),
 9:          mosi=Pin(config.SSD1331_SPI_MOSI),
10:          miso=Pin(config.SSD1331_SPI_MISO))
11:
12: display = SSD1331(spi, 96, 64,
13:              Pin(config.SSD1331_SPI_RESET, Pin.OUT),
14:              Pin(config.SSD1331_SPI_DC, Pin.OUT),
15:              Pin(config.SSD1331_SPI_CS, Pin.OUT))
16: display.reset()
17:
18: # 描画する関数
19: def f(t):
20:     return 20 * math.sin(t) + 10 * math.sin(3 * t)
                                                  + 32
21:
22: t = 0
23: prev = 0
24: while True:
25:     y = int(f(t))
26:     # 1個前の点と現在の点を結ぶ直線を描画する
27:     display.line(93, prev, 94, y, fbcolor(0.3, 0.8, 2))
28:     # 左方向に1ピクセル分シフトする
29:     display.scroll(-1, 0)
30:     prev = y
31:     t += 0.3
32:     # フレーム・バッファの内容をディスプレイに送信する
33:     display.update()
34:     time.sleep_ms(10)
```

実行結果

　ディスプレイ・モジュールに三角関数の合成波を左スクロールしながら表示するテスト・プログラムを作成しました（**リスト2**）．プログラムとしては，時刻tにおける関数値$f(t)$の値を求め，直前のディスプレイのほぼ右端に直前の関数値と今求めた関数値との間を結ぶ直線を引くというものです．

　リスト2をThonnyのエディタ画面に入力して実行すると，LCDディスプレイへの描画を開始します．表示した画面の様子が**写真2**です．波形が左に向かってスクロールしていくことが確認できます．

◆参考文献◆

(1) Dot matrix OLED display module Manual QT095B.
https://akizukidenshi.com/download/ds/
taidacentury/qt095b.pdf

みやた・けんいち

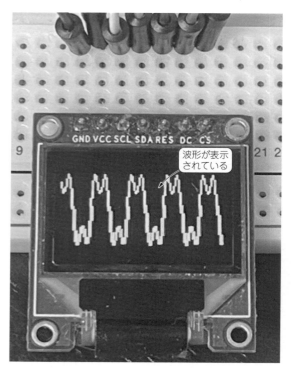

波形が表示されている

写真2　SPI接続のLCDディスプレイに関数値をスクロールしながら表示する

①アナログ・センサ計測，②小型ポンプ制御，
③クラウド連携

第1章

自動水やりシステムの製作

宮田 賢一

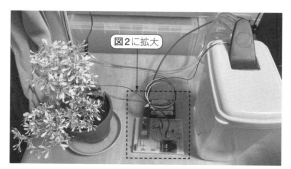

写真1　Wi-Fiマイコンの良さを生かしてクラウド連携システムを作る

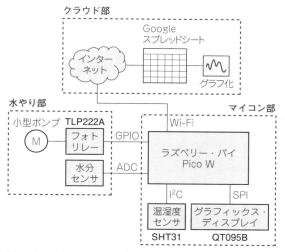

図1　自動水やりシステムの全体構成

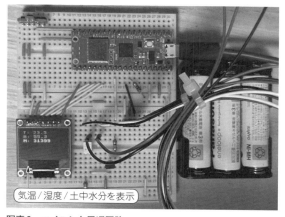

写真2　マイコンと周辺回路
ラズベリー・パイPico Wと小型ディスプレイ，バッテリなど

● **作るもの**
　今回作るシステムに持たせる機能は次の通りです．
- 土の水分量を定期的に監視し「乾いた」と判断したら水をやる
- 育成環境の監視のため，周辺の気温/湿度を計測する
- 計測したデータは画面上に表示すると同時にクラウドに転送し蓄積する
- クラウドに蓄積したデータをグラフ化する

これを具体化したシステムを図1に示します．

システム構成

● **マイコン部**
　水やりシステムの全体を制御する部分です（**写真2**）．マイコンはラズベリー・パイPico Wを使用し，センサによる計測，小型ポンプの制御，インターネットとのデータ通信を処理します．また，マイコン部には周辺環境の温度と湿度を取得する温湿度センサSHT31（センシリオン）と，取得したデータの現在値を表示するグラフィックス・ディスプレイQT095B（Shenzhen Taida Century Technology）を含みます．

　Wi-Fi接続やLCD表示，センサ・データ取得など，これまで説明してきたさまざまな要素を組み合わせて，実際に運用できるシステムを構築します．
　植物を育てるときの水やりは，やり過ぎてもやらなさすぎても植物の生育にとって良いことではありません．特に屋内の観葉植物の場合は，水やりをつい忘れてしまい，枯らしてしまうこともあるかもしれません．そこで水やりを自動化するシステムを作ります（**写真1**）．

（a）植物側

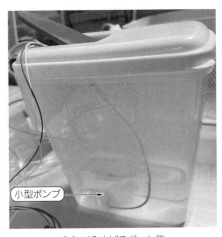

（b）くみ上げるポット側

写真3　水やり部は水分センサと小型ポンプで構成する

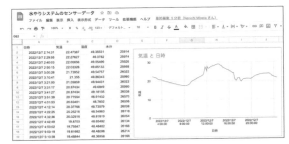

図2　クラウド部（Google スプレッドシート）

● クラウド部

　センサで計測したデータをクラウドに蓄積するとともに，蓄積したデータを可視化する部分です．クラウド・サービスとしてGoogle スプレッドシートのウェブ・アプリ APIを使用し，可視化はGoogle スプレッドシートのグラフ機能を使います（**図2**）．Google スプレッドシートへのデータ送信は，Pico Wの Wi-Fi機能を利用します．

その他の構成要素

● 1，フォトリレーによる小型ポンプの制御

　モータの制御にはPico WのGPIOを使いますが，Pico Wとポンプとの間はフォトリレーで電源を分離します．これは使用するポンプの動作電圧に選択の幅を持たせるためと，モータの不慮の故障によるPico Wへの電気的な影響を避けるためです．

　フォトリレーのマイコン側（発光側）はLEDなので，GPIOでLEDを点灯させるための一般的な設計手法に従って回路定数を決めていきます．今回使用するフォトリレー TLP222Aでは，LEDを発光させるのに10mA程度の電流を流す必要があるのですが，RP2040のデータシート[1]によると，標準設定でのGPIO出力電流は4mAなので，トランジスタを介してLEDへの電流を補います．最終的な回路は**図3**です．使用する抵抗値の求め方はコラムを参照してください．

● 2，Googleスプレッドシートへのデータ送信

　収集したデータの格納には，Google スプレッドシートを使います．データの集まり具合が一目で分かり，表計算ソフトの扱いに慣れていれば，グラフで可視化することも容易なためです．ウェブ上で動作するアプリなので，PCにインストールせずに使えます．

　また，スプレッドシートに対して，Google Apps Scriptというプログラミング言語によって記述したマクロを追加することで，スプレッドシートの操作を自動化したり，マクロをインターネットに公開して外部

● 水やり部

　土に含まれる水分を計測する水分センサと，フォトリレーを介して水流の制御をする小型ポンプで構成します（**写真3**）．小型ポンプは水を入れたポットに沈めておき，マイコンからのON信号によって一定時間，水をくみ上げて土に送ります．また，土内に設置した静電容量式の土壌水分センサからのデータをマイコンで取得し，ポンプONのタイミングを制御します．マイコンとポンプとはフォトリレーにより電源を分離し，任意の電圧で動作するポンプを接続できるようにします（本記事では5V，200mAタイプのポンプを使用する）．

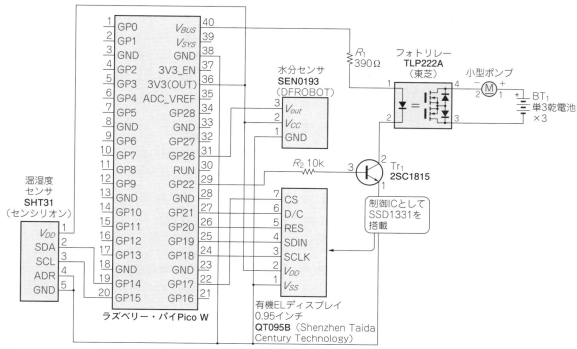

図3　フォトリレーによるモータの制御回路

のプログラムからスプレッドシートの操作ができたりするようになります.

Google Apps Scriptは，ウェブ・アプリケーションの記述のためによく使われるJavaScript言語に，Googleの各種サービスを自動化するためのライブラリを組み込んだ言語です．Google Apps Scriptの内容は本書では解説しませんが，詳しく知りたい場合は次のサイトを参照してください.

`https://developers.google.com/apps-script/`

水やりシステムに話を戻します．まず，センサで計測したデータを保存するために，付録第5章の5.4.1節を参考にしてスプレッドシートを作ります．スプレッドシート名は任意で構いません.

次にスプレッドシートにインターネットからデータを追加できるように，インターネット公開用のマクロを追加します．**リスト1**のスクリプトを付録第5章の5.4.2節に従ってスプレッドシートに追加し，マクロに対するウェブ・アプリURLを取得します.

リスト1の内容を簡単に説明します.

▶ **1行目：HTTP POSTをdoPost関数で受けとる**

公開したマクロはHTTPのPOSTメソッドを使ってデータを受け取ります．Google Apps ScriptでdoPost関数を定義すると，POSTメソッドの受け取り時に自動的に呼び出されます.

▶ **5行目：JSONデータを解析する**

POSTメソッド中に含まれるJSON形式のデータ`e.postData.contents`を解析して，JavaScriptのオブジェクトに変換します．変換後のオブジェクトに対しては，`params.temperature`のように，MicroPythonで言えば属性参照の形でオブジェクトに含まれるパラメータの値を取得できます.

▶ **6, 7行目：スプレッドシートの最終行に新しい行を追加する**

スプレッドシートの1行目以降で何もデータがない行を探して新しい行を追加します．行の内容はdoPost関

リスト1　センサ・データをスプレッドシートに追加するマクロ

```
 1:  function doPost(e) {
 2:      // 最初のシートを取得
 3:      const sheet = SpreadsheetApp.
            getActiveSpreadsheet().getSheets()[0];
 4:      // 受信したJSONデータの情報をシートの末尾に行を追加
 5:      var params = JSON.parse(
                    e.postData.contents);
 6:      sheet.appendRow([new Date().
                    toLocaleString('ja-JP'),
 7:      params.temperature, params.humidity,
                           params.moisture]);
 8:      // クライアントへの応答を構築
 9:      const output = ContentService.
createTextOutput(JSON.stringify({result:"Ok"}));
10:      output.setMimeType(
                  ContentService.MimeType.JSON);
11:      return output;12:    }
```

コラム **フォトリレーを駆動するための回路定数の求め方**　　　　　　宮田 賢一

マイコンの出力端子ではフォトリレーのLEDに十分に電流を供給できません．そこで，トランジスタを利用してLEDを駆動するための回路（の抵抗値）について説明します．

● R_1 の求め方

フォトリレーの入力側（発光側）は内部がLEDなので，LEDを発光させるのに十分な電流が取れるように R_1 の値を定めます．TLP222Aのデータシート[3]より，TLP222Aの発光側順電圧は標準値が1.15V，推奨される順電流は5m ～ 25mA（標準7.5mA）です．本実験では10mAで設計することにします．

この実験ではトランジスタをスイッチとして使いたいので，飽和領域で動作させるものとします．このときコレクタ-エミッタ間の飽和電圧 $V_{CE(sat)}$ がほぼ0Vとみなすと，図Aに示すように $R_1 = 375\,\Omega$ と算出できます．市販されている標準的な抵抗値

は375Ωというものはないので，それに近い市販品である390Ωを使うものとします．

● R_2 の求め方

2SC1815のエミッタ共通時電流増幅率 h_{FE} は約200ですが，飽和領域で動作させる場合はそこまでの増幅率は取れず，おおむね h_{FE} は20 ～ 50で設計することになります．今回は h_{FE} を50として進めます．

R_1 の設計時にコレクタ-エミッタ間に流れる電流 I_C を10mAとしたので，ベース電流 I_B は，$I_B = I_C/h_{FE} = 200\,\mu A$ の電流を流せば良いといえます．すると，2SC1815のベース-エミッタ間電圧 V_{BE} が約0.7Vと考えると，GPIOの出力電圧を3.3Vとして，図Bに示すように $R_2 = 13\,k\Omega$ となります．市販品に13kΩの抵抗はありますが，本実験では入手しやすい10kΩを使うものとします．逆に $R_2 = 10\,k\Omega$ の場合は $I_C = 10.4\,mA$ となるので，TLP222Aの発光側動作範囲内に入っています．

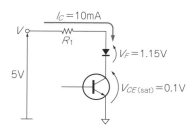

$$V = I_C R_1 + V_F + V_{CE} \text{より}$$
$$R_1 = \frac{V - V_F - V_{CE(sat)}}{I_C} = \frac{5 - 1.15 - 0.1}{10 \times 10^{-3}} = 375$$

図A　R_1 の求め方

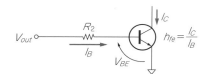

$$I_B = \frac{I_C}{h_{fe}} = \frac{10 \times 10^{-3}}{50} = 200 \times 10^{-6}$$
$$V_{out} = I_B R_2 + V_{BE} \text{より}$$
$$R_2 = \frac{V_{out} - V_{BE}}{I_B} = \frac{3.3 - 0.7}{200 \times 10^{-6}} = 13 \times 10^3$$

図B　R_2 の求め方

数が実行された日本時間での時刻，受けとったデータの温度（temperature），湿度（humidity），水分（moisture）です．

▶9行目～：クライアントに正常応答を返す

POST要求を発行したクライアントに正常に要求を受け付けたことを意味する"Ok"応答メッセージを返します．

水やりシステムのメイン・プログラム

水やりシステムのメイン・プログラムをリスト2に示します．13行目の"ウェブ・アプリのURL"は，ス

プレッドシートにマクロを追加したときに得られたURLで置き換えます．このプログラムのメイン・ループは図4のように，センサからのデータ取得，ディスプレイへの表示，クラウドへの送信，土が乾いていたらポンプをONという一連の処理を10分ごとに実行するものとしています．

その他，システムとして定常運用するためのプログラムのポイントを次に示します．

● 発生する例外は全て捕捉する

定常運用するシステムはPCとは接続せずに無人運転するのが通常です．そのため実行エラーで中断する

のはなるべく防ぐべきでしょう．そこでメイン・ループの本体は全てtry文で囲って，全ての例外に対する例外ハンドラを記述します．リスト2の場合はException例外を捕捉してpass文を実行することで，どの例外が発生してもループ処理を継続するようにしています．

● 水やりのしきい値は実験で調整する

　水分センサで取得する値は，静電容量の変化に応じた電圧であり，水分量を直接計測するものではありません．また水分センサの置かれ方（土に埋まっているセンサの深さ，土の質など）によって変動するため，取得した値の意味は事前に実験で決めなければなりません．今回使用した環境では，センサの値が土がほぼ乾いているときに40,000程度，土が十分水分を含んでいるときに25,000程度という事前実験結果が得られました．そこでしきい値は30,000とし，これを超えたら土が乾いてきたと判断し，水をやることにします．

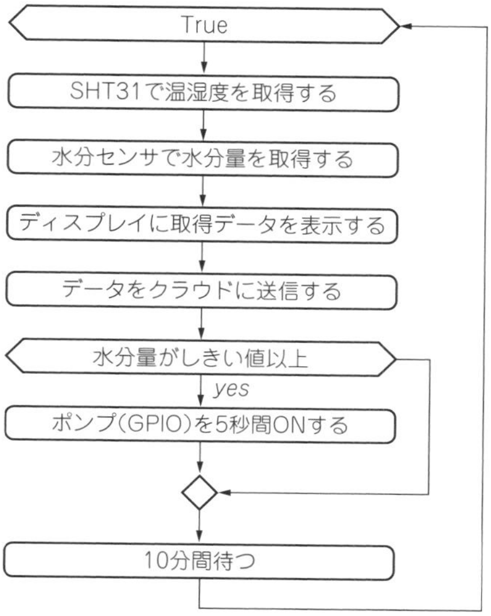

組み立て

　主な部品を表1に示します．これらの部品をブレッ

図4　メイン・ループの構造

リスト2　水やりシステムのメイン・プログラム(main.py)

```
 1: import ujson
 2: import urequests
 3: import time
 4: from machine import ADC
 5: from machine import I2C
 6: from machine import Pin
 7: from machine import SPI
 8: from common.network import init_wlan
 9: from common.device import SSD1331, fbcolor
10: from common.device import SHT31
11: import secrets
12:
13: API_URL = "ウェブアプリのURL "
14: WATERING_THRESHOLD = 30000
15:
16: # Wi-Fiに接続
17: init_wlan(secrets.WIFI_SSID, secrets.WIFI_PASSWORD)
18:
19: # 温湿度センサを初期化
20: moist = ADC(Pin(26))
21: env = SHT31(I2C(1, sda=Pin(14), scl=Pin(15)))
22:
23: # ディスプレイを初期化
24: spi = SPI(0, baudrate=5_000_000,
25:           polarity=1, phase=1,
26:           sck=Pin(18),
27:           mosi=Pin(19),
28:           miso=Pin(16))
29: display = SSD1331(spi, 96, 64,
30:                   Pin(20, Pin.OUT),
31:                   Pin(21, Pin.OUT),
32:                   Pin(17, Pin.OUT))
33: display.reset()
34:
35: # 水やりモータ用GPIOの初期化
36: motor = Pin(22, Pin.OUT)
37:
38: while True:
39:     try:
40:         # センサ・データを取得
41:         temperature, humidity = env.measure()
42:         moisture = moist.read_u16()
43:
44:         # 情報を表示
45:         print(f"temp = {temperature},
               humid = {humidity}, moist = {moisture}")
46:         display.clear(fbcolor(0, 0, 0))
47:         display.text(f"T: {temperature:.1f}", 0, 0,
                                    fbcolor(1, 0, 0))
48:         display.text(f"H: {humidity:.1f}", 0, 10,
                                    fbcolor(0, 0, 1))
49:         display.text(f"M: {moisture}", 0, 20,
                                    fbcolor(0, 1, 0))
50:         display.update()
51:
52:         # 情報をクラウドに送信
53:         data = {"id": "picow",
                    "temperature": temperature,
54:                 "humidity": humidity,
                    "moisture": moisture}
55:         resp = urequests.post(API_URL,
56:                     json=data)
57:         resp.close()
58:         resp = None
59:
60:         # 水やりが必要な状態ならモータを5秒間ONにする
61:         if moisture < WATERING_THRESHOLD:
62:             motor.on()
63:             time.sleep(5)
64:             motor.off()
65:
66:         # 10分間待つ
67:         time.sleep(10 * 60)
68:     except Exception:
69:         # すべての例外を捕捉しプログラムの実行を継続する
70:         pass
```

表1　水やりシステムの主な部品

部　品	品　名	メーカまたは購入先
マイコン	ラズベリー・パイ Pico W	ラズベリー・パイ財団
水分センサ	静電容量式土壌水分センサー	DFRobot
温湿度センサ	SHT31使用高精度温湿度センサモジュールキット	秋月電子通商
グラフィックス・ディスプレイ	QT095B，有機ELディスプレイ 0.95インチ 96×64ドット　RGB，制御ICとしてSSD1331を搭載する	秋月電子通商
フォトリレー	TLP222AF	東芝セミコンダクター
小型ポンプ	WayinTop ミニ小型ポンプ（動作電圧 3〜5V，電流 100m〜200mA）	アマゾン

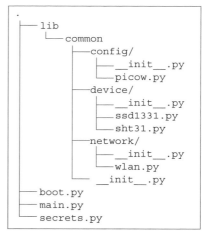

図5　実験に用いた Pico W のプログラム一式

ドボード上で組み立てます．水分センサと小型ポンプはブレッドボードと離れた位置に設置するため，適宜線材を使って延長します．そして，小型ポンプを水を張ったポットなどの容器に沈め，水分センサをプランタの土内に設置したら完成です．

動作実験

　組み立てが終わったら**リスト2**をプログラム格納用フラッシュ・メモリのルート・フォルダに`main.py`という名前で格納します．これにより Pico W の電源投入時や不慮のリセット時に，プログラムが自動的に起動するようになります．動作実験に用いたプログラムは**図5**の通りです．

　プログラムの実行が開始されると，ディスプレイに温度，湿度，水分量測定値が表示されます．また，Google スプレッドシートを開いておくと，10分ごとに最終行にセンサ取得値と日時が追加されていくのを確認できます（**図2**）．

　取得したデータの水分量をスプレッドシートの機能を用いてグラフ化したものが**図6**です．数値が上昇するということは，土が乾いていくことを表しており，水分量がしきい値の30,000に到達すると次の瞬間水分量が一気に下がることから，水やりの効果が得られていることが分かります．また，別途計測していた湿度のデータから，空気が乾燥していた時間帯の水分計測値増加量（乾燥すると計測値が上昇することに注意）が他の時間帯に比べて大きくなっていることも分かりました．

　さらに，水やりの間隔が約42時間であることもグラフから読み取れます．水やり直前の土を触った感触から，まだ水をやらなくても十分な湿り気があるように感じたので，しきい値を30,000以上に上げたり，1

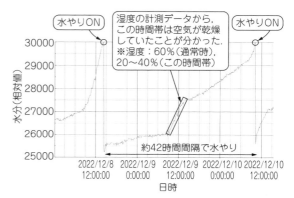

図6　水分量の測定結果

回当たりのポンプ動作時間を短くしたりといった工夫が必要かもしれません．

　このような微調整はクラウド・サービスとして利用できる機械学習によって，さらに自動化することも新たな課題として考えられるでしょう．

◆参考文献◆
(1) RP2040 Datasheet，ラズベリーパイ財団．
　　https://datasheets.raspberrypi.com/
　　rp2040/rp2040-datasheet.pdf
(2) Dot matrix OLED display module Manual QT095B．
　　https://akizukidenshi.com/goodsaffix/
　　qt095b.pdf
(3) 東芝フォトカプラ フォトリレー．
　　https://akizukidenshi.com/goodsaffix/
　　TLP222Aj.pdf

みやた・けんいち

第1章

Wi-Fi通信/排他制御/MQTT通信/A-D変換/I²C/SPI/GPIO/タイマ割り込みなど

モジュールのリファレンス

宮田 賢一

● 凡例

角括弧 [] で囲った仮引数は省略可能であることを意味します．

関数名，引数の仕様
関数の動作説明
<引数>
引数の一覧
<戻り値>
関数の戻り値

● 1.1 フレーム・バッファを扱う… framebuf.FrameBufferクラス

フレーム・バッファを扱うためのframebuf.FrameBufferクラスの主なインターフェースを表1に示します．

表1 framebuf.FrameBufferクラスの主なインターフェース

framebuf.FrameBuffer(buffer, width, height, format, stride=width)
新しいFrameBufferオブジェクトを構築する．
<引数>
• buffer－バッファ操作をサポートするオブジェクト（bytes型とbytearray型）
• width－フレーム・バッファの幅
• height－フレーム・バッファの高さ
• format－ピクセルのタイプ．次のいずれかである．
－framebuf.MONO_VLSB－モノクロ（ビット）．バイト内のビットは垂直方向にマップされる
－framebuf.MONO_HLSB－モノクロ（ビット）．バイト内のビットは水平方向にマップされる．ビット7が左端
－framebuf.MONO_HMSB－モノクロ（ビット）．バイト内のビットは水平方向にマップされる．ビット0が左端
－framebuf.RGB565－RGB（16ビット，5+6+5）
－framebuf.GS2_HMSB－グレー・スケール（2ビット）
－framebuf.GS4_HMSB－グレー・スケール（4ビット）
－framebuf.GS8－グレー・スケール（8ビット）
• stride－水平ラインのピクセル数
<戻り値>
新しいFrameBufferオブジェクト

FrameBuffer.line(x1, y1, x2, y2, c)
座標(x1, y1)から座標(x2, y2)への幅1ピクセルの直線を描画する．
<引数>
• x1－始点ピクセルのx座標
• y1－始点ピクセルのy座標
• x2－終点ピクセルのx座標
• y2－終点ピクセルのy座標
• c－ピクセルの色
<戻り値>
None

FrameBuffer.pixel(x, y [, c])
cを指定しない場合は指定したピクセルの色を取得する．cを指定した場合は指定したピクセルに指定した色を設定する．
<引数>
• x－ピクセルのx座標
• y－ピクセルのy座標
• c－ピクセルの色
<戻り値>
None

FrameBuffer.rect(x, y, w, h, c [, f])
指定した位置(x, y)，サイズ(w, h)，色(c)で矩形を描画する．f引数にTrueを指定すると矩形の内部を塗りつぶす．
<引数>
• x－矩形左上のx座標
• y－矩形左上のy座標
• w－矩形の幅
• h－矩形の高さ
• c－輪郭の色
• f－矩形内を塗りつぶすとき True
<戻り値>
None

FrameBuffer.text(s, x, y [, c])
指定した座標を左上として，指定した文字列を書き込む．全ての文字のサイズは8×8ピクセルである．フォントを変更する方法は現在のところ用意されていない．
<引数>
• s－書き込む文字列
• x－テキスト領域の左上のx座標
• y－テキスト領域の左上のy座標
• c－テキストの色
<戻り値>
None

FrameBuffer.scroll(xstep, ystep)
指定された方向にフレーム・バッファの内容をシフトする．
<引数>
• xstep－x軸方向の移動量
• ystep－y軸方向の移動量
<戻り値>
None

● 1.2　Wi-Fi通信…network.WLANクラス

　Wi-Fiインターフェースを制御するためのnetworkクラスの主なインターフェースを表2に示します.

表2　network.WLANクラスの主なインターフェース

---

network.WLAN(interface_id)

新しいWLANオブジェクトを構築する.
<引数>
- interface_id－インターフェースの識別子を指定する. 現在次の識別子が利用できる.
  - network.STA_IF－ステーション・モードとしてWi-Fiアクセスポイントに接続する.
  - network.AP_IF－アクセス・ポイントとしてWi-Fiネットワークを構成する.
<戻り値>
　新しいWLANオブジェクト

WLAN.active([is_active])

引数が指定された場合はネットワーク・インターフェースを有効化または無効化する. 指定されなかった場合は現在の状態を問い合わせる.
<引数>
- is_active－Trueなら有効化,Falseなら無効化を意味する.
<戻り値>
　現在の状態(TrueまたはFalse)

WLAN.isconnected()

Wi-Fiアクセス・ポイントの接続状態を問い合わせる.
<戻り値>
　ステーション・モードのときは,Wi-Fiアクセス・ポイントに接続していて有効なIPアドレスを持って入ればTrueを返す. アクセス・ポイント・モードのときはステーションが接続していればTrueを返す. それ以外のときはFalseを返す.

WLAN.connect(ssid=None, key=None, *, bssid=None)

指定のWi-Fiネットワークに指定のキー (パスワード)を使って接続する.
<引数>
- ssid－Wi-Fiアクセス・ポイントのSSID
- key－Wi-Fiアクセス・ポイントのパスワード
- bssid－接続するアクセス・ポイントのMACアドレス(省略可能)
<戻り値>
　None

WLAN.status([param])

Wi-Fiネットワークの接続状態を問い合わせる.
<引数>
- param－取得したいパラメータを指定する. 現在STA_IFモードでのrssiのみサポートしている.
<戻り値>
　次のいずれかを返す.
- network.STAT_IDLE－無接続
- network.STAT_CONNECTING－接続中
- network.STAT_WRONG_PASSWORD－パスワード不正により失敗
- network.STAT_NO_AP_FOUND－アクセス・ポイントが応答しないため失敗
- network.STAT_CONNECT_FAILE－その他の問題により失敗
- network.STAT_GOT_IP－接続成功

WLAN.ifconfig([(ip, subnet, gateway, dns)])

ネットワーク・インターフェースのパラメータ(IPアドレス, サブネット・マスク, ゲートウェイ, DNSサーバ)を, それらを要素として持つタブルで設定する. 引数なしで呼び出した場合は, 現在のパラメータを問い合わせる.
<引数>
- (ip, subnet, gateway, dns)－ネットワーク・パラメータ
<戻り値>
　タブル(ip, subnet, gateway, dns)

● 1.3　複数のデータをバイト配列に詰め込む…struct

　複数のデータをバイト配列に詰め込んだり, 1つのバイト配列から指定したフォーマットに従って複数のデータに分解したりするためのインターフェースを表3に示します.

　書式文字列は次の形式を取ります.

　[バイト・オーダ文字][繰り返し回数]フォーマット文字[[繰り返し回数]フォーマット文字]＊

　[ ]は省略可能です. ＊は直前の文字の0回以上の繰り返しを意味します.

　バイト・オーダ文字は1つのデータのバイト順を指定するもので, 表4の中から選びます. 省略した場合は＠が指定されたものと見なします.

　＠を指定した場合(あるいは省略した場合)は, MicroPythonを実行しているマイコン・ボード用のCコンパイラが前提とする(＝マイコン・ボードのCPUアーキテクチャが前提とする)エンディアンやアラインメントが行われているものとします. アラインメントとは, 例えば1バイトのデータであっても3バイト分の余分なデータを付加して4バイトのデータとして扱うような, CPUにとって都合の良いデータに変換することを意味します. その他のバイト・オーダ文字の場合は, アラインメントは行わず, 指定したフォーマット文字のサイズに従って処理されます.

　ネットワーク・バイト・オーダとは, ネットワーク

表3　structモジュールの主な関数

---

struct.pack(fmt, v1, v2, …)

フォーマット文字列fmtに従って値v1, v2, …が詰め込まれたバイト配列を返す

---

struct.unpack(fmt, data)

フォーマット文字列fmtに従って, dataからデータを分解する. 戻り値は分解されたデータのタブルである

表4　バイト・オーダ文字

文　字	バイト・オーダ	アラインメント
＠	ネイティブ	ネイティブ
＜	リトル・エンディアン	無し
＞	ビッグ・エンディアン	無し
！	ネットワーク(ビッグ・エンディアン)	無し

を通してバイナリ・データを送受信する際のバイトの並び順のことで，TCP/IPの場合はビッグ・エンディアンであることが決められています．例えばIPv4のIPアドレスは4バイトですが，これを実際にパケットに詰めて送信する際には，192.168.1.100の16進数表現である0xc0a80164は，その上位桁の0xc0から順に並ぶことになります．使用できるフォーマット文字を**表5**に示します．

表5　struct のフォーマット文字

文字	C言語の型	MicroPythonの型	標準サイズ
b	signed char	integer	1
B	unsigned char	integer	1
h	short	integer	2
H	unsigned short	integer	2
i	int	integer	4
I	unsigned int	integer	4
l	long	integer	4
L	unsigned long	integer	4
q	long long	integer	8
Q	unsigned long long	integer	8
f	float	float	4
d	double	double	8
s	char[]	bytes	繰り返し回数
P	void *	integer	4（RP2040）

● 1.4　指定したコルーチン・オブジェクトから新しいタスクを生成…uasyncio コア関数

uasyncioの主なコア関数を**表6**に示します．

表6　uasyncio の主なコア関数

uasyncio.create_task(coro)
指定したコルーチン・オブジェクトから新しいタスクを生成し，スケジューリングする．   ＜引数＞   • coro－コルーチン・オブジェクト   ＜戻り値＞   　タスク・オブジェクト

uasyncio.run(coro)
指定したコルーチン・オブジェクトから新しいタスクを生成し，コルーチンが完了するまで実行する．   ＜引数＞   • coro－コルーチン・オブジェクト   ＜戻り値＞   　コルーチンの戻り値

uasyncio.sleep(t)
t秒間スリープする．これはコルーチンである．   ＜引数＞   • t－スリープする秒数   ＜戻り値＞   　None

uasyncio.sleep_ms(t)
tミリ秒間スリープする．これはコルーチンである．   ＜引数＞   • t－スリープするミリ秒数   ＜戻り値＞   　None

● 1.5　タスク間の排他制御… uasyncio.Event クラス

タスク間の排他制御のために使うクラスです．主なインターフェースを**表7**に示します．

表7　uasyncio.Event クラスの主なインターフェース

uasyncio.Event()
新しいEventオブジェクトを構築する．イベントの初期値はクリア状態である．   ＜戻り値＞   　新しいEventオブジェクト

Event.is_set()
イベントが設定状態を返す．   ＜戻り値＞   　イベントが設定されていればTrue，設定されていなければFalse

Event.set()
イベントを設定する．イベントを待っているタスクがあれば，それら全てが実行対象としてスケジューリングされる．   ＜戻り値＞   　None

Event.clear()
イベントをクリアする．   ＜戻り値＞   　None

Event.wait()
イベントが設定されるのを待つ．既にイベントが設定されていたらすぐに戻る．これはコルーチンである．   ＜戻り値＞   　None

● 1.6　バイト列で読み書き…uasyncio.Streamクラス

バイト列の読み込みと書き出しのインターフェース
を定義するクラスです．readとwriteが可能な入

出力処理をコルーチンとしてラップするクラスとみる
こともできます．StreamReaderクラスとStream
WriterクラスはStreamクラスの別名です．
Streamクラスの主なインターフェースを**表8**に示し
ます．

表8　uasyncio.Streamクラスの主なインターフェース

uasyncio.Stream(s, e)
新しいStreamオブジェクトを構築する．
<引数>
• s－ストリームを提供するオブジェクト
• e－ストリームに関する任意の情報．辞書で与える．
<戻り値>
Streamオブジェクト

Stream.write(buf)
内部バッファにbufの内容を蓄積する．蓄積したデータはdrainの実行により（そしてその場合のみ）ストリームに出力される．
<引数>
• buf－出力するバイト列
<戻り値>
None

Stream.read(n=-1)
ストリームから最大nバイトを読み取って返す．nが指定されていないか－1の場合，ストリームの最後まで全てのバイトを読み込む．これはコルーチンである．
<引数>
• n－読み込む最大バイト数
<戻り値>
読み込んだデータ（バイト列）

Stream.drain()
バッファの内容を全てストリームに排出する．これはコルーチンである．
<戻り値>
None

● 1.7　JSONデータを扱う…ujsonモジュール

JSONデータを扱うためのモジュールujsonの主

なインターフェースを**表9**に示します．

表9　ujsonの主なインターフェース

ujson.dumps(obj)
MicroPythonのオブジェクトをJSON形式の文字列に変換する．
<引数>
• obj－JSONに変換したいオブジェクト．基本的には辞書を指定する．
<戻り値>
JSON形式の文字列

ujson.loads(str)
JSON形式の文字列をMicroPythonのオブジェクトに変換する．
<引数>
• str－JSON形式の文字列
<戻り値>
MicroPythonのオブジェクト．基本的には辞書になる．

● 1.8　MQTTプロトコル通信…umqtt.simpleモジュール

MQTTを制御するためのモジュールumqtt.
simpleの主なインターフェースを**表10**に示します．

表10　umqtt.simpleモジュールの主なインターフェース

umqtt.simple.MQTTClient(client_id, server, port=0, user=None, password=None, keepalive=0,ssl=False,ssl_params={})
新しいumqtt.simpleオブジェクトを構築する．
<引数>
• client_id－クライアントID
• server－MQTTブローカのホスト名
• port－MQTTのポート番号
• user－MQTTブローカに接続するためのユーザ名
• password－MQTTブローカに接続するためのパスワード
• keepalive－接続確認の時間間隔
• ssl－MQTT over SSLの使用有無
• ssl_params－SSL接続のパラメータ
<戻り値>
新しいumqtt.simpleオブジェクト

MQTTClient.set_callback(f)
ブローカからメッセージを受信したときに呼び出されるコールバック関数を登録する．
<引数>
• f－コールバック関数．関数はf(topic, msg)の形で定義する．
<戻り値>
None

MQTTClient.connect(clean_session=True)
MQTTブローカに接続する．
<引数>
• clean_session－既存のセッションをクリアする場合にTrueを指定する．
<戻り値>
永続セッションを使用する場合はTrueを返す．clean_sessionがTrueのときはFalseを返す．

MQTTClient.subscribe(topic, qos=0)
MQTTトピックを購読（subscribe）する．
<引数>
• topic－トピック（バイト型）
• qos－QOS
<戻り値>
None

表10　**umqtt.simple**モジュールの主なインターフェース（つづき）

MQTTClient.publish(topic, msg, retain=False, qos=0)
MQTTメッセージを発行（publish）する. <引数> • topic－トピック（バイト型） • msg－メッセージ（バイト型） • retain－retainフラグ • qos－MQTTにおけるサービス品質（Quality of Service） <戻り値> 　None

MQTTClient.disconnect()
MQTTブローカから切断する. <戻り値> 　None

MQTTClient.check_msg()
MQTTブローカが保留中のメッセージを持っているかどうかを確認する. もしあればコールバック関数を呼び出す. 無ければすぐに終了する. <戻り値> 　None

● 1.9　HTTP/HTTPSの要求を行う… urequestsモジュール

　HTTP/HTTPSの要求を行う**requests**モジュールの主なインターフェースを**表11**に示します.

表11　**urequests**の主なインターフェース

urequests.get(url, data=None, json=None, headers={})
GET要求を送信する. <引数> • url－URL • data－（オプション）送信するデータ • json－（オプション）JSONとして送信したいデータ • headers－（オプション）HTTPのヘッダ（辞書形式） <戻り値> 　HTTPサーバからの応答

urequests.post(url, data=None, json=None, headers={})
POST要求を送信する. <引数> • url－URL • data－（オプション）送信するデータ（辞書またはタブル） • json－（オプション）要求本体に格納するJSON形式のデータ • headers－（オプション）HTTPのヘッダ（辞書形式） <戻り値> 　HTTPサーバからの応答

● 1.10　ピンのパルス幅を計測… machineモジュール

　ハードウェア関連の関数を提供する**machine**モジュールの主なインターフェースを**表12**に示します.

表12　**machine**の主なインターフェース

machine.time_pulse_us(pin, pulse_level, timeout_us=1000000)
指定したピンのパルス幅を計測し, マイクロ秒単位で返す. ピンの現在の値がpulse_levelと異なる場合は次にピンの値がpulse_levelになるまで待つ. ピンの値が既にpulse_levelと同じ場合はすぐに計測を開始する. <引数> • pin－Pinオブジェクト • pulse_level－"L"のパルスを計測する場合は0. "H"の場合は1を指定する • timeout_us－タイムアウト値を指定する（マイクロ秒単位） <戻り値> 　パルス幅の時間

● 1.11　A-Dコンバータ… machine.ADCクラス

　A-Dコンバータとのインターフェースを提供する**machine.ADC**クラスの主なインターフェースを**表13**に示します.

表13　**machine.ADC**クラスの主なインターフェース

machine.ADC(id)　(Pico, Pico W) machine.ADC(id, *, atten)　(ESP32)
指定されたidに対する新しいADCオブジェクトを構築します. <引数> • id－A-Dコンバータの番号（Pico, Pico Wの場合）, またはPinオブジェクト（Pico, Pico W, ESP32の場合） • atten－入力の減衰レベル（ADC.ATTN_0DB, ADC.ATTN_11DB, ADC.ATTN_2_5DB, ADC.ATTN_60DBのいずれか） <戻り値> 　新しいADCオブジェクト

ADC.read_u16()
アナログ値を読み取り0〜65535の範囲の整数を返す. <戻り値> 　A-D変換値（0〜65535. A-Dコンバータに読み取られた値は0〜65535になるようにスケーリングされる）

● 1.12 I²Cでデータの送受信…machine.I2Cクラス

I²Cペリフェラルとのデータの送受信をするためのクラスmachine.I2Cの主なインターフェースを表14に示します.

表14 machine.I2Cクラスの主なインターフェース

I2C.readfrom_into(addr, buf, stop=True)
addrで指定されたI²Cペリフェラルから受信したデータをbufに読み込む. 読み取られるバイト数はbufの長さとなる. <引数> ・addr - I²Cアドレス ・buf - データを読み込むバッファ. bytearray型のオブジェクトを指定する. ・stop - Trueの場合は転送終了時にストップ・ビットを送信する. <戻り値> 　None

machine.I2C(id, *, scl, sda, freq=400000)
新しいI2Cオブジェクトを構築する. <引数> ・id - I²Cペリフェラルの識別番号 ・scl - SCLとして使用するPinオブジェクト ・sda - SDAとして使用するPinオブジェクト ・freq - SCLの周波数 <戻り値> 　新しいI2Cオブジェクト

I2C.writeto(addr, buf, stop=True)
addrで指定されたI²Cペリフェラルにbufに格納されているデータを書き込む. データ書き込みに続いてNACKを受信した場合, 残りのデータは書き込まない. <引数> ・addr - I²Cアドレス ・buf - 書き込むデータを格納するバッファ. bytes型またはbytearray型のオブジェクトを指定する. ・stop - Trueの場合は転送終了時にストップ・ビットを送信する. <戻り値> 　受信したACKの数

● 1.13 GPIOを扱う…machine.Pinクラス

汎用のGPIOを扱うためのクラスmachine.Pinの主なインターフェースを表15に示します.

表15 machine.Pinクラスの主なインターフェース

machine.Pin(id, mode=None, pull=None, *, value=None)
新しいPinオブジェクトを構築する. <引数> ・id - GPIOのピン番号. Pico Wの場合はオンボードLEDとしてLEDを指定可能 ・mode - ピンのモード(Pin.IN, Pin.OUT, Pin.OPEN_DRAIN) ・pull - プルアップ/プルダウン抵抗を接続するかを指定(None, Pin.PULL_UP, Pin.PULL_DOWN) ・value - (Pin.OUTかPin.OPEN_DRAINの場合のみ)ピンの初期値 <戻り値> 　Pinオブジェクト

Pin.on()
ピンの出力レベルを '1' にする. <戻り値> 　None

Pin.OFF()
ピンの出力レベルを '0' にする. <戻り値> 　None

Pin.toggle()　※ Pico, Pico Wのみ
ピンの出力レベルを反転する. <戻り値> 　None

Pin.value([x])
引数を省略した場合はピンの論理レベルを取得する. 引数を指定した場合はピンに論理レベルを設定する. <引数> ・x - mode.OUTの場合はピンに設定する論理レベル. 論理型に変換できるものであればどんな値でもよい. <戻り値> 　ピンのモードがPin.INの場合はピンの論理レベル, Pin.OUTの場合はNone

Pin.irq(handler=None, trigger, *, hard=False) (Pico, Pico W) Pin.irq(handler=None, trigger, *, wake=None) (ESP32)
ピンに割り込みハンドラを設定する. ピンのモードによって次の状態でトリガがかかる. ・Pin.INの場合：ピンの外部値 ・Pin.OUTの場合：ピンの出力バッファ ・Pin.OPEN_DRAINの場合：状態 '0' の出力バッファと状態 '1' の外部ピン値 <引数> ・handler - トリガがかかったときに呼び出される関数. この関数は引数としてPinクラスのインスタンスを必ず1つとる. ・trigger - 割り込みを生成できるイベント(Pin.IRQ_FALLING, Pin.IRQ_RISING, Pin.IRQ_LOW_LEVEL, Pin.IRQ_HIGH_LEVEL). これらを論理和演算で組み合わせてもよい. ・hard - (Pico, Pico Wのみ) Trueの場合, ハードウェア割り込みを使用する. ・wake - (ESP32のみ)システムを起床させる電源モードを選択する(machine.IDLE, machine.SLEEP, machine.DEEPSLEEP) <戻り値> 　コールバック・オブジェクト

● 1.14　SPIでデータの送受信…
machine.SPIクラス

SPIペリフェラルとのデータの送受信をするためのクラスmachine.SPIの主なインターフェースを表16に示します.

表16　machine.SPIクラスの主なインターフェース

machine.SPI(id, *, baudrate=500000, *, 　　　polarity=0, phase=0, bits=8, firstbit=MSB, 　　　　　　　sck=None, mosi=None, miso=None)
新しいSPIオブジェクトを構築する. <引数> ・id－SPIペリフェラルの識別番号 ・baudrate－SPIのクロックの周波数 ・polarity－クロック極性 ・phase－クロック位相 ・bits－転送データのビット幅 ・firstbit－転送するデータの最初のビット（SPI.MSBまたはSPI.LSB） ・sck－SCK用のPinオブジェクト ・mosi－MOSI用のPinオブジェクト ・miso－MISO用のPinオブジェクト <戻り値> 　新しいSPIオブジェクト

SPI.readinto(buf, write=0x00)
writeで指定した1バイトを連続で書き込みながら，bufで指定したバッファに読み込む. <引数> ・buf－データを読み込むバッファ. bytearray型のオブジェクトを指定する ・write－読み込みと同時に送信する1バイトのデータ <戻り値> 　None

表18　machine.UARTクラスの主なインターフェース

UART.any()
ブロックせずに読み込める文字数を返す. 読み込める文字がない場合は0，ある場合はその数 <戻り値> 　読み込める文字がない場合は0，ある場合はその数

UART.read([nbytes])
文字列を読み込む. nbytesを指定した場合は最大でそのバイト数を読み込む. タイムアウトにより早く戻ることがある. タイムアウト値はコンストラクタで指定可能. <引数> ・nbytes－読み込む最大バイト数 <戻り値> 　読み込んだバイト列. タイムアウト時はNoneを返す

UART.readline()
改行文字で終わる行を読み込む. タイムアウトにより早く戻ることがある. タイムアウト値はコンストラクタで指定可能. <戻り値> 　読み込んだ1行. タイムアウト時はNoneを返す

UART.write(buf)
バッファのバイト列を書き込む. <引数> ・buf－書き込むバイト列 <戻り値> 　書き込まれたバイト数. タイムアウト時はNoneを返す

● 1.15　タイマ割り込み…
machine.Timerクラス

タイマ割り込みを扱うためのクラスmachine.Timerの主なインターフェースを表17に示します.

表17　machine.Timerクラスの主なインターフェース

machine.Timer([id])　（Pico, Pico W） machine.Timer(id)　　（ESP32）
新しいTimerオブジェクトを構築する. <引数> ・id－タイマID ※Picoは－1のみ（省略可能），ESP32は0〜3のいずれかを指定可能 <戻り値> 　Timerオブジェクト

Timer.init(*, mode=Timer.PERIODIC, period=-1, callback=None)
タイマを初期化する. <引数> ・mode－タイマのモード（Timer.ONE_SHOT, Timer.PERIODIC） ・period－タイマ期間 ・callback－タイマ期間が終了したときに呼び出されるコールバック関数. コールバック関数はタイマ・オブジェクトを受けとるための引数を1つ取る. <戻り値> 　None

Timer.deinit()
タイマを非初期化する. <戻り値> 　None

● 1.16　UARTでデータの送受信…
machine.UARTクラス

UARTを扱うためのクラスmachine.UARTの主なインターフェースを表18に示します.

みやた・けんいち

machine.UART(id, baudrate=9600, bits=8, parity= 　　None, stop=1, *, tx, rx, cts, rts, timeout, 　　　timeout_char, invert, flow, txbuf, rxbuf)
新しいUARTオブジェクトを構築する. <引数> ・id－UARTペリフェラルの識別番号 ・baudrate－ボー・レート ・bits－1文字当たりのビット数. 7，8，9を指定可能. ・parity－パリティ・ビット. None，0（偶数），1（奇数）を指定可能. ・stop－ストップ・ビット. 1または2を指定可能. ・tx－TXピン ・rx－RXピン ・cts－CTSピン ・rts－RTSピン ・timeout－最初の文字を待つ時間（ミリ秒単位） ・timeout_char－文字間の待機時間（ミリ秒単位） ・invert－極性判定（0, UART.INV_TX, UART.INV_RX） ・flow－ハードウェア・フロー制御のビット・マスク（0, UART.RTS, UART.CTS） ・txbuf－送信バッファの文字数 ・rxbuf－受信バッファの文字数 <戻り値> 　UARTオブジェクト

第2章

変数値の埋め込み / 書式文字列 / フォーマット済み
文字列リテラル

文字列のフォーマット

宮田 賢一

表1　書式文字列のパラメータの意味

パラメータ	意　味	指定値	設定の意味
fill	パディング文字	任意の文字	パディング幅に足りないときに埋める文字
align	文字の配置方法	"<"	左寄せ
		">"	右寄せ
		"="	符号の後ろをゼロ埋め
		"^"	中央寄せ
sign	符号の付け方	"+"	正の場合"+"，負の場合"-"
		"-"	正の場合なし，負の場合"-"
		" "	正の場合" "，負の場合"-"
#	typeと連動して別形式で表示	"#"	"b", "o", "x", "X"のとき"0b", "0o", "0x", "0X"を前置
			"f", "F"のとき必ず小数点を付加
			"g", "G"のとき，最後の0を除去しない
0	ゼロパディング	"0"	符号と数値の間をゼロで埋める
width	最小幅	整数	文字列を割り当てる最小幅
,	3桁区切り表示	","	整数部を3桁で区切ってカンマを挿入
.precision	小数点以下の桁数	整数	小数点以下の桁数
type	表示型	"b"	2進数
		"c"	1文字
		"d"	10進数
		"e", "E"	浮動小数の指数表記
		"f", "F"	浮動小数の固定小数表記
		"g", "G"	指数表記と固定小数表記の併用
		"n"	"d"と同じ
		"o"	8進数
		"s"	文字列
		"x", "X"	16進数
		"%"	パーセント表記

● 2.1 変数値の埋め込み

　変数の値を文字列に埋め込みたいとき，文字列中に波括弧で囲まれた置換フィールドを埋め込んでおき，この文字列に対してformat()関数を使って置換フィールドを実際の値で置換できます．例えば次のように使います．

```
>>> "{} + {} = {}".format(1, 3, 4)
'1 + 3 = 4'
```

　この例では文字列中に3つの置換フィールドが含まれています．これに対して「文字列.format()」という形で呼び出すと，format関数に与えた引数と同じ順番で文字列中の置換フィールドに引数の値が埋め込まれます．

　置換フィールドを{番号}という形で指定すると，format関数の引数の番号を使って任意の順序，かつ同じ引数を複数回使って置換することもできます．

```
>>> "{1} = {0} * {0}".format(9, 81)
'81 = 9 * 9'
```

● 2.2 書式文字列

　波括弧で囲われた置換フィールドに対して，{書式文字列}または{番号:書式文字列}のようにコロン

リスト1　書式文字列を組み合わせると柔軟な表現が可能になる

```
# 幅10で整数を左寄せ
>>> "|{:10d}|".format(10)
'|        10|'
# 小数点以下2桁，全体幅10，浮動小数
>>> "|{:10.2f}|".format(123.456)
'|    123.46|'
# 16進数，接頭辞0x付与
>>> "|{:#x}|".format(32768)
'|0x8000|'
# 16進数，8桁固定，上位桁をゼロ埋め
>>> "|{:08x}|".format(10)
'|0000000a|'
# 文字列を右寄せ，ピリオドでパディング
>>> "|{:.>10s}|".format("Hello")
'|.....Hello|'
# 小数点以下1桁のパーセント表記
>>> "|{:.1%}|".format(0.5678)
'|56.8%|'
```

リスト2　文字列リテラルの先頭にfを置くことで置換フィールド内に式を書ける

```
>>> v = 100
>>> print(f"square of {v} = {v**2}")
square of 100 = 10000
>>> import math
>>> print(f"sin({math.pi}/4) = {math.sin(math.
                                    pi/4)}")
sin(3.141593/4) = 0.7071068
```

リスト3　書式文字列との組み合わせも可能

```
>>> print(f"{math.pi:.2f}")
3.14
>>> print(f"{math.pi:.10f}")
3.1415927410
```

に続けて特別な文字列を指定すると，置換フィールド部分を整形できます．特別な文字列を書式文字列と呼び，次の形式で定義されます．各パラメータの意味を**表1**に示します．

[[fill]align] [sign] [#] [0] [width] [,]
[.precision] [type]
[] は省略可能であることを意味する

　各パラメータを組み合わせると非常に柔軟なフォーマットが可能です．**リスト1**に例を挙げます．

● 2.3 フォーマット済み文字列リテラル（f文字列）

　変数値の埋め込みの発展系として，文字列リテラルの先頭にfを置くことで置換フィールド内に式を書くことができ，式の計算結果でその部分を置き換えられます（**リスト2**）．

　書式文字列との組み合わせも可能です（**リスト3**）．

みやた・けんいち

UART接続でHTTPやMQTT通信！
ダウンロードから書き込み方法まで

第3章 ESP32をWi-Fiモジュールとして使う方法

宮田 賢一

ESP32にメーカ提供のファームウェアを書き込むと，ATコマンドでWi-Fi通信ができるようになります．

● ダウンロード

(1) ATコマンド用のファームウェアの一覧サイトにアクセスします．

`https://docs.espressif.com/projects/esp-at/en/latest/esp32/AT_Binary_Lists/esp_at_binaries.html`

(2) ファームウェアを書き込みたいESP32ボード用のファームウェアの最新版を選択してPC上にダウンロードします．ESP32-DevKitCの場合は，ファイル名が`ESP32-WROOM-32_AT_Bin_V3.2.0.0.zip`となります．

(3) ダウンロードしたファイルをPC上で解凍します．

(4) `factory`フォルダの中にある`factory_WROOM-32.bin`がATコマンド・モード用のファームウェアです．このファイルを作業用のフォルダにコピーしてください．ここではWindows PC上の`C:¥work`にコピーしたものとします．

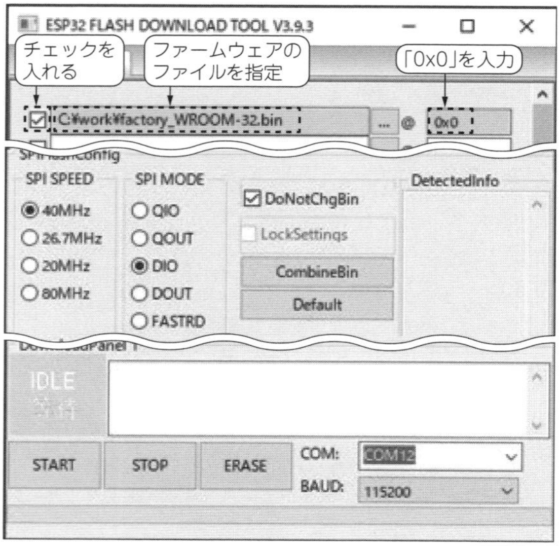

図1　ファームウェアの選択と書き込み実行画面

● 書き込み

(5) ファームウェアをESP32-DevKitCに書き込みます．PCのOSによって書き込み用のツールが異なります．

Flash Download Tools for Windowsを使用します．次のウェブ・ページから最新版のzipファイルをダウンロードします．ここでは`flash_download_tools_3.9.5.zip`を使用します．

`https://www.espressif.com/en/support/download/other-tools`

解凍したフォルダの直下にある`flash_download_tools_3.9.5.exe`をダブルクリックしてツールを起動します．

設定画面が開くので，ChipTypeを［ESP32］，WorkModeを［Develop］とそれぞれ選択して［OK］ボタンをクリックします．

書き込むファームウェアの選択画面が開きます．最初の行のチェック・ボックスをチェックし，ファームウェアのファイル（`C:¥work¥factory_WROOM-32.bin`）とアドレス（0x0）をそれぞれ入力します（**図1**）．

ESP32-DevKitCをPCにUSBで接続します．画面下部のオプション設定で，SPI SPEEDを40MHz，SPI MODEをDIO，DoNotChgBinにチェック，COMにESP32-DevKitCを接続したシリアル・ポート，BAUDに115200をそれぞれ指定します．

指定した内容を確認して，［START］ボタンをクリックします．

最後に左下部分に「FINISH」と表示されたら終了です．

◆参考文献◆

(1) AT Command Set，Espressif Systems.
`https://docs.espressif.com/projects/esp-at/en/latest/esp32/AT_Command_Set/`

みやた・けんいち

MQTT X，Talend API Tester

第4章 MQTT クライアントや REST APIの設定

宮田 賢一

4.1 MQTT クライアント MQTT Xの設定

● インストール

最初に次のURLからmacOS，Windows，LinuxのいずれかのインストーラをダウンロードしてPCにインストールしてください.

```
https://mqttx.app/
```

● MQTTメッセージの購読

MQTTメッセージを購読(subscribe)するには，次の手順で設定します.

(1)[+ New Connection]をクリックする(図1).
(2)「General」ペイン(図2)で次の情報を入力して画面右上の[Connect]をクリックする.
・Name - MQTTブローカに対する任意の名前

・Client ID - 接続するクライアント(MQTT X)を識別する任意の文字列
・Host - 接続するMQTTブローカ. test.mosquitto. orgを使用する場合はプロトコルとしてmqtt://, ホスト名として，test.mosquitto.orgを指定する.
・その他は必要に応じて設定する. 何もなければデフォルト値
(3)[+ New Subscription]をクリックする.
(4)図3の画面で以下の情報を入力して画面右下の[Confirm]をクリックする
・Topic - 購読したいトピック文字列
・QOS - MQTTブローカに対するQoS
・その他は必要に応じて設定する. 何もなければデフォルト値

これでMQTTメッセージの購読を開始します. MQTT publisherから上記で設定したトピックを発行

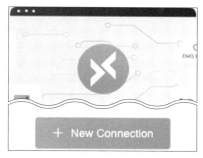

図1　MQTT Xツール上で[+ New Connection]をクリック

図3　新規購読の設定

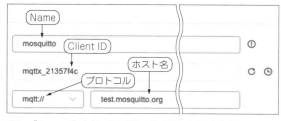

図2　「General」ペインで名前やクライアントIDを入力

図4　トピック/esp32at/dataに対してメッセージtestを発行

121

して，MQTT上に表示されることを確認します．**図4**はトピック/esp32at/dataに対してメッセージtestを発行したときの表示例です．

4.2 Talend API Testerの設定

ChromeブラウザからREST APIを発行するための拡張機能 Talend API Testerのインストール方法を示します．

● 4.2.1 インストールの手順

(1) chromeウェブストアにアクセスする．
https://chrome.google.com/webstore/category/extensions
(2) Talend API Testerを検索する．
(3) 検索結果からTalend API Tester - Free Edition を選択してChromeに追加する．
(4)（オプション）Chromeの拡張機能アイコンから Talend API Testerのピン・アイコンをクリックし，ツール・バーにピン留めする．

● 4.2.2 実行するREST APIの登録

次の条件でREST APIのエンドポイントを登録する手順を示します．
・ホスト名：https://example.jp
・APIパス：/path/to/thing
・Basic認証のユーザ名：USER_NAME
・Basic認証のパスワード：PASSWORD
・送信するデータの形式：text/plain
(1) Chromeの拡張機能から[Talend API Tester]の

アイコンをクリックする．
(2) 画面左上の[New draft request]ボタンをクリックする．
(3) 次の情報を入力する．
・METHOD - POST
・SCHEME - https://example.jp/path/to/string
・HEADERS - Content-Typeにtext/plainを入力
・[Add Authorization]をクリックして認証情報を入力して[Set]をクリック
・Username - USER_NAME
・Password - PASSWORD
・Body - 送信するデータ
(4) 画面右上の[Save as]をクリックする．
(5)（初回および新規プロジェクト作成時のみ）[+ Create]をクリックし「Project」を選択する．
(6)（初回および新規プロジェクト作成時のみ）Projectフィールドに任意のプロジェクト名を入力して[Add]をクリックする．
(7) Nameに保存したいREST APIの名前を入力して[Save]をクリックする．

● 4.2.3 REST APIの実行

(1) Chromeの拡張機能からTalend API Testerのアイコンをクリックする．
(2) 画面左のREST APIの一覧から実行したいものをクリックする．
(3) 画面右側から[Send]をクリックする．

みやた・けんいち

OpenWeather API, Shiftr.io, Sigfox, スプレッドシート

第5章
天気予報/MQTT/920MHz通信/
クラウド表…ウェブ・サービスの設定

宮田 賢一

5.1 天気予報の取得 OpenWeather API

● 5.1.1 商用でも利用できる

　Pico WやESP32からREST APIを使用する例として，OpenWeatherMapのAPIサービスによる天気予報の取得を取り上げます．

　OpenWeatherMapは，英国OpenWeather社が提供しているオンライン・サービスで，ITの専門家とデータ・サイエンティストのチームによって運営されています．世界各地での過去および現在の気象データに加え，機械学習を基にした分単位での天気予報や降水量予測，さらに太陽放射量や大気汚染データなど，気象に関するさまざまなデータをAPIを通して提供しています．OpenWeatherMapが提供する地図やAPIはCC BY-SA 4.0[注1]，データとデータベースはODbL[注2]に基づいて商用・非商用で自由に利用できます[注3]．

● 5.1.2 利用手順

(1) OpenWeatherにアクセスします．
`https://openweathermap.org`
(2) ページ上部の「Sign in」をクリックします．
(3) [Create an Account]をクリックしてアカウントを作成します．年齢とプライバシ・ポリシの確認に対して問題なければチェック・ボックスにチェックし，OpenWeatherからのお知らせの受信をするかどうかを必要に応じてチェックします．

注1：Creative Commons Attribution-ShareAlike 4.0
　　作品を複製，頒布，展示，実演を行うにあたり，著作権者の表示を要求し，作品を改変・変形・加工してできた作品についても，元になった作品と同じライセンスを継承させた上で頒布を認める．
注2：Open Data Commons Open Database License
　　ユーザによる自由な共有，改変，他人と同じ自由を保持しながらデータベースを使用できるようにする継承ライセンス契約
注3：OpenWeatherの利用条件．`https://openweather.co.uk/storage/app/media/Terms/Openweather_terms_and_conditions_of_sale.pdf`

リスト1　現在の天気を取得できる（Linux環境の例）

```
$ API_KEY="xxxxxxxx"
$ curl -s "https://api.openweathermap.org/data/2.5/
   weather?q=Tokyo&units=metric&APPID=${API_KEY}" |
                        python -m json.tool
{
    "coord": {
        "lon": 139.6917,
        "lat": 35.6895
    },
    "weather": [
        {
            "id": 211,
            "main": "Thunderstorm",
            "description": "thunderstorm",
            "icon": "11n"
```

(4) 所属会社とAPIの利用目的に対して適宜入力します．個人の実験目的であれば「Individual」と「Other」と入力しておくのがよいでしょう．
(5) 検証メールが届くので，内容を確認してメール内のリンクにアクセスします．
(6) 無償プランで使えるAPI keyが記されたメールが届きます．同じものがOpenWeatherサイト上の自分のアカウント情報にあるMy API keyからも参照できます．発行されたAPI keyが実際に使えるようになるまで数分から数時間かかることがあります．もしLinux環境があれば，リスト1のコマンドによって東京地方の現在の天気がJSONで得られます．

5.2 MQTTブローカ Shiftr.io

　クラウド上でMQTTブローカのサービスを提供しているshiftr.ioの設定手順を説明します．アクセス頻度や接続するMQTTクライアントの数に応じて料金プランが用意されていますが，ここでは無償プランを使うための手順を記します．

● 5.2.1 アカウントの作成
(1) shiftr.ioのサイトにアクセスします．
`https://www.shiftr.io/cloud/`

(2) 画面右上の「Sign Up」をクリックします.

(3) 名前とメール・アドレスを入力し,「私は人間です」をチェックして「Sign Up」をクリックします.

(4) 入力したメール・アドレスに届いたメールを開き,メール・アドレス検証用のリンクをクリックします.

(5) ブラウザに戻ってメール・アドレスと新しいパスワードを入力し,「Create Account」をクリックします.

(6)「Sign In」をクリックします.

(7) サイン・インできたことを確認します.

● 5.2.2 インスタンスの作成

MQTT ブローカ機能をクラウド上で提供するインスタンスを作成します.

(1) shiftr.io のサイトにアクセスします.

`https://www.shiftr.io/cloud/`

(2) 画面右上の［Deploy］メニューをクリックします.

(3)（初回のみ）任意のグループ名を入力して［Create Group］をクリックします. なお, グループとは課金の単位のこと. グループ内には複数のインスタンス（MQTT ブローカ）を持てます.

(4)「Deploy Instance」をクリックします.

(5) Deploy 画面で次の情報を入力します.

- Plan：無償プランを利用する場合は Basic を選択
- Choose a name for your instance：作成するインスタンス名. デフォルトのままで良い
- Adjust the unique domain name of your instance：作成するドメイン名. デフォルトのままで良い
- Billing：課金するグループ名（MyGroup）を選択する
- その他はデフォルト値のままとする

(6)「Summary」ペインに表示される料金が $0.00 であることを確認して「Deploy Instance」をクリックします.

(7)「Instances」中のグループ名内にあるインスタンス名をクリックします.

● 5.2.3 インスタンスの起動

作成したインスタンスを起動することで, MQTT ブローカとして使えるようになります.

(1) shiftr.io のサイトにアクセスします.

`https://www.shiftr.io/cloud/`

(2) 画面右上の「Instances」メニューをクリックします.

(3) 作成したインスタンス名をクリックします.

(4) サイン・イン要求の画面が出たら「Sign In」をクリックします.

(5) Authorization 画面が出たら「Allow Request」をクリックします.

(6) Welcome 画面が出たら「Get started」をクリックします.

(7) 画面右下にある歯車のアイコンをクリックします.

(8)「Settings」画面の左にある「Tokens」メニューをクリックします.

(9) 画面右側の「Tokens」ペインから「Create Token」をクリックします.

(10) New Token 画面で「Create Token」をクリックします.

(11) Tokens 画面に表示される New Token のフィールドにある文字列をメモしておきます. 次のような文字列になっています.

`mqtt://INSTANCE:TOKEN@DOMAIN.cloud.shiftr.io`

(12) Settings 画面の外側をクリックして Settings 画面を閉じます.

5.3 Sigfox クラウド

● 5.3.1 デバイスの登録

Sigfox ブレークアウト・ボード BRKWS01（仏 SNOC 社）を Sigfox クラウドに登録します. Sigfox クラウドに関する技術的な情報は次のサイトからたどれるリンクを参照してください.

`https://www.kccs.co.jp/sigfox/buy/flow/`

● 回線契約の購入

1 年間有効な回線契約を購入します. 日本国内で Sigfox デバイスを使用する場合の方法を記します.

(1) Sigfox Buy ポータルにアクセスします.

`https://buy.Sigfox.com/buy`

(2)「Country」から「Japan」を選択します.

(3)「KYOCERA Communication System Co., Ltd.」が表示されていることを確認し,「Buy connectivity」をクリックします.

(4) 契約する回線プランを選択します. 以降の説明では Discovery プランを選びます.

(5)「Show me the discovery plan」をクリックします.

(6) 購入するプランの詳細を選択します. 本書では括弧内のオプション（1, 140, "No Atlas"）を選択します.

- How many devices would you like to connect?：購入する回線数（1）
- Number of messages per day per device：1 日当たりの通信回数（140）
- Activate Atlas Native：Atlas Native（Sigfox 基地局をベースにした位置測定サービス）の購入有無（No Atlas）

(7)「Purchase summary」に表示される購入金額を確認し，問題がなければ「Buy」をクリックします．

(8) ユーザ情報を入力します．既にアカウントを持っている場合は「I already have a Sigfox account」のリンクをクリックします．

- First name：ユーザの姓
- Last name：ユーザの名
- Email：メール・アドレス
- Company：会社名（Sigfox クラウド上で表示されるGroup名）．実在の会社名でなくても登録可能．既にSigfox クラウド上に存在する会社名は使用できない
- Country：Japan
- Street address：町名，番地
- City：市町村名，都道府県名
- Zip code：郵便番号
- VAT number：VAT番号．空欄でよい．

(9) [Proceed to payment] をクリックします．

(10) クレジット・カードの情報を入力します．

- Card holder name：カード所有者の氏名
- Card number：カード番号
- Expiration data：カードの有効期限
- Code：カード裏面に記載の3けたのCVCコード

(11) 最後にPurchase summaryの金額を確認し，「Confirm payment」をクリックします．これにより請求が行われます．

(12) 購入が完了したことを確認します．

● Sigfox クラウドのアカウント設定

購入が完了すると，登録したメール・アドレスに購入完了のメールが届きます．Sigfox クラウドのアカウントをまだ持っていない場合は次の手順でアカウントを設定します．

(1) 購入完了メール中にあるSigfox Cloud password set-upのリンクをクリックします．

(2) 開いたブラウザ上で，メール・アドレスを入力してOKをクリックします．

(3) 送られてきたメール中にあるパスワード設定用のリンクをクリックします．

(4) 開いたブラウザ上で，設定するパスワードを入力します．

(5) Terms and conditions of use of the Sigfox Portal and APIsのポップ・アップ画面が開いたら，内容を確認して [Accept] をクリックします．

● デバイスの登録

次にSigfox デバイスをSigfox クラウドに登録します．

(1) 先ほど作成したSigfox クラウドのアカウントまたは既に所有するアカウントを使ってSigfox クラウドにログインします．

`https://backend.sigfox.com/`

(2) 画面上部の「DEVICE TYPE」メニューをクリックします．

(3) 画面上部の「New」をクリックします．

(4)「Select a group」ダイアログで回線購入時に設定した会社名をクリックします．

(5) デバイスの情報を入力します．

- Name：デバイスを割り当てるデバイス・タイプの名前．デバイス・タイプとは複数のデバイスをグループとしてまとめたもの．購入した回線契約は，デバイス・タイプの単位でひも付けられる．ここではIoT testというデバイス・タイプを設定
- Description：デバイス・タイプの説明文
- Contracts：デバイス・タイプにひも付ける回線契約．フィールド内部をクリックすると，ひも付けられる契約が表示されるので，選択する

(6) 入力が終わったら [OK] ボタンをクリックします．

(7) 画面上部の「DEVICE」メニューをクリックします．

(8) 画面上部の [New] ボタンをクリックします．

(9)「Select a group」ダイアログで回線購入時に設定した会社名をクリックします．

(10) デバイスの情報を入力します．

- Identifier：Sigfox デバイスのID．BRKWS01の場合は，モジュール購入時の導電袋にIDが記されたラベルが貼付されている
- Name：デバイス名．デバイスを識別できるような任意の文字列を入力する
- PAC：デバイスのPAC．BRKWS01の場合はモジュール購入時の導電袋にPACが記されたラベルが貼付されている
- End product certificate：Sigfox Ready certificate の認証番号．未認証の場合は「Where can I find the end product certificate?」をクリックして，「Register as a prototype」チェック・ボックスをチェックします．BRKWS01はP_0028_9789_01となる
- Type：デバイス・タイプを選択する
- Lat, Lng：デバイスを固定的に設定する場合はその場所の緯度（Latitude）と経度（Longitude）を入力する

(11) 入力した内容を確認して「OK」をクリックします．

これでデバイスの登録が完了です．画面上部の「DEVICE」メニューをクリックすると，登録したデバイスの情報を確認できます．

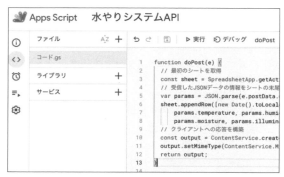

図1 エディタ画面にGoogle Apps Scriptによるプログラムを入力

図2 「種類の選択」から「ウェブアプリ」を選んで必要な情報を入力

5.4 Googleスプレッドシート

● 5.4.1 シートの作成

　Googleアカウントを既に持っていることを前提とします．まだアカウントを持っていない場合は次のサイトを参考にして作成してください．

```
https://www.google.com/intl/ja/
account/about/
```

(1) Googleスプレッドシートのサイトにアクセスします．

```
https://docs.google.com/
spreadsheets/
```

(2) Googleアカウントを入力してログインします．
(3) 画面上部の「新しいスプレッドシートの作成」から空白のシートを作成します．
(4) スプレッドシートの名前を入力します．
　これでスプレッドシートの作成は完了です．

● 5.4.2 Google Apps Scriptによるマクロの作成と公開

　作成したスプレッドシートに対してGoogle Apps Scriptによりマクロを作成し，インターネット上に公開する手順を示します．
(1) 次のサイトから作成済みのスプレッドシートを開きます．

```
https://docs.google.com/
spreadsheets/
```

(2) メニューの「拡張機能」から「Apps Script」を選択します．
(3) 画面上部でプロジェクト名を入力します．
(4) エディタ画面にGoogle Apps Scriptによるプログラムを入力します（図1）．
(5) 画面右上の「デプロイ」をクリックし，「新しいデプロイ」を選択します．

(6) 「種類の選択」から「ウェブアプリ」を選んで必要な情報を入力します（図2）．
・説明文：マクロの説明文（任意）
・次のユーザとして実行：マクロを実行するユーザ．通常は自分のGoogeアカウントを選択する
・アクセスできるユーザ：作成したマクロにアクセスできるユーザ．認証無しでアクセスさせるためには「全員」を選択する
(7) 入力が終わったら［デプロイ］をクリックします．
(8) 「アクセスを承認」をクリックします．
(9) アカウントの選択画面が出たら，自分のGoogleアカウントを選択します．
(10) 未検証のアプリケーションであることを意味する「Google hasn't verified this app」という警告画面が出たら，「Advanced」のリンクをクリックして，「Go to プロジェクト名（unsafe）」のリンクをクリックします．
(11) Googleアカウントへのアクセス要求画面が出たら［Allow］をクリックします．
(12) 表示されたウェブ・アプリのURLをメモしておきます．
　これでマクロのインターネットへの公開が完了です．表示されたウェブ・アプリのURLを使って，外部のアプリケーションからスプレッドシートの操作ができるようになります．

みやた・けんいち

特別付録

ESP32
で
すぐ使える

逆引き
MicroPython
プログラム集

イントロ
ダクション

コンパイル不要，シンプルな言語仕様，
豊富なライブラリ…

MicroPython が
プロトタイプ開発に向く理由

角 史生

表1　本付録で扱うプログラムのテーマ

章番号	テーマ
1	開発環境の準備
2	スイッチ入力/ボリューム入力
3	センサ入力
4	PWM出力で光る/動く/鳴る
5	ディスプレイ出力
6	シリアル通信
7	シリアル通信接続例
8	ファイル操作
9	クラウド通信/サーバ機能
10	スリープ機能
11	タイマ機能
12	コード改善
13	メモリ管理

MicroPython は，プログラミング言語 Python の実装の1つで，マイコン上での動作に最適化された言語処理系です．Python3 と高い互換性を持っているので，マイコンに慣れていない初心者でも開発しやすいという特徴を持ちます．

特別付録では，スイッチをつなぎたい，センサ値を読みたい，LCDに表示したいなどの目的別に MicroPython プログラムを紹介します（表1）．

Wi-Fi/Bluetooth 接続機能を持ち，数百円で購入できる無線マイコン・モジュール ESP32-WROOM-32E（Espressif Systems）を実際に動かしながら解説します．

MicroPython が
プロトタイプ開発に向いている理由

MicroPython はリソースの少ないマイコン上で Python3 と同じようにプログラミングできる環境の実現を目指して開発されました．MicroPython の特徴が活かせる開発用途としてプロトタイプ開発が挙げられます．プロトタイプ開発では，試作，テスト，修正を繰り返しながら開発が進みますが，MicroPython を用いることで得られるメリットを次に整理します．

● 理由1…対話インタープリタ・モードが使える

Python/MicroPython はインタープリタ型言語です．インタープリタは，マイコンやコンピュータで解釈できるように変換し実行する機能があります．このため，コンパイル不要で実行したいコードや確認したい変数をコンソールから入力すると，すぐに実行され結果が得られます．この機能は対話インタープリタ・モードREPLと呼ばれます（Read, Evaluate, Print, Loop）．対話インタープリタ・モードを活用することでプロトタイプ開発を効率良く進めることができます．

例えばCMOSカメラ・モジュールなどの周辺機器を制御するソフトウェアを開発する際に，コンパイル型言語と，インタープリタ型言語による難易度の違いを比較してみましょう．

まず仕様書やサンプル・コードを参照して，制御レジスタの操作方法や設定パラメータを理解し，テスト・プログラムを作成します．テストを繰り返しながら希望した動作になるまでソフトウェアを修正します．

▶コンパイル型言語での開発の場合

C言語やArduinoなどのコンパイル型言語でのソフトウェア開発を図1に示します．
1. PC上でプログラムを作成
2. コンパイラによりマイコンで実行可能なファイルに変換（コンパイル）
3. 変換したバイナリ・ファイルをマイコンのフラッシュ・メモリに書き込む
4. プログラムを実行
5. 実行結果を確認し，問題があれば1に戻る．希望した動きになるまでプログラム修正，コンパイル，テストを繰り返す．

▶インタープリタ型言語による開発の場合

インタープリタ型言語による開発の例を図2に示します．
1. プログラムをREPLに入力，または，コピー＆ペースト．
2. インタープリタによりプログラムを実行．
3. 実行結果を確認し，問題があれば1に戻る．希望

した動きをするまでプログラムを修正，実行を繰り返す．

図2に示したように，インタープリタ型言語による開発ではコンパイルが不要であり，コンパイルの時間を省くことができます．

▶インタープリタ型言語では完成したプログラムはファイル・システムに書き込むと良い

・開発段階

REPLを活用し，プログラム入力と実行による開発が効率的です．

・テスト終了後

完成版モジュールは規模も大きく常時使用しますが規模も大きくなり毎回入力するのは非常に手間です．このためモジュール化し，ESP32のファイル・システム（フラッシュ・メモリ）に配置することで，電源を入れた後，実行させることが可能です．プログラム完成後は，ESP32のファイル・システムに配置することをお勧めします．ファイル・システムへの書き込みは第1章の「PCからESP32へファイルを転送する」の項で説明します．

● 理由2…シンプルな言語仕様で読みやすくタイプ量が少ない

Python/MicroPythonはシンプルな言語仕様です．シンプルであることの一例として，Pythonではブロック文を表すのに｛｝（かっこ）を使わずインデントを用います．このため，ブロック文を示すためのかっこが不要となり，タイプ量が減ります注1．

● 理由3…使用する変数の型をあらかじめ宣言する必要がない

Pythonは動的型付けの言語で，変数に代入される値や関数からの戻り値の型は実行時に決まります．変数の型宣言は不要でどのような型の値も変数に代入できます注2．

Pythonは使用する変数の型をあらかじめ宣言する必要はなく，変数が必要になった時点から利用可能です．関数からの戻り値の型も宣言不要です．値をチェックする関数の一例として，C言語（リスト1）と

注1： インデントはタブを使わず空白4文字が推奨されています
（Pythonコードのスタイル・ガイド（PEP：8）より．
`https://pep8-ja.readthedocs.io/ja/`
`latest/#id6`

注2： Pythonは実行時に型チェックを行っています．リスト2の
check関数の引数として"abc"などのstr型を指定する
と，if文実行時にstr型とint型に対して大小の比較す
ることになり，エラーが発生します．変数にどのような型
の値も代入できますが，使用する型については設計段階で
決める必要があります．

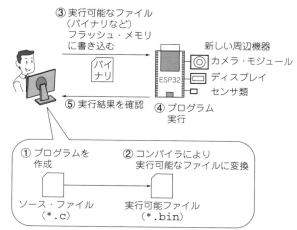

③ 実行可能なファイル（バイナリなど）フラッシュ・メモリに書き込む

バイナリ

新しい周辺機器
カメラ・モジュール
ディスプレイ
センサ類

⑤ 実行結果を確認　　④ プログラム実行

① プログラムを作成
② コンパイラにより実行可能なファイルに変換

ソース・ファイル（*.c）　　実行可能ファイル（*.bin）

図1　コンパイル型言語による開発イメージ

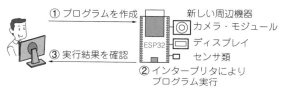

① プログラムを作成

新しい周辺機器
カメラ・モジュール
ディスプレイ
センサ類

③ 実行結果を確認

② インタープリタによりプログラム実行

図2　インタープリタ型言語（MicroPython）による開発イメージ

Python（リスト2）を比較してみます．C言語と比較してPythonでは変数宣言が省かれ，ブロックを表すかっこが不要になり，コード量が減っています．

このように，Pythonはシンプルな言語仕様のためプログラムが読みやすく，少ないタイプ量で効率良くプログラミングできます．

リスト1　C言語で作ったプログラムの例

```c
int check(int value){
  int chk;
  if (value > 0) {
    printf("OK\n");
    chk = 1;
  } else {
    printf("Error\n");
    chk = 0;
  }
  return chk;
}
```

リスト2　Pythonで作ったプログラムの例

```python
def check(value):
    if value > 0:
        print('OK')
        chk = 1
    else:
        print('Error')
        chk = 0
    return chk
```

● 理由4…豊富なライブラリにより短期間でソフトウェア開発が可能

　Pythonにはpipと呼ばれるパッケージ管理ツールが存在します．MicroPythonにもpipと同様の機能を持つupipが提供されていましたが，2023年4月にリリースされたv1.20.0で廃止となり，mip（mip installs packages）が利用可能になりました．

　mipによるパッケージ・インストール時は，pipによるインストールとは異なり，micropython-libインデックスを参照します．mipを使うことで，MicroPython用パッケージ管理リポジトリ（micropython-lib）[1]に登録されているパッケージをインストールできます．micropython-libで管理されるパッケージ類は，GitHub上のパッケージ管理リポジトリを参照することで内容を確認できます．

　使いたいライブラリがパッケージ管理リポジトリにない場合，GitHubなどを探すとMicroPython用に開発された液晶ディスプレイ用ドライバやセンサ用ドライバを見つけることができます．GitHub上で公開されているパッケージやMicroPythonファイルもmipコマンドでインストール可能です．第1章にMicroPython用リモート制御ツールmpremoteとmip

注3：ESP32用に用意されているクラス類は，ESP32用クイック・リファレンスを参照してください．
https://micropython-docs-ja.readthedocs.io/ja/latest/esp32/quickref.html

コマンドを組み合わせてパッケージをインストールする例を示します．

　MicroPythonには，マイコンのハードウェアを制御するためのMicroPython専用ライブラリが実装されています．マイコンの周辺I/Oを制御するためには，これまで周辺I/Oの制御レジスタを設定する必要がありました．MicroPythonでは理由1に示したように，GPIOを操作するためのPinクラスが用意されていて，数行のコードを書くだけでGPIOの制御が可能です．

　次に示すのは，IO25を"H"（3.3V）にすることでLEDを点灯させた例です．

```
from machine import Pin
led = Pin(25, Pin.OUT)
led.on()
```

　ESP32の場合，GPIO以外に，SPI，I²C，PWM，UART，A-D変換，D-A変換，スリープ，タッチ・センサ，ホール・センサ，タイマを制御するためのクラスが用意されています注3．

◆参考文献◆

(1) micropython/micropython-lib: Core Python libraries ported to MicroPython，The MicroPython project.
https://github.com/micropython/micropython-lib

すみ・ふみお

第1章

ESP32の基本仕様からファームウェアの書き込み，
ファイル転送，Lチカまで

開発環境を整える

角 史生

無線通信可能な ESP32マイコンとは

● ESP32の特徴

ESP32はEspressif Systems社が開発した安価なマイコンです．ESP32の機能ブロックを図1に，ESP32の共通仕様を表1に示します．Wi-Fi/Bluetooth通信機能を搭載しています．

● ESP32の開発環境

開発ボードとしてEspressif Systems社よりESP32-WROOM-32Eを搭載したESP32-DevKitC-32Eが販売されています（1,600円前後）．ESP32-DevKitCはESP32モジュールをさらに使いやすいように拡張したボードです．USB通信機能や，各I/Oピンにピン・ヘッダが追加されています．ここでは，ESP32-DevKitCを使用し，以降ESP32基板と呼びます．

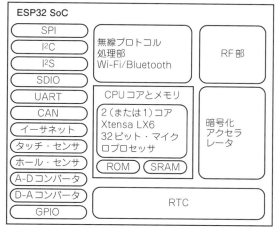

図1(1) ESP32マイコンの機能ブロック

ESP32基板の使用方法

● 電源供給

ESP32基板への電源供給は次の3つの方法がありますが，電源供給元は必ず1つにしてください．複数の電源に接続した状態で電源供給をするとボードが故障する可能性があります．

ESP32は消費電流が多いため，1A以上の電源を推奨します．

（1）Micro-USBポートからの電源供給
（2）5V電源ピンからの電源供給
（3）3.3V電源ピンからの電源供給

表1 ESP32マイコンの共通仕様

項目	詳細
コア・アーキテクチャ	Xtensa LX6
パイプライン段数	7
SRAM	512Kバイト+ 16Kバイト（RTC）
ROM	448Kバイト
外部SPIフラッシュ・メモリ	最大16Mバイト
外部SPI RAM	最大8Mバイト
Wi-Fi	IEEE 802.11 b/g/n
Bluetooth	v4.2 BR/EDR，BLE
GPIO	34
タッチ・センサI/O	10
SPI	4
I2C	2
I2S	2
UART	3
SDIO host/slave	1ホスト，1スレーブ
ペリフェラル	CAN 2.0，赤外線インターフェース，モータPWM，LED PWM，ホール・センサ
セキュリティ	セキュア・ブート，フラッシュ暗号化，ハードウェア暗号化（AES，SHA-2，RSA，ECC，RNG）
省電力モード	対応

● I/Oピンに機能を割り当てる

ESP32の周辺I/OをMicroPythonで制御するには各I/Oピンに機能を割り当てる必要があります．ESP32基板の各I/Oピンにシルク印刷された名称と，MicroPythonで指定するI/Oピンの対応を表にしました（図2）．I/Oピン割り当ての際にご利用ください．

基本的にESP32の周辺I/Oは利用したい任意のピンに割り当て可能ですが，タッチ・センサ，A-Dコンバータ，D-Aコンバータは割り当てられるピンが決まっています．図2の機能欄を参照してください．また，ハードウェアに搭載されているハードウェアSPIなどは割り当てられているピンを使用する必要があります．

I/Oピン割り当て上の主要な注意点を次に示します．

▶ IO34，IO35，IO36，IO39…入力専用ピン

入力専用ピンは内蔵プルアップ抵抗の機能は利用できません．

▶ IO6 ～ IO11…フラッシュ・メモリとの通信用

IO6 ～ 11はフラッシュ・メモリとの通信用なので，I/Oピンとして利用することは推奨されません．

▶ IO1，IO3…PCとの通信用

IO1とIO3はPCとの通信に使われるため，MicroPythonでは使用できません．

● 起動時にESP32の動作モードを決めるピンがある

一部のI/OピンはESP32の起動（ブート）時の動作モードを決定する機能を持っています．

▶ IO12…周辺デバイスの電圧を決めるピン

IO12（機能：MTDI）はフラッシュ・メモリなどの周辺デバイス用電源（VDD_SDIO）の電圧を選択する機能を持っています．ブート時，MTDIが"L"の場合，VDD_SDIOが3.3Vに設定され，MTDIが"H"の場合，VDD_SDIOが1.8Vに設定されます（*"L"は0V，"H"は3.3Vを指す）．

備考	機　　能	種別	GPIO ピン番号	名称	基板上の シルク			基板上の シルク	名称	GPIO ピン番号	種別	機　　能	備考
	電源（3.3V出力）	P		3V3	3V3	●	●	GND	GND	–	P	電源（GND）	
	イネーブル信号	I		EN	EN	●	●	23	IO23	23	I/O	GPIO, VSPI MOSI	
注1	GPIO, A-Dコンバータ0	I	36	SENSOR_VP	VP	●	●	22	IO22	22	I/O	GPIO	
注1	GPIO, A-Dコンバータ3	I	39	SENSOR_VN	VN	●	●	TX	TXDO	1	I/O	GPIO, シリアル0 TXD	注4
注1	GPIO, A-Dコンバータ6	I	34	IO34	34	●	●	RX	RXDO	3	I/O	GPIO, シリアル0 RXD	注4
注1	GPIO, A-Dコンバータ7	I	35	IO35	35	●	●	21	IO21	21	I/O	GPIO	
	GPIO, A-Dコンバータ4, タッチ・センサ9	I/O	32	IO32	32	●	●	GND	GND	–	P	電源（GND）	
	GPIO, A-Dコンバータ5, タッチ・センサ8	I/O	33	IO33	33	●	●	19	IO19	19	I/O	GPIO, VSPI MISO	
	GPIO, D-Aコンバータ1	I/O	25	IO25	25	●	●	18	IO18	18	I/O	GPIO, VSPI CLK	
	GPIO, D-Aコンバータ2	I/O	26	IO26	26	●	●	5	IO5	5	I/O	GPIO, VSPI CS	
	GPIO, タッチ・センサ7	I/O	27	IO27	27	●	●	17	IO17	17	I/O	GPIO	
	GPIO, タッチ・センサ6, HSPI CLK	I/O	14	IO14	14	●	●	16	IO16	16	I/O	GPIO	
注2	GPIO, タッチ・センサ5, MTDI, HSPI MISO	I/O	12	IO12	12	●	●	4	IO4	4	I/O	GPIO, タッチ・センサ0	
	電源（GND）	P	–	GND	GND	●	●	0	IO0	0	I/O	GPIO, タッチ・センサ1	注5
	GPIO, タッチ・センサ4, HSPI MOSI	I/O	13	IO13	13	●	●	2	IO2	2	I/O	GPIO, タッチ・センサ2	注6
注3	GPIO	I/O	9	SHD/SD2	D2	●	●	15	IO15	15	I/O	GPIO, タッチ・センサ3, HSPI CS, MTDO	注7
注3	GPIO	I/O	10	SWP/SD3	D3	●	●	D1	SDI/SD1	8	I/O	GPIO	注3
注3	GPIO	I/O	11	SCS/CMD	CMD	●	●	D0	SD0/SD0	7	I/O	GPIO	注3
注8	電源（5V出力）	P	–	5V	5V	●	●	CLK	SCK/CLK	6	I/O	GPIO	注3

（中央：ESP32-DevKitC）

注1：入力専用ピン，内蔵プルアップ抵抗設定不可
注2：起動時"H"になっていると，LDO電圧（VDD_SDIO）が1.8Vになり，内蔵フラッシュ・メモリからのプログラム読み込みに失敗する．configure register bits の設定で無効化可能
注3：内蔵フラッシュ・メモリとの通信のために割り当て済み，GPIOとしての利用は非推奨
注4：PCとのシリアル通信用に割り当て済み

注5：IO2とともに起動時"L"になっていると Download Boot となる
注6：IO0とともに起動時"L"になっていると Download Boot となる
注7：起動時"L"になっていると，シリアル0TXD（TXD0）に対してデバッグ-ログを出力
注8：USBケーブルを接続しているときは5Vが出力されます．USB接続せずにESP32を動かす際にはこのピンから5Vを供給する

図2　MicroPythonで指定するGPIOピンの対応表

MTDIはESP32内部でプルダウンに設定されており，IO12ピンに周辺機器が未接続の場合は問題ありません．IO12を入力用に設計し，ESP32ブート時，接続機器の出力が"H"の場合，MTDIが"H"のためVDD_SDIOが1.8V設定となります．するとフラッシュ・メモリに供給する電圧が1.8Vとなるためフラッシュ・メモリからプログラムを読み込めず，ESP32が起動できません．この場合のエラー・メッセージを次に示します．

```
rst:0x10 (RTCWDT_RTC_RESET),
boot:0x33 (SPI_FAST_FLASH_BOOT)
flash read err, 1000
ets_main.c 371
```

回避方法として，ESP32内のeFuse（XPD_SDIO_FORCE, XPD_SDIO_REG, XPD_SDIO_TIEH）の値を変更することで，MTDIによるVDD_SDIOの電圧指定機能を無効化できます．eFuseを変更するツール（esefuse.py）がGitHub上に公開されており，このツールを使ってVDD_SDIOの電圧を3.3Vに固定化することもできます注1．

▶ IO0，IO2…起動時のメモリ読み込みを決めるピン

IO0とIO2は，ESP32のブート時にSPI Boot（フラッシュ・メモリからのブート）か，Download Bootかを決める機能を持っています（Download Bootはプログラム書き込みを行う状態）．IO0, IO2共に"L"の場合，Download Bootモードとなります．IO0はESP32内部でプルアップに設定されており，IO0が未接続の場合は問題ありませんが，IO0を入力用に設計し接続機器の出力が"L"の場合，フラッシュ・メモリからブートしなくなるため設計上の注意が必要です．

I/Oピンの割り当て上の制限事項，注意点については図2機能欄，備考欄に記載しましたので目的に合った最適なピンを選んで割り当ててください．

ファームウェアの書き込み準備

ESP32上でMicroPythonを使うにはMicroPythonファームウェアをフラッシュ・メモリに書き込む必要があります．

フラッシュ・メモリへの書き込みツールとして，esptool.pyが利用可能です．本稿では，esptool.pyを使ってファームウェアを書き込む手順を説明します．次の記事も参照してください．

注1：ESP内蔵のeFuseの設定を変更するツール（espefuse）とVDD_SDIO設定変更方法．Setting フラッシュ・メモリ Voltage（VDD_SDIO）．
https://github.com/espressif/esptool/wiki/espefuse#setting-flash-voltage-vdd_sdio

・ESP32でのMicroPythonの始め方
https://micropython-docs-ja.readthedocs.io/ja/latest/esp32/tutorial/intro.html

本稿で示すコマンドはWindowsに標準搭載されているコマンド・プロンプトで実行する場合を想定しています．

● Pythonのインストール

esptool.pyを動かすためにPythonが必要です．Windows環境にPythonをインストールする方法には，（1）Microsoft Storeからインストールする方法と，（2）python.orgからインストールする方法の2種類あります．本稿ではpython.orgからインストールする方法を説明します．2024年1月時点の最新版であるPython 3.12.1をインストールする例を示します．Pythonは次のウェブ・ページからダウンロードできます．

▶ Python 3.12.1のダウンロード・ページ

```
https://www.python.org/downloads/release/python-3121/
```

画面の下にファイル一覧があるので，Windows installer（64-bit）を選択します．python-3.12.1-amd64.exeがPCにダウンロードされるので，実行します．インストール画面の［InstallNow］をクリックするとPythonがインストールされます．

インストール・ディレクトリを変更しない場合，Python 3.12.1は次のディレクトリにインストールされます．

```
C:¥Users¥<account_name>¥AppData¥Local¥Programs¥Python¥Python312
<account_name>にはWindowsのアカウント名が入る
```

▶ Pythonランチャ

python.orgからPythonをインストールすると，Pythonランチャ（py.exe）もインストールされます．PC上に複数のバージョンのPythonがインストールされている場合，ランチャを使ってPythonを起動すると最新バージョンが選択され実行されるため，Pythonのバージョン管理をする必要がありません．本稿でも，Pythonランチャを使ってESP用ツール類をインストールする方法を説明します．

● esptoolのインストール

pipコマンドを用いてesptoolをインストールします．まずpipコマンドを最新版にします．最新版にしなくてもpipコマンドは使えますが，頻繁にバージョン・アップが発生するため，最新版にすることをお勧めします．

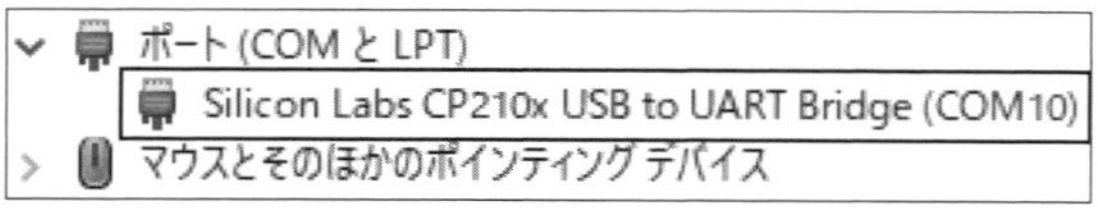

図3　ESP32 を PC につないだ際のデバイス・マネージャの表示例

リスト1　ESP32の chip_id を確認するコマンド

```
>py -m esptool --chip esp32 --port COM10 chip_id ↵

esptool.py v4.7.0
Serial port COM10
Connecting....
Chip is ESP32-D0WD-V3 (revision v3.0)
省略
```

リスト2　ESP32のフラッシュ・メモリを消去するコマンド

```
>py -m esptool --chip esp32 --port COM10
                                      erase_flash ↵
esptool.py v4.7.0
Serial port COM10
Connecting....
省略
Erasing flash (this may take a while)...    ← 削除処理
Chip erase completed successfully in 8.2s
Hard resetting via RTS pin...
```

pipコマンドを最新版にするには，コマンドプロンプトで次のコマンドを実行します．

```
>py -m pip install --upgrade pip ↵
```

次に，pipコマンドを使って，esptoolをインストールします．

```
>py -m pip install esptool ↵
```

インストールが正しく行われると，esptoolが使えるようになります．esptoolは次のディレクトリにインストールされます．

```
C:¥Users¥<account_name>
¥AppData¥Local¥Programs¥Python¥Pyth
on312¥Lib¥site-packages¥
```

<account_name>にはWindowsのアカウント名が入ります．esptool.exeは次のディレクトリにインストールされます．

```
C:¥Users¥<account_name>
¥AppData¥Local¥Programs¥Python¥Pyth
on312¥Scripts¥
```

▶ Python ランチャからの実行

Pythonランチャ（py.exe）から，esptoolを使用しhelpを実行する例を示します．

```
>py -m esptool --help ↵
```

▶ esptool.exe による実行

Pythonランチャを使わずesptool.exeを直接実行したい場合は，WindowsのPATH変数に対して，esptool.exeが置かれているディレクトリを追加します．

```
C:¥Users¥<account_name>
¥AppData¥Local¥Programs¥Python¥Pyth
on312¥Scripts
```
（例）アカウント名がuser1234の場合，
```
C:¥Users¥user1234¥AppData¥Local¥Pro
grams¥Python¥Python312¥Scripts
```

PATH変数に上記を追加します．esptool.exe

を使ってhelpを実行した例を示します．

```
>esptool.exe --help ↵
```

ファームウェアの書き込み

● MicroPython ファームウェアのダウンロード

MicroPythonファームウェアを次のウェブ・ページからダウンロードします．2023年12月時点の安定バージョンはv1.21.0です．

```
https://micropython.org/download/
ESP32_GENERIC/
```

v1.21.0 （2023-10-05）.binをクリックします．MicroPythonファームウエア，ESP32_GENERIC-20231005-v1.21.0.binがPCにダウンロードされます．

● ESP32 基板との接続確認

ESP32とPCとをUSBケーブルで接続します．デバイス・マネージャを使ってCOMポートが追加されたか確認します．ESP32-DevKitCの場合，「SiliconLabs CP210x USB to UART Bridge（COM<NN>）（<NN>はポート番号）」がCOMポートに追加されます．追加されたポート番号を確認します．デバイス・マネージャ表示例を図3に示します．

図3の場合，COM10が割り当てられています．もしCOMポートが追加されない場合，デバイス・ドライバをインストールする必要があります．次のウェブ・ページよりCP210x USB - UART ブリッジ VCPドライバ（Windows Universal）をダウンロードしてインストールしてください．

```
https://jp.silabs.com/developers/
usb-to-uart-bridge-vcp-drivers
```

フラッシュ・メモリに書き込む前に，ESP32と正しく通信できているかどうか，chip_idコマンドなどで確認します．PC と ESP32 がCOM10ポートで接続されている場合のコマンド例を示します（リスト1）．フラッシュ・メモリを初期化します（リスト2）．

フラッシュ・メモリにMicroPythonファームウェア（ESP32_GENERIC-20231005-v1.21.0.bin）を書き込みます（リスト3）．

リスト3　ESP32のフラッシュ・メモリにMicroPythonのファームウェアを書き込むコマンド

```
> py -m esptool --chip esp32 --port COM10 write_
flash -z 0x1000 ESP32_GENERIC-20231005-v1.21.0.bin⏎
esptool.py v4.7.0
Serial port COM10
Connecting.....
省略
Configuring flash size...
Flash will be erased from 0x00001000 to
                              0x00196fff...
Compressed 1661872 bytes to 1104578...
Wrote 1661872 bytes (1104578 compressed) at
0x00001000 in 98.1 seconds (effective 135.5 kbit/
                                          s)...
Hash of data verified.

Leaving...
Hard resetting via RTS pin...
```

（ファームウェアの書き込み）

表2　シリアル接続のパラメータ

設定項目	設定値
ポート名	COM<NN>注
転送速度	115200
データ	8ビット
パリティ	なし
ストップ・ビット	1ビット
フロー制御	なし

注：<NN>はポート番号

● MicroPythonの動作確認

　フラッシュ・メモリにMicroPythonファームウェアが正しく書き込まれたかどうか，Tera Termなどのシリアル接続に対応したターミナル・エミュレータを使ってESP32基板と通信して確認します注2．シリアル接続時の設定パラメータを表2に示します．

　ターミナル・エミュレータに次の表示がなされたら正常に接続できており，ESP32上でMicroPythonが動作しています．>>>のプロンプト表示は入力待ちを表しており，プログラムを入力するとすぐに実行され結果が表示されます．

```
MicroPython v1.21.0 on 2023-10-05;
    Generic ESP32 module with ESP32
Type "help()" for more information.
>>>
```

　以上で環境構築は終了です．

PCからESP32へファイル転送する

　GitHubなどから入手するプログラムやライブラリなどは，ファイル・サイズが大きかったり，複数のファイルで構成されていたりする場合があります．upyshモジュールに含まれているnewfile関数とコピー＆ペーストの組み合わせでESP32のフラッシュ・メモリにファイルを書き込む方法がありますが，ファイル転送用のツールを使いPCからESP32にプログラムやライブラリを転送した方が確実です．

　ESP32にファイルを転送するためのツールとして，GUIではThonny，uPyCraft，CLIではampy，rshell，mpfshellなどがあります．本例では，Pythonランチャで起動できるmpfshellを使用します．pipコマンドを用いてmpfshellをインストールします．MicroPythonの公式ツールであるmpremoteも説明します．

注2：ポート番号はデバイス・マネージャで確認してください．

■【1】mpfshellによる転送

　mpfshellの特定のバージョンではmpfshellを起動後，openコマンドでESP32と接続するとmpfshellが終了してしまう不具合があります（2023年12月の時点で，v0.9.2，v0.9.3で発生）．この問題を回避する方法として，（1）インストール時，正常動作が確認されているv0.9.1を指定してインストールする方法，（2）最新版（2023年12月の時点で，v0.9.3）をインストールした上で，不具合を回避する暫定対策でmpfshellを起動する方法，の2種類があります．それぞれのインストールと利用方法を説明します．

● 方法（1）…v0.9.1を指定してインストールする

　不具合が発生しないv0.9.1を指定してインストールする方法を説明します．次のように，インストールしたいバージョン名を指定してpipを実行することで，v0.9.1のmpfshellをインストールできます．

```
>py -m pip install mpfshell==0.9.1⏎
```

　インストールが正しく行われると，mpfshellのモジュール類とコマンドが次のディレクトリにインストールされます．

• mpfshellのモジュール類のインストール・フォルダ

```
C:¥Users¥<account_name>
¥AppData¥Local¥Programs¥Python¥Py
thon312¥Lib¥site-packages¥mp¥
```

<account_name>にはWindowsのアカウント名が入ります．

• mpfshell.exe コマンドのインストール・フォルダ

```
C:¥Users¥<account_name>
¥AppData¥Local¥Programs¥Python¥Py
thon312¥Scripts¥
```

mpfshell.exeコマンドを使うにはPATH変数を設定する必要があるため，本例ではmpfshellモジュールを使います．

▶ Pythonランチャからの実行

　Pythonランチャ（py.exe）から，mpfshellを実行

表3　mpfshellの主要コマンド

コマンド名	機　能
open	COM ポートを指定して ESP32 と接続
ls	ESP32 上のファイルをリスト表示
md	ESP32 のファイル・システム上にディレクトリを作成
put	PC 上のファイルを ESP32 のファイル・システム（フラッシュ・メモリ）に転送
get	ESP32 側のファイルを PC に転送
mget	ESP32 側から条件と一致したファイルを PC に転送（条件は正規表現で指定）
mput	条件と一致した PC 上のファイルを ESP32 に転送
close	ESP32 との接続を終了
exit	ツール終了

リスト4　mpfshell を使って mylib.py を ESP32 へ転送する例

```
C:\Users\<user_name>> py -m mp.mpfshell ⏎
# Pythonランチャからmpfshellを起動
** Micropython File Shell v0.9.1, sw@kaltpost.de **
-- Running on Python 3.8 using PySerial 3.4 --
mpfs [/]> open com12 ⏎ # COMポートを指定してESP32と接続
Connected to esp32
mpfs [/]> ls ⏎           # ESP32上のファイルを確認
Remote files in '/':
     boot.py
mpfs [/]> put mylib.py ⏎
                    #putコマンドでファイルをESP32に送信
mpfs [/]> ls ⏎           # ESP32上のファイルを確認
Remote files in '/':
     boot.py
     mylib.py            # mylib.pyが転送できたことを確認
mpfs [/]> close ⏎        # ESP32との接続を終了
mpfs [/]> exit ⏎         # コマンド終了
```

します.

```
>py -m mp.mpfshell ⏎
```

▶ mpfshell の主要コマンド

mpfshell の主なコマンドを表3に示します. 詳細は help コマンドで確認できます.

▶ mpfshell によるファイル転送手順

mpfshell を使って PC 上のファイル（mylib.py）を ESP32 のファイル・システム（フラッシュ・メモリ）に転送する例をリスト4に示します[注3]. PC の COM10 ポートに ESP32 が接続されているとします.

前述の説明では REPL の対話形式で操作する例を示しましたが, mpfshell はコマンド列を指定したバッチ実行も可能です. 次の形式でコマンド列を指定すると前述の対話形式と同じ処理が一度に実行できます.

```
>py -m mp.mpfshell -n -c
    "open com10; ls; md lib; cd lib;
           put mylib.py; ls ; close" ⏎
```

mpfshell は多機能であり ESP32 上のファイル削除や REPL を呼び出すことも可能です.

詳しくは help コマンドか, mpfshell が公開されている下記の GitHub を参照してください.

```
https://github.com/wendlers/mpf
shell
```

● 方法（2）…最新 v0.9.3 をインストールする

第2の方法として, 最新版の mpfshell をインストールし, 不具合が発生しない暫定方法で mpfshell を起動する方法を説明します. pip コマンドを用いて

注3：現在リリースされている mpfshell（v0.9.2）において, com コマンドによるシリアル接続時, mpfshell が終了する場合がありました. このような症状が発生する場合, mpfshell 起動時に -o オプションでポート番号を指定することによって起動時にシリアル接続が自動的に行われますので, mpfshell が終了してしまう問題を回避できます.
（例）> py -m mp.mpfshell -o com10

mpfshell をインストールします.

```
>py -m pip install mpfshell ⏎
```

インストールされるディレクトリは v0.9.1 と同じなので省略します.

▶ Python ランチャからの実行

Python ランチャ（py.exe）から, mpfshell を実行します. mpfshell を起動した後に open コマンドで ESP32 との通信を確立させるとコマンドが終了してしまうので, 不具合を回避する暫定手順として, コマンド起動時に, COM ポートを指定します. これにより, コマンドが終了する不具合を回避できます. 次のコマンドは COM10 で接続する場合の例です.

```
>py -m mp.mpfshell -o com10 ⏎
```

■ [2] mpremote による転送

● MicroPython 用のリモート制御ツール

mpremote は, MicroPython を PC から管理するための MicroPython 公式ツールです. 文献（3）の「MicroPython のリモート制御：mpremote」に詳しい使い方が掲載されています.

前述した mpfshell は shell という名前が示すように対話的にツールを利用することができました. 一方, mpremote は, ESP32 上の MicroPython と REPL モードで対話的に操作する以外は, コマンド名と共に mpremote と起動し, コマンド実行, 終了するという使い方になります.

mpremote は高機能であり, PC と ESP32 間のファイル転送以外に, ESP32 上の MicroPython に対して PC からコマンド実行させる機能, ESP32 上のファイルを PC 側で編集する機能, PC 側のファイル・システムを ESP32 にマウントさせる機能もあります.

mpremote を使うことで, プログラムの自動実行やテスト自動化が可能になります. 本付録の第12章で MicroPython の実行時間について取り上げており, 執筆時点での最新版ファームウェアで実行時間を計測し

ました．この時mpremoteを用いて作業を自動化することで短期間に計測することが可能になりました．

ここでは，mpremoteのインストール方法と使い方を簡単に紹介します．Windowsのコマンドプロンプトで実行する場合を想定して説明します．

● mpremoteインストール

次のコマンドを実行してmpremoteをインストールします．

```
>py -m install --user mpremote⏎
```

MicroPythonドキュメンテーションに従い--userオプションを付けています．この場合も，mpremoteはユーザ・ディレクトリ配下にインストールされます．

以降の例では，ESP32がCOM15に接続される場合を想定しています．

● ESP32上のファイル一覧表示

ファイル・システムfsのサブコマンドlsでファイル一覧を表示できます．次に示すのは，connectコマンドを使ってESP32と接続し，ファイル一覧を表示する例です．

```
>py -m mpremote connect COM15 fs ls⏎
ls :
         139 boot.py
```

● ファイル転送

ファイル・システムfsのサブコマンドcpでファイルを転送できます．ファイル名の先頭にコロン：を付けることで，操作対象がESP32上のファイル（リモート・ファイル）であることを指定します．

▶例1：PC→ESP32へのファイル転送

次に示すのは，PC上のファイルmylib.pyをESP32に転送する例です．

```
>py -m mpremote connect COM15 fs cp
mylib.py  :mylib.py⏎
cp mylib.py :mylib.py
>py -m mpremote connect COM15 fs ls⏎
ls :
         139 boot.py
          41 mylib.py
```

▶例2：ESP32→PCへのファイル転送

次に示すのは，ESP32上のファイルをPCに転送する例です．転送元のファイルがESP32上のファイルであることをツールに指示するため，ファイル転送元のファイル名の先頭にコロン：を付けています．

```
>py -m mpremote connect COM15 fs cp
                :boot.py boot.py⏎
cp :boot.py boot.py
```

● MicroPython上でプログラム実行

execコマンドを使い，指定したMicroPythonコードをESP32のMicroPython上で実行することができます．

次に示すのは，osモジュールのuname関数を実行させてMicroPythonのバージョンを表示する例です．

```
>py -m mpremote connect COM15 exec
    "import os; print(os.uname())"⏎
(sysname='esp32', nodename='esp32',
release='1.22.1', version='v1.22.1
   on 2024-01-05', machine='Generic
         ESP32 module with ESP32')
```

● 複数コマンドの連続実行

＋を使えば複数のコマンドを連続的に実行できます．

次に示すのは，lsコマンドとcpコマンドを使うソースを一度に実行する例です．コマンド間を＋で連結することで，連続的に実行しています．

```
>py -m mpremote connect COM15 fs ls
  + fs cp mylib.py  :mylib.py + ls
         + exec "import os; print(
                  os.uname())"⏎
ls :
        139 boot.py
cp mylib.py :mylib.py
ls :
        139 boot.py
         41 mylib.py
(sysname='esp32', nodename='esp32',
release='1.22.1', version='v1.22.1
   on 2024-01-05', machine='Generic
        ESP32 module with ESP32')
```

＊

この実行例では，コマンドを省略せずに記載しています．mpremoteにはalias機能が搭載されており，fsを省いた省略形で実行することができます．またCOMポート指定も短縮した表現が利用可能です．詳しくは文献(3)を参照してください．

● mpremoteとmipによるモジュールインストール

mpremoteは，ファイル転送だけでなく，MicroPython用モジュールのインストールも可能です．mpremoteとMicroPython用パッケージ管理ツールmipを組み合わせてモジュールをインストールする手順を説明します．

▶例1：公式リポジトリからパッケージをインストールする

ここでは，mpremoteとmipを使ってCO$_2$センサである MH-Z19 ドライバ（mhz19）を公式リポジトリ（micropython-lib）からインストールする例を示します．

HM-Z19 ドライバのソースは次のウェブ・ページで公開されています．

```
https://github.com/micropython/micro
python-lib/tree/master/micropython/
drivers/sensor/mhz19
```

公式リポジトリからパッケージをインストールする例を示します．mipコマンド実行時，公式リポジトリ上のパッケージ名mhz19を指定します．

```
>py -m mpremote connect COM15
                mip install mhz19⏎
```

mipによるインストール時，ファイル類は/lib配下に置かれます．ESP32上にインストールされたかmpremoteのサブコマンドlsを使って確認します．

```
>py -m mpremote connect COM15 fs ls
                                /lib⏎
ls :/lib
        442 mhz19.mpy
```

このように表示されれば，mhz19用モジュールmhz19.mpyは正常にインストールされています．

▶例2：GitHubに置かれたファイルを指定してインストールする

mipは，GitHubに置かれたファイルを指定してインストールすることもできます．GitHubのリポジトリで管理されるファイルをインストールする場合，github:＜アカウント名＞/＜リポジトリ名＞/＜パス＞/＜ファイル名＞の形式で指定します．

ここでは，GitHubに置かれている有機ELディスプレイSSD1306用ドライバssd1306.pyをインストールする例を示します．対象ファイルのGitHub上の登録情報は次の通りです．

```
アカウント名：micropython
リポジトリ名：micropython-esp32
パス　　　　：/drivers/display
ファイル名　：ssd1306.py
```

この場合，mipに設定する場所指定は次のようになります．

```
github:micropython/micropython-
esp32/drivers/display/ssd1306.py
```

対象ファイルをブラウザで参照したい場合は，文献（4）を参照してください．GitHub上のssd1306.pyをESP32にインストールする場合，次のように場所を指定します．

```
>py -m mpremote connect COM15
```

```
    mip install github:micropython/
micropython-esp32/drivers/display/
                        ssd1306.py⏎
```

▶例3：ネットワーク上で公開されているファイルを指定してインストールする

ネットワーク上のファイルを指定してインストールすることもできます．ネットワーク上で公開されているファイルをインストールする場合，ファイルにアクセスできるURLを指定します．

例えば，lcd160cr.pyをインストールする場合，液晶ディスプレイLCD160CR用ドライバのインストール・ファイルが置かれている次のURLを指定します．

```
https://github.com/micropython/micro
python-lib/blob/master/micropython/
drivers/display/lcd160cr/lcd160cr.py
```

実行例は次の通りです．

```
>py -m mpremote connect COM15
    mip install https://github.com/
micropython/micropython-lib/blob/
master/micropython/drivers/display/
            lcd160cr/lcd160cr.py⏎
```

＊　　　＊　　　＊

このように，mpremoteとmipを組み合わせることで，ESP32側でWi-Fi設定が完了していなくてもPCからUSB接続されたESP32に対して各種ライブラリのインストールが可能になります．

書き込み確認…LEDを点灯させる

MicroPythonファームウェアをESP32のフラッシュ・メモリに書き込みました．正しく書き込めたかどうかを，最も単純なLED点灯プログラムを実行することで確認します．

LEDが点灯することで，ファームウェアが正しく書き込まれ，プログラムが実行可能であることが分かります．

MicroPythonの対話インタプリタ・モード（以降REPL）を利用するためには，PC側にシリアル・コンソールが必要です．シリアル・コンソールとしてTera Termがよく使われます．Tera Termは，

```
https://teratermproject.github.io/
```

から入手できます．シリアル・コンソールを起動し，**表2**を参考にシリアル・ポートの設定を行い，ESP32とシリアル接続します．以上の操作によってPC側からMicroPythonのREPLが利用可能になります．

● 回路

ESP32基板とLEDを接続します．回路図を**図4**に

示します．本例ではIO25を用います．ESP32基板に
シルク印刷で25と印刷されたピンとLEDを接続しま
す．LEDは330Ωの抵抗を介して接続します．

● プログラム

MicroPythonの対話インタープリタ・モード（以降
REPL）の入力待ち状態において，LED点滅用のプロ
グラムを入力します（リスト5）．

▶自動インデント

C言語などではブロックの範囲を｛　｝で表現しま
すが，Pythonではブロックの範囲をインデントで表
現します．リスト5の場合，while True:に続く6
行が同じインデントとなっており，whileの条件が
成立した場合に実行される範囲（ブロック）となりま
す．

▶コピー＆ペーストで実行する

毎回キーボードから入力するのが大変な場合やサン
プル・コードをすぐに実行したい場合は，PC上のエ
ディタやブラウザからコピー＆ペーストで，REPL画
面に貼り付けることができます．入力待ちのREPL画
面にコピー＆ペーストで貼り付けると，REPLによる
自動インデントと，プログラムに設定されたインデン
トの両方が有効となり，インデント位置が狂い文法エ
ラーになる問題があります．このような問題を回避す
るため，REPLには貼り付けモードが用意されていま
す．貼り付けモードでは，REPLによる自動インデン
トが無効となるためインデント位置が狂う問題を避け
ることができます．

REPL画面への貼り付けを行う前に，［Ctrl］＋［E］
を入力してREPLを貼り付けモードにします．コピー
＆ペーストによる貼り付けを行った後，［Ctrl］＋［D］
で貼り付けモードを終了することで貼り付けたプログ
ラムが実行されます．LEDが1秒おきに点滅するかど
うかをご確認ください．

生じがちなエラーについて

MicroPythonでプログラミングを行う上で発生しや
すいエラーについて説明します．

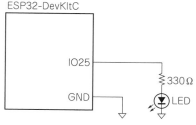

ESP32-DevKItC

IO25

GND

330Ω

LED

図4　LEDとの接続回路

MicroPythonではブロックを表現するのに｛　｝
（カッコ）ではなく，インデントを使用します．イン
デントが不揃いだとインデント・エラーになります．

▶正しいインデントの例…空白4文字でインデントを表現

```
while True:
    print("hello")
    print("bye")
```

▶誤ったインデントの例…インデントを空白4文字と空白5文字にした例

```
while True:
    print("hello")
     print("bye")
```

実行するとリスト6のように3行目がインデント・
エラーと表示されます．

▶コピー＆ペーストでのエラーの例…インデントが二重に入りエラーになった例

REPLを貼り付けモードにせずコピー＆ペーストで
プログラムを貼り付けると，REPLによる自動インデ
ントとプログラムのインデントの両方が働くためイン
デント位置がおかしくなりエラーとなります
（リスト7）．

この問題を避けるためには，［Ctrl］＋［E］により
REPLを貼り付けモードに設定してからコピー＆ペー
ストで貼り付けます．

▶文法エラー例…：コロンを忘れてエラーになった例

Pythonではif文やwhile文の条件式の最後には
コロン：が必要です．忘れると文法エラーになりま
す．if文の条件式の後ろにコロンを忘れた場合の例
を示します（リスト8）．エラー表示上はプログラムの

リスト5　LEDを点滅させるプログラム

```
from machine import Pin    # Pinクラスをインポート
import utime               # utimeモジュールをインポート

led = Pin(25, Pin.OUT)     # GPIO25を出力に設定
while True:                # 無限ループ
    print("LED ON")        # デバッグ用にプリント
    led.on()               # GPIO25をHに設定（LED点灯）
    utime.sleep(1)         # 1秒待つ
    print("LED OFF")       # デバッグ用にプリント
    led.off()              # GPIO25をLに設定（LED消灯）
    utime.sleep(1)         # 1秒待つ
```

リスト6　誤ったインデントのエラー例

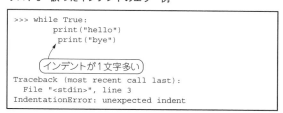

```
>>> while True:
        print("hello")
         print("bye")
```
インデントが1文字多い
```
Traceback (most recent call last):
  File "<stdin>", line 3
IndentationError: unexpected indent
```

リスト7　貼り付けモードにせずにコピー＆ペーストを間違えた場合のエラーの例

```
>>> while True:
            print("hello")
                print("bye")
```

インデントが2重に入ってしまった

```
Traceback (most recent call last):
  File "<stdin>", line 3
IndentationError: unexpected indent
>>>
```

リスト8　コロン：を忘れた場合のエラーの例

```
paste mode; Ctrl-C to cancel, Ctrl-D to finish
=== if x == 3
===     print("x is 3")
===
Traceback (most recent call last):
  File "<stdin>", line 2
SyntaxError: invalid syntax
>>>
```

コロン忘れ

2行目が指摘されていますが，if 文条件式の後ろにコロンが必要です．

◆参考・引用＊文献◆

(1) ESP32Datasheet.
https://www.espressif.com/sites/default/files/documentation/esp32_datasheet_en.pdf
(2) ＊宮田 賢一；定番 ESP32 の基礎知識，Interface，2020 年 1 月号，p.22，CQ 出版社．
(3) Damien P. George, Paul Sokolovsky, and contributors；MicroPython のリモート制御：mpremote，The MicroPython Documentation.
https://micropython-docs-ja.readthedocs.io/ja/latest/reference/mpremote.html
(4) dpgeorge；micropython-esp32/drivers/display/ssd1306.py，The MicroPython project，GitHub.
https://github.com/micropython/micropython-esp32/blob/esp32/drivers/display/ssd1306.py

すみ・ふみお

コラム　**組み込みモジュールの名称変更について**　　　　角 史夫

　MicroPython は，PC 上で動作する CPython と互換性を実現する努力を行っています．

　MicroPython の組み込みモジュールは，CPython のモジュール仕様を踏まえつつ，リソースの少ないマイコン上で動作するよう，主要機能に絞ったサブセットが実装されています．MicroPython のモジュール名は，micro であることを表すために，モジュール名の先頭に u-接頭辞が付けられていました（例：CPython の os モジュールに対して，MicrPython でのモジュール名は uos だった）．

　CPython との互換性向上の議論の結果，モジュール名から u-接頭辞を取り除く決定がされました[A]．MicroPython のファームウェア・バージョン 1.12.0 においてモジュールの名称変更が実施され，1.12.0 以降のバージョンでは，組み込みモジュールの名称は u-接頭辞が無いのが正式名称となっています[B]（例 uos -> os, urandom -> random）．名称の変更は，組み込みモジュール（built-in modules）のモジュール名のみです．

　過去のソースコードでは，u-接頭辞が付いたモジュール名を利用している場合が多く，過去のソフトウエア資産を維持するため，alias 機能が実装されています．alias 機能により，import uos と書いても import os と解釈され，古いソースコードもエラーなく動作します．MicroPython の公式ド

キュメントでは u-接頭辞なしのモジュール名が利用されており，一般的には u-接頭辞なしのモジュール名を使うように指示が出ています[C]．

　本付録のサンプル・コードにおいても u-接頭辞が付いたモジュール名を使っている場合が多いのですが，MicroPython の alias 機能によってプログラムはエラーなく動作すると思います．公式ドキュメントのポリシに従うため，まずはサンプル通りに動作確認した後，プログラムを利用するときはモジュール名を変更し，u-接頭辞のない正式なモジュール名を指定して使ってもらえればと思います．

◆参考文献◆

(A) RFC：Built-in module extending and removing weak links / umodules，The MicroPython project，GitHub.
https://github.com/micropython/micropython/issues/9018
(B) v1.21.0: U-module renaming, deflate module, IDF 5, board variants and Pico-W BLE，The MicroPython project，GitHub.
https://github.com/orgs/micropython/discussions/12602
(C) Damien P. George, Paul Sokolovsky, and contributors；MicroPython ライブラリ，The MicroPython Documentation.
https://micropython-docs-ja.readthedocs.io/ja/latest/library/index.html#micropython-libraries

第2章

スイッチやボリューム，ロータリ・エンコーダを接続

入力検出

角 史生

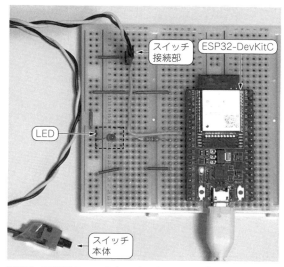

写真1　ESP32-DevKitCとスイッチ，LEDをブレッドボード上で接続した様子

第2章はマイコンへの入力手段をまとめます．具体的には，スイッチによるディジタル入力，ボリュームとA-Dコンバータによるアナログ入力，ロータリ・エンコーダによるディジタル入力を説明します．

1-1 スイッチを押したときだけ LEDが点灯する

初めにスイッチ操作に連動してLEDを点灯させる例を示します．GPIOを入力，出力として使う場合の設定を示すとともに，ポーリング方式によるLED点灯および，割り込み方式によるLED点滅を行います．

● 回路

最も基本的な，スイッチを押したときにLEDが点灯する例を示します．回路図を**図1**に示します．**写真1**に示すのはブレッドボードを用いた試作回路です．特別付録で例として示す回路はいずれも，ESP32の電源をUSBケーブルから供給することを前提にしています．

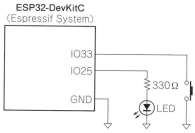

図1　LEDとの接続回路

● プログラム

MicroPythonのプログラムを**リスト1**に示します．LEDを制御するためIO25を出力に設定し，スイッチの状態を取得するためIO33を入力に設定しています．IO33は内蔵プルアップ抵抗を有効に設定することで，スイッチのプルアップ抵抗を省略可能にしています．スイッチが押されていないときは内蔵プルアップ抵抗により3.3Vとなり，スイッチが押されるとGNDに接続され0Vになります．これによりIO33の入力値が1から0に変化します．

スイッチに接続されたIO33の入力値を無限ループ内で取得し，値が0になるとスイッチが押されたと判断して，LEDを点灯させるためにIO25の出力を1に設定します．スイッチの接点が離れた場合，IO33の値が1になり，LEDを消灯させるためにIO25の出力を0に設定します．

1-2 スイッチを押すごとに LEDが点灯/消灯する

● 回路

回路は1-1項と同じものを使用します．プログラムでスイッチを押すごとにLEDが点灯/消灯を繰り返すようにします．

● プログラム

リスト2にプログラムを示します．1-1項のプログラムでは，無限ループ内でスイッチの状態を問い合わ

リスト1　スイッチを押すとLEDが点灯するプログラム

```
from machine import Pin
import utime

sw = Pin(33, Pin.IN, Pin.PULL_UP)
                            # GPIO33のプルアップを有効化
led = Pin(25, Pin.OUT)      # GPIO25を出力に設定
while True:
    if  sw.value() == 0:    # SWが押された(値が 0)
        print("on")         # デバッグ用に表示
        led.on()            # LEDを点灯
    else:                   # SWが押されていない (値が1)
        print("off")        # デバッグ用に表示
        l                   # LEDを点灯
    utime.sleep_ms(50)      # 50ms待つ
```

リスト2　スイッチを押すごとにLEDが点灯/消灯を繰り返すプログラム

```
from  machine import Pin
import utime

led_flg_on = False
# LED 点灯・消灯フラグ
last_switch_time = 0
# 割り込み発生最終時刻 (ticks_msの値)
CHATTER_MASK = 300
# 割り込み発生時、無効扱いする閾値 300ms

# interrupt handler
def sw_handler(sw):
    global led_flg_on
    global last_switch_time
    current_ms = utime.ticks_ms()
    if utime.ticks_diff(current_ms,
                last_switch_time) < CHATTER_MASK:
        pass # チャタリングが発生したと判断して無効扱い
    else:
        led_flg_on = not led_flg_on
        # 通常操作と判断して、LED点灯・消灯フラグを反転
        last_switch_time = current_ms

sw = Pin(33, Pin.IN, Pin.PULL_UP)
sw.irq(handler=sw_handler, trigger=Pin.IRQ_FALLING)
                # GPIO33の立下りで割り込み発生、ハンドラ設定

led = Pin(25, Pin.OUT)
led.off()

# main loop
while True:
    if led_flg_on:
        print("LED on")     # デバッグ用出力
        led.on()            # LEDを点灯
    else:
        print("LED off")    # デバッグ用出力
        led.off()           # LEDを消灯
    utime.sleep_ms(500)
```

せていました．ここではスイッチの操作によって割り込みを発生させ，LEDを制御します．

リスト2はスイッチを押すごとに，LEDが点灯→消灯（消灯→点灯）する動作をします．リスト2に示すように，割り込み発生時に呼び出される関数（割り込みハンドラ）を用意しておき，Pinクラス（GPIO制御の関数）のirq関数で割り込み発生条件と割り込みハンドラを指定します．

本例では，IO33の立ち下がりで割り込みが発生し，sw_handler関数が呼び出されるように設定しています．sw_handler関数では，LED点灯状態を管理するフラグを反転させる処理だけ行い，すぐに抜けています（元のプログラムに戻ることや処理を終了することを「抜ける」と呼ぶ．今回はメイン・プログラムに戻ることを指す）．

● スイッチのチャタリング対策も盛り込む

スイッチ操作による信号の立ち下がりで割り込み発生させると，スイッチのチャタリングによって複数回の割り込みが発生します．チャタリングを回避する方法として，コンデンサ，抵抗などのハードウェア追加による方法と，ソフトウェアによる方法があります．

本例では，ソフトウェアによるチャタリング回避の例を示します．リスト2のsw_handler関数に示すように，前回のLEDフラグを変更した時刻（単位はms）を記録しておき，前回のフラグ変更時刻から一定の時間（実装例では300msの間）は割り込みが発生してもLEDフラグの変更を行わずに無視する実装としています．

▶スイッチが長押しされた場合

本例はクリックのような短いスイッチ操作を想定しています．スイッチが長押しされる場合には対応できていません．対応するには，チャタリング対策によりスイッチ操作が無効となる時間を延長させる必要があります．実装が複雑になりますので今回は省略します．

1-3 A-Dコンバータでボリュームのアナログ値を取得する

ボリューム（可変抵抗器）はアンプの音量調整などに使われますが，ゲーム機のユーザ・インターフェースとしても使われます．ESP32に内蔵されているアナログ-ディジタル変換機能（A-Dコンバータ）を用いてボリュームが出力する電圧を計測することで，どれぐらいボリュームが回されたかを知ることが可能になります．

● 回路

回路を図2に，外観を写真2に示します．ESP32と可変抵抗器を接続します．ボリュームの両端には3.3VとGNDを接続します．

● プログラム

ボリュームの操作状況をA-Dコンバータから取得する例をリスト3に示します．A-Dコンバータを使うときは入力される最大電圧と，出力されるビット数を

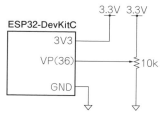

図2　ボリュームとの接続回路

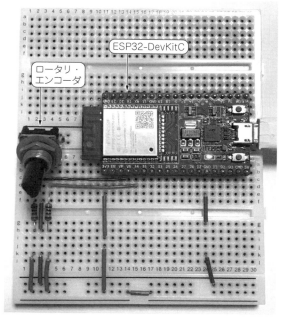

写真2　ESP32-DevKitCとロータリ・エンコーダをブレッドボード上で接続した様子

指定します．最大電圧を入力減衰率としてA-Dコンバータに指定します．

　表1に入力減衰率を示します．図2の回路図に示すように，10kΩのボリュームの電位は0～3.3Vの間で変化するので，入力減衰率としてADC.ATTN_11DB（最大入力電圧：3.6V，減衰率：11dB）を指定します．

▶ A-Dコンバータの分解能を決める

　A-Dコンバータから出力されるビット数を表2に示します．例えばADC.WIDTH_10BITを指定すると，出力される値は0～1023（$2^{10} - 1$）になります．本例ではADC.WIDTH_10BITを指定しています．

▶ A-Dコンバータとして使えるGPIOピン

　ボリュームを操作することで，A-Dコンバータから出力される値が変化します．図2の場合，設定通り0～1023が取得できました．A-Dコンバータとして使えるGPIOは32～39です．

　ボリュームの操作に応じてLEDを調光したり，サー

リスト3　A-Dコンバータが読み込んだアナログ値を出力するプログラム

```
from machine import Pin
from machine import ADC
import utime

# Available Pins: 32-39

adc = ADC(Pin(36))
adc.read()

adc.atten(ADC.ATTN_11DB)
        # maximum input voltage of approximately 3.6v
adc.width(ADC.WIDTH_10BIT)  # 0-1023
print(adc.read())
while True:
    print(adc.read())
    utime.sleep_ms(100)
```

表1　A-Dコンバータに指定する入力減衰率

設定値	入力減衰率 [dB]	最大入力電圧 [V]
ADC.ATTN_0DB	0	1.00
ADC.ATTN_2_5DB	2.5	1.34
ADC.ATTN_6DB	6	2.00
ADC.ATTN_11DB	11	3.60

表2　A-Dコンバータから出力される出力ビット数

設定値	出力される値 [ビット]
ADC.WIDTH_9BIT	9
ADC.WIDTH_10BIT	10
ADC.WIDTH_11BIT	11
ADC.WIDTH_12BIT	12

ボモータを制御したりする例は第4章で示します．

1-4　ロータリ・エンコーダの パルス出力を取得する

● ロータリ・エンコーダとは

　ロータリ・エンコーダは，ノブをくるくると回して数値やメニューを選択するインターフェースとして使われます．ロータリ・エンコーダには，絶対値を出力するタイプ（アブソリュート型）と，回転時の増減を出力するタイプ（インクリメンタル型）があります．本例では入手のしやすさからインクリメンタル型のロータリ・エンコーダを使いました．クリック機能付きのEC12E2420801（アルプスアルパイン）で動作確認しました．

● 回路

　ロータリ・エンコーダを接続した回路図を図3に示します．図3のようにロータリ・エンコーダからの出力に対してプルアップ抵抗を付けてESP32と接続した場合，時計回りに軸を回すと，回転に連動して位相

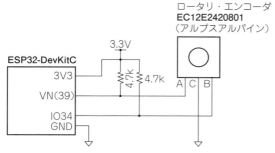

ロータリ・エンコーダ
EC12E2420801
（アルプスアルパイン）

図3　ロータリ・エンコーダとの接続回路

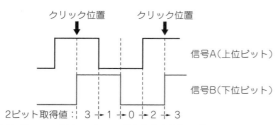

図4[(1)]　**ロータリ・エンコーダから出力されるパルス**
A端子，B端子にプルアップ抵抗を接続し，C端子をGNDに接続した場合

の異なるA/Bのパルスが出力されます．得られる波形を**図4**に示します．

● 筆者が自作したロータリ・エンコーダ用のドライバを使用する

　クリック付きロータリ・エンコーダを手軽に使えるようにロータリ・エンコーダ用のドライバを作成しました（ファイル名：encoder.py）．ドライバのプログラムを**リスト4**に示します．プログラム全文は次のウェブ・ページから入手できます．

https://www.cqpub.co.jp/interface/download/contents.htm

　encoder.pyは第1章の「PCからESP32へファイル転送する」に記載した手順でESP32のフラッシュ・メモリに転送してから使います．

　ロータリ・エンコーダの軸を1クリック分回すと，メソッドget_valから，1または−1が出力されます．時計回り（Clock WizeよりCWと呼ばれる）を1，反時計回り（Counter Clock WizeよりCCWと呼ばれる）を−1としています．

● プログラム

　ドライバのプログラムを簡単に説明します．ロータリ・エンコーダから出力されるA/Bの信号に対して，信号Aを上位ビット，信号Bを下位ビットとする2ビット長の数値に変換します．時計回り（CW）に1クリック分回転させると，数値化して得られる値は，

リスト4　筆者が自作したロータリ・エンコーダ用ドライバ
（encoder.py）

```
class RotaryEncoder():

    def __init__(self,sig_A,sig_B):

        self.sig_A = sig_A
        self.sig_B = sig_B
        self.last_val = None
        self.rotate_dir = None   # dir:'CW' or 'CCW'
        self.dbg_mode = False

    def get_val(self):

        enc_data = None

        val_A = self.sig_A.value()
        val_B = self.sig_B.value()
        val = val_A << 1 | val_B
                    :省略
```

リスト5　ロータリ・エンコーダの値を出力するプログラム

```
from machine import Pin
import encoder

enc = encoder.RotaryEncoder(
                Pin(39,Pin.IN),Pin(34,Pin.IN))
while True:
    val = enc.get_val()
    if val:
        print(val)
```

3⇒1⇒0⇒2⇒3と変化します．ドライバは値の遷移に基づき，回転状況を判断しています．反時計回り（CCW）の場合は，値が3⇒2⇒0⇒1⇒3と遷移します．反時計回りの場合も同様の手法で回転を判断できるように実装しています．本ドライバは割り込み方式ではなくポーリング方式で実装しており，連続して呼び出される使い方を想定しています．メソッドget_valの呼び出し周期が長くなると，ロータリ・エンコーダの操作を読み落とす確率が高くなります．

　上記ロータリ・エンコーダ用ドライバを用いた簡単なテスト・プログラムを**リスト5**に示します．**リスト5**を実行すると，ロータリ・エンコーダの操作に連動して1または−1がREPL画面に表示されます．

　ロータリ・エンコーダを使った例は，第4章で紹介します．

◆**参考文献**◆
(1) 12型絶縁軸タイプEC12シリーズ．
https://tech.alpsalpine.com/prod/j/html/encoder/incremental/ec12e/ec12e2420801.html

すみ・ふみお

静電容量，磁気，赤外線（人感），温湿度／気圧の検出

第3章 センサによる 測定データの見える化

角 史生

第3章では，ESP32-WROOM-32（Espressif Systems, 以降はESP32と表記）の内蔵センサや，外部センサ・モジュールを使って，測定データを見える化します．

2-1 静電容量（タッチ・センサ）で 指を検知する

● ESP32の静電容量検知機能を使う

ESP32は，静電容量の変化を検知できる入力端子を備えています．今回，指を触れることで変化する静電容量をmachineモジュールのTouchPadクラスを用いることでタッチ・センサとして使用します．

ESP32でタッチ・センサとして使える端子は次の通りです．

IO0，IO2，IO4，IO12，IO13，IO14，IO15，IO27，IO32，IO33

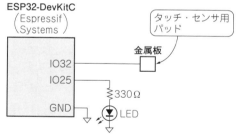

図1　タッチ・センサ用パッドと接続する回路

写真1　銅板で作成したタッチ・センサ用パッドを接続した様子

● 回路

回路図を図1に示します．写真1のように，IO32に金属板などで作成したタッチ・センサ用パッドを接続します．金属板に指が触れるとLEDが点灯し，離れるとLEDが消灯します．

● プログラム

タッチ・パッドの静電容量の変化に応じてLEDが点灯するプログラムをリスト1に示します．

2-2 内蔵ホール・センサで磁力を 検知する

ESP32には磁力を検知できるホール・センサが内蔵されており，hall_sensor関数を用いることでセンサの値が取得できます．

● 回路

図2に回路を示します．この回路は，第2章の「1-1 スイッチを押したときだけLEDが点灯する」と同じですがスイッチが不要になります．写真2に示すのは，ESP32内蔵ホール・センサに磁石を近づけている様子です．

リスト1　タッチ・パッドの静電容量の変化に応じてLEDが点灯するプログラム

```python
from machine import TouchPad
from machine import Pin
import utime

touch_threshold = 390        # 閾値を390に設定
touch = TouchPad(Pin(32))    # GPIO32をタッチ・パッドに設定

led = Pin(25, Pin.OUT)
led.off()
while True:
    sense_value = touch.read()
                             # タッチ・パッドの値を取得
    print(sense_value)
    if sense_value < touch_threshold:
                             # センサの値が閾値以下になった場合
        print("LED On")      # タッチされていると判断して
        led.on()             # LEDを点灯させる
    else:
        led.off()            # そうでないならLEDを消灯する
    utime.sleep_ms(200)      # 200msecウエイト(少し待つ)
```

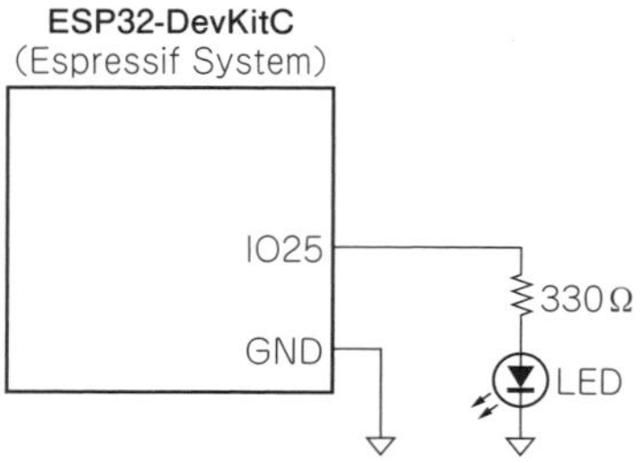

ESP32-DevKitC
(Espressif System)
IO25
GND
330Ω
LED

図2　内蔵ホール・センサが出力する値に応じてLEDが点灯する回路

リスト2　内蔵ホール・センサが出力する値に応じてLEDが点灯するプログラム

```
from machine import Pin
import utime
import esp32

led = Pin(25, Pin.OUT)
led.off()

SENS_LOWER_LIMIT = 0        # 下限の閾値
SENS_UPPER_LIMIT = 200      # 上限の閾値

while True:
    sense_value = esp32.hall_sensor()
                            # ホール・センサの値を取得
    print(sense_value)
    if sense_value >= SENS_UPPER_LIMIT or sense_
                  value <=  SENS_LOWER_LIMIT:
        print("LED On")     # 磁石が近づいたと判断して
        led.on()            # LED点灯
    else:
        led.off()           # それ以外はLED消灯
    utime.sleep_ms(200)
```

磁石
LED

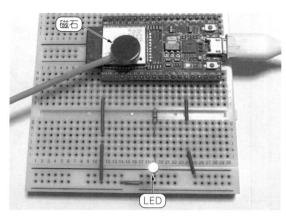

写真2　内蔵ホール・センサに磁石を近づけてLEDを点灯させている様子

ESP32-DevKitC
(Espressif Systems)
3V3
IO35
IO25
GND
3.3V
330Ω
LED
10k
3.3V
EKMC1601112
(パナソニック)
V_{DD}
OUT
GND

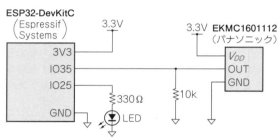

図3　人感センサが出力する値に応じてLEDが点灯する回路

● プログラム

内蔵ホール・センサが出力する値に応じてLEDが点灯するプログラムを**リスト2**に示します．

hall_sensor関数で取得できる値は，ESP32の近くに磁石がない状態だと40～150の間で変動します．磁石を近づけると極性に応じて400以上，または－200以下に変化します．

本プログラムでは，磁石がないと判断するしきい値を0～200に設定し，hall_sensor関数で取得された値が200以上，または0以下になった場合にLEDが点灯するようにしました．

本例では磁力が強いネオジム磁石を使いました．U型磁石は磁力が弱いせいか，安定した検知ができませんでした．

2-3 赤外線センサで人を検知する

● 回路

人感センサは，赤外線の変化量に基づき人が近づいたことを検知できます．

図3に示すのは，人感センサを用いた回路です．本例では人感センサとしてEKMC1601112(パナソニック)を使います．この人感センサの出力はディジタル値で，通常は0，人が近づくと1を出力します．**写真3**に示すのは，人感センサとESP32を接続した様子です．

● プログラム

人感センサの出力が1のときにLEDが点灯するプログラムを**リスト3**に示します．本例ではIO35を用いて人感センサからの出力を取得します．IO35の値をポーリングで取得し，取得された値が1になると人が近づいたと判断してLEDを点灯します．人が離れるとIO35から取得される値が0になるので，LEDを消灯します．

2-4 温度/湿度/気圧を検知する

● センサ・モジュールをI^2C接続で制御する

本例では温湿度と気圧を測定できるセンサBME280(ボッシュ)を搭載するモジュール製品「BME280搭載　温湿度・気圧センサモジュール」(スイッチサイエ

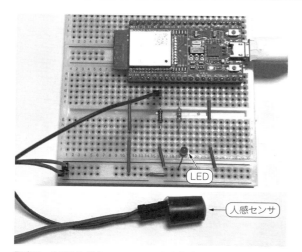

写真3　人感センサ（EKMC1601112）を接続した様子

リスト3　人感センサの出力が1のときにLEDが点灯するプログラム

```
from machine import Pin
import utime

sensor = Pin(35, Pin.IN)
                     # 人感センサからの出力をGPIO35で取得
led = Pin(25, Pin.OUT)
while True:
    if  sensor.value() == 1:
                     # 人感センサからの値が1の場合
        print("on")    # 人が近づいたと判断して
        led.on()       # LED点灯
    else:
        print("off")
        led.off()      # それ以外はLED消灯
    utime.sleep_ms(200)
```

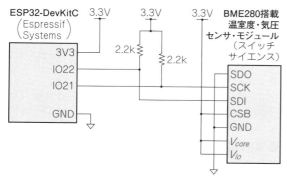

図4　温度・湿度・気圧センサ・モジュールと接続する回路

ンス）を使います．

　BME280はI²CまたはSPIによる接続が可能です．I²C接続の場合，シリアル・データ・ライン（SDA）とシリアル・クロック・ライン（SCL）の計2本の信号線で制御できます．今回はBME280とESP32をI²Cで接続します．

写真4　温度・湿度・気圧センサ・モジュールとESP32をI²Cで接続した様子

リスト4　BME280から温度・湿度・気圧の値を取得するプログラム

```
import sys
import utime
from machine import Pin
from machine import I2C
from bme280_int import BME280
BME280_ADDR = 0x76    # BME280のアドレス：0x76

i2c = I2C(scl=Pin(21), sda=Pin(22), freq=9600)

device_list = i2c.scan()
                      # I2Cバスをスキャンする
if not (BME280_ADDR in device_list):
                      # BME280が接続されていることを確認
    print("I2C Scan Error!")
    sys.exit()
else:
    print("connected BME280(0x{:02x})".
                       format(BME280_ADDR))

bme280 = BME280(i2c = i2c)

while True:
    print(bme280.values)
                      # BME280の計測値取得
    utime.sleep(10)
```

● 回路

　図4に示すのは，BME280とESP32をI²Cで接続した回路です．SDA信号，SCL信号にはプルアップ抵抗が必要です．本モジュールにはプルアップ抵抗が実装されていないため，各信号線に対して，2.2kΩの抵抗を使用しプルアップしています．写真4に示すのは，センサ・モジュールとESP32を接続した様子です．

● プログラム

　BME280から温度・湿度・気圧の値を取得するプログラムをリスト4に示します．本例では，GitHub上で

コラム　MicroPython と Arduino の処理速度を比べてみた　　　　角 史生

● こんな比較をしてみた

▶ ループ・テストと画像変換の処理時間を比較

MicroPython はインタープリタ型言語であり，Arduino はコンパイル型言語です．Arduino の方が高速に実行可能ですが，実行性能がどれぐらい異なるのかを調べました．文献（A）で MicroPython のループ速度を測定しましたので，Arduino で同等のプログラムを作成し，どれぐらいの速度で実行できるかを調べました．

▶ Arduino との性能差は最大213倍

この結果，**表A** に示すように，MicroPython のループ速度に対して Arduino は27倍の速度で処理できることが分かりました．

ループ速度テストは GPIO に対するアクセスが含まれるプログラムでした．周辺ハードウェアの制御を含まない演算処理のみの場合，どれぐらい速度の差が発生するのか調べました．

画像変換テストでは，サンプル・プログラムとして，カラー画像を白黒画像に変換するプログラムを用いました．RGB から白黒画像への変換は，OV5642 Application Note注Aに紹介された RGB/YCbCr 変換式を参考にしました．対象画像は，画像フォーマット RGB565，画像サイズ QQVGA としました．この結果，性能の差がさらに大きくなり，Arduino と MicroPython の性能差は最大213倍になることが分かりました．

注A：OV5642 Camera Module Software Application Notes Document Revision：1.10.

表A　MicroPython と Arduino の性能比較結果

（）内は，MicroPython のネイティブ・コード生成オプション（ネイティブ・コード・エミッタ）を有効にして実行した場合の実行時間と倍率．実行環境は MicroPython v1.12 2019-12-20'，CPU クロック周波数240MHz

項　目	MicroPython	Arduino	性能差
ループ速度テスト	$5.47\,\mu s$（$3.27\,\mu s$）	$0.2\,\mu s$	27倍（16倍）
画像変換テスト	586.85ms（206.894ms）	2.75ms	213倍（75倍）

● 性能差を低減する方法

画像変換プログラムは配列を用いた演算処理のみであるため，性能差が広がったと考えられます．MicroPython のネイティブ・コード・エミッタを有効にすることで，画像変換テストでの性能差を75倍まで低減させることが可能です．

実験で使用したしたプログラムは，次のウェブ・ページからダウンロードできます．

https://www.cqpub.co.jp/interface/download/contents.htm

ネイティブ・コード・エミッタによる高速化は，第12章コード改善を参照してください．

◆参考文献◆

（A）角 史生：コラム MicroPython のループ速度，Interface，2020年4月号，p.89，CQ出版社．

```
connected BME280(0x76)
('17.91C', '1010.20hPa', '52.81%')
('17.92C', '1010.22hPa', '52.87%')
```

図5　リスト4のプログラムの実行結果
正常に動作していれば，10秒おきに温度，気圧，湿度が表示される

公開されている MicroPython 版の BME280 用ドライバを使いました．次のウェブ・ページから入手できます．

https://github.com/robert-hh/BME280

GitHub より bme280_int.py をダウンロードし，ESP32 上のフラッシュ・メモリに配置します．ファイルをフラッシュ・メモリに書き込むには，MicroPython 用 IDE である uPyCraft を使う方法や，ampy コマンドを用いる方法があります．MicroPython の REPL で利用できる newfile 関数を用いてコピー＆ペースト

でファイルを作成する方法もあります．

uPyCraft や，ampy コマンドの利用方法は文献（1），（2）を参照してください．

● 動作確認

リスト4の実行結果（REPL画面）を**図5**に示します．BME280接続後，10秒おきに温度，気圧，湿度が表示されます．

◆参考文献◆

（1）Introduction・uPyCraft_en.
　　https://dfrobot.gitbooks.io/upycraft/content/
（2）Adafruit MicroPython Tool (ampy).
　　https://github.com/scientifichackers/ampy

すみ・ふみお

LED調光，モータ制御，電子音再生

PWM出力

角 史生

● PWMとは

PWM（Pulse Width Modulation）は，パルス幅変調とも呼ばれる変調方式の1つです．パルス波のON/OFFの比率（デューティ）を変化させることで，出力される電力を制御します．照明の調光やモータの回転制御などに使えます．今どきの一般的なマイコンは，PWM出力機能を備えていることがほとんどです．本付録で使っているESP32にもPWM出力機能が搭載されています．

第4章では，ESP32のPWM出力機能を使ったLEDの調光やRCサーボモータの回転制御，アラート音再生の例を紹介します．

3-1 PWMでLEDの明るさを ゆっくり点滅させる

● デューティで輝度を変化させる

ESP32のPWM出力機能が生成するパルス波（矩形波）のデューティを変えることで，LEDの明るさを変化させます．

プログラムでは，PWMクラスのduty関数でデューティを指定します．ESP32のPWM出力機能では，デューティを0（ON比率0％，全OFF）～1023（ON比率100％，全ON），周波数を1Hz～40MHzで指定できます．PWM出力は，入力専用ピンを除く全てのGPIOピンを指定できます．

● 回路…シンプルなLED点灯回路でOK

図1に本例の回路を示します．この回路は，第3章の「2-2 内蔵ホール・センサで磁力を検知する」と同じです．

● プログラム…PWM周波数は100Hzに固定

リスト1に本例のサンプル・プログラムを示します．このサンプル・プログラムは，ビルの屋上で夜間に赤く点滅している航空障害灯のようにLEDが点滅します．PWMの周波数は100Hzに固定しています．

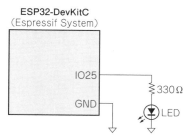

ESP32-DevKitC
（Espressif System）

IO25

GND

330Ω

LED

図1　PWMでLEDの明るさを変化させる回路
LED1個と330Ωの抵抗1個で試せる

リスト1　PWMでLEDの明るさを変化させるプログラム
PWM周波数は100Hzに固定．航空障害灯のようにLEDが点滅する

```python
import utime
import math
from machine import Pin
from machine import PWM

PWM_FREQ = 100  # freq of PWM 100Hz

# 0:    LED off
# 512:  duty 50%
# 1023: LED on (100%)
PWM_MIN_DUTY  = 0     # 最小デューティ・サイクル
PWM_MAX_DUTY  = 1023  # 最大デューティ・サイクル

# set GPIO AND PWM
pwm_led = PWM(Pin(25))   # GPIO25をPWM出力に設定

# set freq of PWM
pwm_led.freq(PWM_FREQ)

while True:
    for x in range(100):  # だんだんと明るくする
        pwm_led.duty(int(math.sin(3.14 / 2
            * x / 100) * PWM_MAX_DUTY))
        utime.sleep_ms(3)
    utime.sleep_ms(800)
    for x in range(100):  # だんだんと暗くする
        pwm_led.duty(int(math.sin(3.14 / 2
            * x / 100 + 3.14 / 2) * PWM_MAX_DUTY))
        utime.sleep_ms(10)
    utime.sleep_ms(250)
```

3-2 ボリュームでLEDを調光する

● 回路…ボリュームとLEDを接続する

　図2に本例の回路を示します．これは，第2章の「1-3 A-Dコンバータでボリュームのアナログ値を取得する」の回路にLEDを追加したものです．ブレッドボードに回路を構成した様子を写真1に示します．

　ESP32とボリュームを接続します．ボリュームの両端には3.3Vとグラウンドを接続します．ESP32のIO25には，330Ωの抵抗とLEDをつなぎます．

● プログラム…ボリューム値に応じてLEDを調光

　リスト2に本例のサンプル・プログラムを示します．

　A-Dコンバータで取得する値が，ボリュームを操作することで0〜1023に変化します．A-Dコンバータから得られた値に連動して，PWMのデューティを0〜1023（0〜100％）で変化させることで，LEDの明るさを変えます．

　リスト2のサンプル・プログラムでは，汎用的な実装になるように，A-Dコンバータで得られた値に基づいてPWMのデューティをON比率で求めています．A-Dコンバータで取得できる値の範囲と，PWMのデューティとして設定できる値の範囲は同じです．このためプログラムでは，ON比率の計算を省略して，A-Dコンバータで得られた値をそのままPWMのメソッドであるduty関数に代入しています．

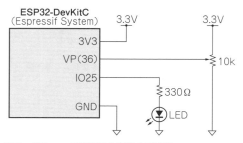

図2　ボリュームでLEDを調光する回路

写真1　ボリュームを操作することでLEDを調光している様子

リスト2　ボリュームの値に応じてLEDを調光するプログラム

```python
import utime
from machine import Pin
from machine import ADC
from machine import PWM

PWM_FREQ = 100   # freq of PWM 100Hz
PWM_MIN_DUTY  = 0
PWM_MAX_DUTY  = 1023

#Pins 32-39
# setup ADC

adc = ADC(Pin(36))   # ボリュームをGPIO36に接続
adc.atten(ADC.ATTN_11DB)
                     # A-Dコンバータにかかる最大電圧 3.6v
adc.width(ADC.WIDTH_10BIT)
                # A-Dコンバータからの取得値：0-1023

# set GPIO AND PWM
pwm_led = PWM(Pin(25))   # LED port GPIO:25
pwm_led.freq(PWM_FREQ)

while True:
    vol = adc.read()
                # ボリューム電圧取得（0 =< vol <= 1023）
    duty = int(PWM_MAX_DUTY * vol / 1023)
                    # 電圧に応じたデューティ・サイクルを算出
    pwm_led.duty(duty)   # PWMにデューティ・サイクルを設定
    print("vol:{:d} duty:{:d}".format(vol,duty))
    utime.sleep_ms(100)   # wait 100ms
```

3-3 ボリュームでRCサーボモータの回転角度を制御する

● ボリュームに応じてRCサーボモータの回転角度を制御する

ESP32のPWM出力機能を使えば，一定周期の矩形波のパルス幅を変化させられるので，RCサーボモータの回転角度を制御できます．

ここでは，矩形波の周期を20ms（周波数50Hz）に設定し，パルス幅を0.5m ～ 2.4msの間で変化させることで，RCサーボモータ TG9z（Turnigy）の回転角度を制御します．パルス幅は使用するRCサーボモータによって異なります[1]．

● 回路…RCサーボモータの電圧に合わせてPWM信号をレベル変換する

図3に本例の回路を示します．これは，第2章「1-3 A-Dコンバータでボリュームのアナログ値を取得する」の回路に，RCサーボモータとの接続回路を追加したものです．ブレッドボードに回路を構成した様子を写真2に示します．

ESP32のIO17から出力されたPWM信号に対して，

ロジックICの74HCT541を使って3.3Vから5Vにレベル変換を行ってからRCサーボモータに接続しています．

RCサーボモータには，制御信号の電圧が3.3Vの製品もあるようです．これは，内蔵されている制御デバイスによって異なります[2]．

● プログラム…ボリューム値に応じてデューティを変化させる

リスト3に本例のプログラムを示します．A-Dコンバータでボリュームの値を取得して，その値に応じてPWMのデューティを変化させています．これにより，ボリュームの操作に連動してRCサーボモータの回転角度を制御できます．

リスト3　ボリュームの値に応じてRCサーボモータの回転角度を制御するプログラム

```python
import utime
from machine import Pin
from machine import ADC
from machine import PWM

PWM_MIN_DUTY  = 0
PWM_MAX_DUTY  = 1023
PWM_SERVO_FREQ = 50 # freq of PWM 50Hz  20ms
SERVO_DUTY_MIN = 30 # = PWM_MAX_DUTY * 0.5msec /
                    #   20msec  + safety margin(4)
SERVO_DUTY_MAX = 120 # = PWM_MAX_DUTY * 2.4msec /
                     #   20msec  - safety margin(3)
SERVO_DUTY_CENTER = int((SERVO_DUTY_MAX
              - SERVO_DUTY_MIN)/2) + SERVO_DUTY_MIN

# setup Volume input via ADC
adc = ADC(Pin(36))  # VR input GPIO:36
adc.atten(ADC.ATTN_11DB)
        # maximum input voltage of approximately 3.6v
adc.width(ADC.WIDTH_10BIT)  # 0-1023
VOL_MAX=1023

# set GPIO AND PWM for Servo
pwm_servo = PWM(Pin(17))  # Servo port GPIO:17
pwm_servo.freq(PWM_SERVO_FREQ)
pwm_servo.duty(SERVO_DUTY_CENTER)

while True:
    vol = adc.read()
    duty = int((SERVO_DUTY_MAX - SERVO_DUTY_MIN)
              * vol / VOL_MAX) + SERVO_DUTY_MIN
    pwm_servo.duty(duty)
    # for debug
    pulse = 1000 / PWM_SERVO_FREQ * duty / 1023
    print("vol:{:d} duty:{:d}({:.2f}ms)"
                    .format(vol,duty, pulse))
```

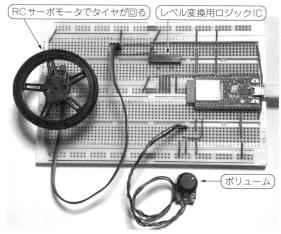

写真2　ボリュームを操作することでRCサーボモータの回転角度を制御している様子

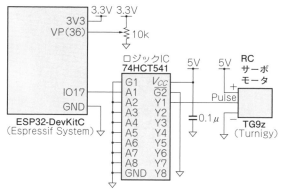

図3　ボリュームに応じてRCサーボモータの回転角度を制御する回路
RCサーボモータでは入力信号の電圧レベルが5Vに規定されているので，ESP32から出力されたPWM信号の電圧を3.3V→5Vにレベル変換している

3-4 PWM出力でメロディを再生する

● 回路…カップリング・コンデンサとフィルタ回路を挿入する

図4に示すのは，ESP32のPWM出力機能を使ってメロディを再生する回路です．ブレッドボードに回路を構成した様子を**写真3**に示します．

本例では，PAM8403（Diodes）を搭載するボリューム付きディジタル・アンプ基板（EasyWordMallほか）を使います．PAM8403を搭載したディジタル・アンプ基板（GF1002など）はアマゾンなどのオンライン通販で入手できます．GPIO出力との間には，カップリング・コンデンサとフィルタ回路を挿入します．

フィルタ回路の定数は，文献（3）を参考に決めました．圧電スピーカを使えばアンプを省略できますが，大きな音は出力できません．

● プログラム…周波数を262〜523Hzの範囲で変化させて音階にする

ESP32のPWM出力機能は，任意の周波数の矩形波を生成できるので，スピーカを接続すればメロディを再生できます．

リスト4に示す本例のサンプル・プログラムでは，PWMの周波数を262〜523Hzの範囲で180msごとに順番に設定して，音階を再生しています．PWMのデューティは50%（値は512）で固定しています．

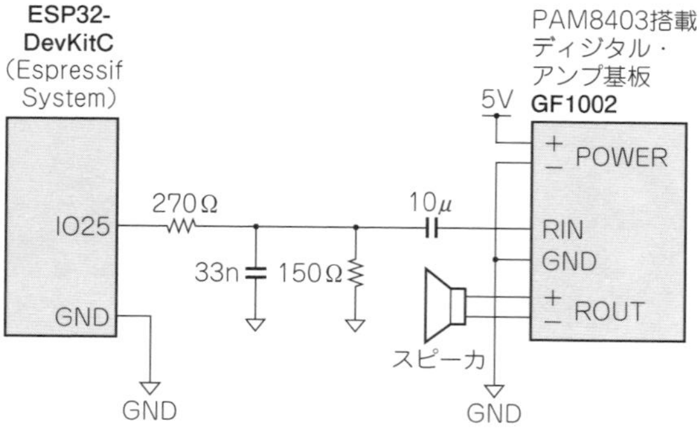

図4　PWMでメロディを再生する回路
ボリューム付きディジタル・アンプ基板と接続する．ESP32のGPIO出力との間には，カップリング・コンデンサとフィルタ回路を挿入する

リスト4　PWM出力でメロディを再生するプログラム
PWM周波数を262〜523Hzの範囲で変化させて音階にする

```
from machine import Pin
from machine import PWM
import utime

# set GPIO AND PWM
pwm_sound = PWM(Pin(26))
pwm_sound.duty(int(1024/2))

G3=196
A3=220
B3=246
C4=262
D4=294
E4=330
F4=349
G4=392
A4=440
B4=494
C5=523

#CHIME1=(C5, B4, A4, G4, F4, E4, D4, C4, B3, A3, G3)
CHIME1=(C5, B4, A4, G4, F4, E4, D4, C4)
while True:
    for freq in CHIME1:
        pwm_sound.freq(freq)
        print(freq)
        utime.sleep_ms(180)

pwm_sound.duty(0)    # to stop sound
```

写真3　PWMでメロディを再生している様子

3-5 ロータリ・エンコーダで音程を変化させる

ロータリ・エンコーダの操作に応じて，スピーカから再生する音の周波数を変化させます．

● 回路…ディジタル・アンプとロータリ・エンコーダを接続する

図5に本例の回路を示します．ブレッドボードに回路を構成した様子を写真4に示します．

この回路は，第2章の「1-4 ロータリ・エンコーダのパルス出力を取得する」と，前述の「3-4 PWM出力でメロディを再生する」を組み合わせたものです．

● プログラム…ロータリ・エンコーダの操作に応じてPWM周波数を加減算する

リスト5に本例のサンプル・プログラムを示します．RotaryEncoderクラスのget_val関数をポーリングで呼び出すことで，ロータリ・エンコーダが操作されたときに−1または1が出力されます．出力された値に応じて，PWMの周波数を5Hz加算，または5Hz減算することで音程を変化させています．

get_val関数の値を低く設定するとロータリ・エンコーダの操作を読み落とす確率が高くなるので，無限ループ内にはウェイト関数を入れていません．

リスト5　ロータリ・エンコーダの値に応じて音程を変化させるプログラム
ロータリ・エンコーダの操作に応じてPWM周波数を加減算する

```python
from machine import Pin
from machine import PWM
import utime
import encoder

A4 = 440

# setup RotaryEncoder
enc = encoder.RotaryEncoder(Pin(39,Pin.IN),
                            Pin(34,Pin.IN))

# set GPIO AND PWM
pwm_sound = PWM(Pin(26))
pwm_sound.duty(int(1024/2))

freq = A4
pwm_sound.freq(freq)

while True:
    val = enc.get_val()
    if val:
        print(val)
        if val == 1:
            freq += 5
        else:
            freq -= 5
        print("{:d}Hz".format(freq))
        pwm_sound.freq(freq)
```

◆参考・引用*文献◆
(1) パルス幅変調，MicroPython 1.15 ドキュメント，Damien P. George, Paul Sokolovsky, and contributors.
https://micropython-docs-ja.readthedocs.io/ja/latest/esp8266/tutorial/pwm.html#control-a-hobby-servo
(2)［20日目］基板を起こしてモータを動かそう，Cerevo TechBlog, Cerevo.
https://tech-blog.cerevo.com/adventcalendar2016/advent20/
(3) Raspberry Pi Zero Audio Circuit—othermod，othermod.
https://othermod.com/raspberry-pi-zero-audio-circuit/

すみ・ふみお

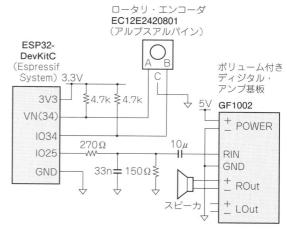

図5　ロータリ・エンコーダで再生音の音程を変化させる回路
ボリューム付きディジタル・アンプ基板とロータリ・エンコーダを接続する

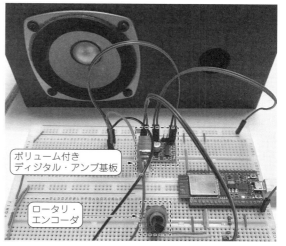

写真4　ロータリ・エンコーダを操作することで音程を変化させている様子

キャラクタ・ディスプレイやグラフィック・ディスプレイ

第5章 小型ディスプレイによる表示

角 史生

最近では，組み込み用途に適したさまざまな小型液晶ディスプレイが販売されています．液晶制御ICに対応したMicroPython用のドライバが，GitHubなどで公開されています．制御ICの種類や接続方法に合うドライバを選択することで，簡単に液晶ディスプレイが使えます．

第5章では，写真1に示すキャラクタ・ディスプレイとグラフィック・ディスプレイの使用例を紹介します．

4-1 I²C接続のキャラクタ・ディスプレイに文字を表示する

● 3.3Vで駆動するキャラクタ・ディスプレイを選択

キャラクタ・ディスプレイとして，1602LCDモジュールという名称の液晶ディスプレイ・モジュール

（a）キャラクタ・ディスプレイ・モジュール（本稿の4-1で解説）

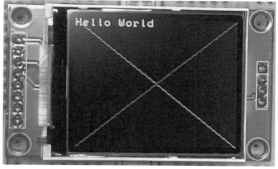

（b）SPI接続のグラフィック・ディスプレイ（本稿の4-2で解説）

写真1　本章でやること…液晶ディスプレイに文字や線を表示する

が安価に入手可能ですが，大半の商品は電源電圧が5Vとなっており，3.3Vで駆動できるタイプが非常に少ないという問題があります．

今回はXIAMEN ZETTLER ELECTRONICS製の液晶ディスプレイ・モジュールを使用しました．製品名は，ACM1602NI-FLW-FBW-M01（以降，ACM1602NI）であり，電源電圧は3.3Vです．

● インターフェース…信号線の少ないI²Cを使う

ACM1602NIには，液晶制御ICとしてST7066（Sitronix Technology）が搭載されており，ST7066には，表示データとして8ビットのパラレル信号を入力する必要があります．ACM1602NIにはPIC16F689（マイクロチップ・テクノロジー）が搭載されており，I²Cのシリアル信号を8ビットのパラレル信号に変換してST7066に送信する役割を担っています．このシリアル・パラレル変換機能によりESP32マイコンからはI²Cのクロックとデータの2本でACM1602NIを制御することができます．ACM1602NIと接続するためのI²Cの仕様，キャラクタ・ディスプレイを制御するコマンドの詳細については，XIAMEN ZETTLER ELECTRONICS社が提供する仕様書[1]を参照してください．ESP32側のI²Cの使い方に関する詳細は，第6章を参照してください．

● 回路…I²Cはマイコンと直結するだけでOK

図1に本例の回路を示します．ブレッドボードに回路を構成した様子を写真2に示します．ESP32のI²C信号（SCL，SDA）とACM1602NIのSCL，SDAと接続します．仕様上I²C信号にはプルアップ抵抗が必要ですが，ACM1602NIのボード側でI²Cのプルアップ抵抗が搭載されているのか仕様書には明記されていません．秋月電子通商が公開している実装例[2]を参考に，本実装例でも，I²Cの信号に2.2kΩのプルアップ抵抗を付けています．

● プログラム…ドライバで提供されるAPIを使う

リスト1に本例のプログラムを示します．ACM

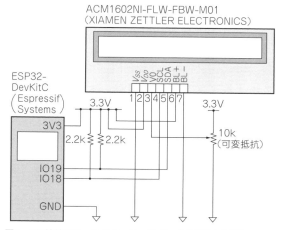

ACM1602NI-FLW-FBW-M01
(XIAMEN ZETTLER ELECTRONICS)

ESP32-
DevKitC
(Espressif
Systems)

図1　I²C接続のキャラクタ・ディスプレイを接続する回路

リスト1　I²C接続のキャラクタ・ディスプレイに文字を表示する
プログラム

```
from machine import Pin
from machine import I2C
from ACM1602NI_i2c_lcd import I2CLCD

LCD_I2C_ADDR = 0x50
i2c = I2C(0, scl=Pin(18), sda=Pin(19), freq=10_000)

lcd = I2CLCD(i2c, LCD_I2C_ADDR)
lcd.clear()
lcd.putstr(" *Hello World*\nIt's fine today.")
```

写真2　キャラクタ・ディスプレイに文字を表示した様子

表1
ESP32のハードウェアSPIチャネルのピン配置
HSPIとVSPIの2系統のチャネルがある．ここではグラフィック・ディスプレイとのインターフェースとしてHSPIを使う

ピン名	HSPI (id = 1)	VSPI (id = 2)
SCK	14	18
MOSI	13	23
MISO	12	19
CS	15	5

1602NIに適用可能なI²C接続のLCD用ドライバを見つけることができず，新たにLCDドライバを試作しました．試作したLCD用ドライバは次のウェブ・ページから入手できます．

https://www.cqpub.co.jp/interface/
download/contents.htm

ACM1602NI用のLCDドライバを使うことにより，キャラクタ・ディスプレイ・モジュールの表示データや制御信号の生成にはI²Cの設定などを行うだけで済みます．I²Cのクロックは，10kHzとしました．

4-2 SPI接続のグラフィック・ディスプレイに文字と線を描画する

● 液晶ドライバST7735互換品を選択

この例では，SPI接続で128×160ピクセルのカラー液晶ディスプレイ・モジュールを使います．

今回は，液晶制御ICにST7735（Sitronix Technology）を搭載しているディスプレイ・モジュールを使います．背面にはSPI接続のSDカード・モジュールが搭載されています．ST7735を用いたカラー液晶ディスプレイ・モジュールはいろいろな製品が豊富に販売されています．基本どの製品も同じドライバで制御でき

ると思います．執筆時点で入手可能な「1.8インチSPI TFT LCDディスプレイモジュールST7735」（ブランド名：Jadeshay）を使用しました．

● インターフェース…SPIを使う

液晶制御ICのST7735は，マイコンとSPIで接続します．ここでは，2種類あるESP32のハードウェアSPIチャネルのうち，HSPIをST7735の制御に使います．もう一方のVSPIはSDカードの制御に使います．

表1に示すのは，各ハードウェアSPIチャネルのデフォルトのピン配置です．SPIの使い方に関する詳細は，第6章を参照してください．

● 回路…マイコンとSPIで接続する

図2に本例の回路を示します．ブレッドボードに回路を構成した様子を写真3に示します．

● プログラム…文字と線を描画する

リスト2に本例のプログラムを示します．ST7735の

155

リスト2　SPI接続のグラフィック・ディスプレイに文字と線を描くプログラム

```
from machine import SPI
from machine import Pin
from ST7735 import TFT
from terminalfont import terminalfont
#
# use HSPI unit
#
TFT_HSPI = 1
TFT_SPI_SCK = 14
TFT_SPI_MOSI = 13
TFT_SPI_MISO = 12
#
# assign GPIO for CS, DC(A0), Reset
#
TFT_DC = 4
TFT_RESET = 16
TFT_CS = 15

# define SPI speed
HSPI_BAUDRATE=20000000 # TFT Control 20MHz

# SPI FOR TFT (HSPI)
```

```
hspi = SPI(TFT_HSPI, baudrate=HSPI_BAUDRATE,
           polarity=0, phase=0, sck=Pin(TFT_SPI_SCK),
           mosi=Pin(TFT_SPI_MOSI), miso=Pin(TFT_SPI_MISO))
#
# setup TFT Unit
#
tft = TFT(hspi, aDC=TFT_DC, aReset=TFT_RESET,
aCS=TFT_CS)
tft.initr()
tft.rgb(True)
tft.rotation(1)        # LCDの描画回転指定
#tft.rotation(3)
    # 使用するモジュールにより表示が上下逆になる場合, こちらを指定してください

tft.fill(tft.BLACK)
#
# TFT Test
#
tft.text((0, 0), 'Hello World', tft.WHITE,
                                terminalfont)

tft.line((0, 0), (160, 128), tft.RED)
tft.line((160, 0), (0, 128), tft.MAROON)
```

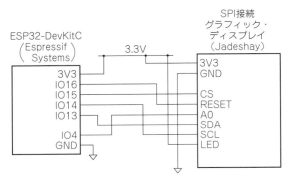

図2　SPI接続のグラフィック・ディスプレイを接続する回路

写真3　SPI接続のグラフィック・ディスプレイに線と文字を描画した様子

ドライバは, 安定して動作するboochow氏（https://blog.boochow.com/）のMicroPython-ST7735を使います. 表示用フォントのterminalfontは, GitHubで公開されています. それぞれのURLは次の通りです.

GitHubより, （1）ST7735.py, （2）terminalfont.pyを入手してESP32のフラッシュ・メモリに配置してください.

（1）液晶ディスプレイ用ドライバ
https://github.com/boochow/Micro
Python-ST7735
（2）表示用フォント
https://github.com/GuyCarver/Micro
Python/tree/master/lib

ディスプレイ・モジュールの製品によっては, どちらが上かはっきりしない場合があります. 今回SDカードを上から抜き差しできるように配置して接続したところ, 上下が逆（180°回転）になって表示されました. そこで, 回転を制御する関数において, tft.

rotation(1)を指定しています. もしリスト2を使って上下逆（180°回転）になって表示される場合は, tft.rotaion(3)に変更してください.

◆**参考文献**◆
(1) SPECIFICATIONS FOR LIQUID CRYSTAL DISPLAY, XIAMEN ZETTLER ELECTRONICS.
https://www.akatsuki-lab.co.jp/archive/ACM1602NI-manual.pdf
(2) I²C接続キャラクタLCDモジュール 16×2行 白色バックライト付, 秋月電子通商.
https://akizukidenshi.com/catalog/g/gP-05693/

すみ・ふみお

定番SPI/I²C/UART

第6章

シリアル通信

角　史生

表1　ESP32のハードウェアSPIバスのピン配置
ハードウェアSPIは最大80MHzの高速動作に対応するが，ピン配置の変更はできない．ソフトウェアSPIは動作が最大40MHzに制限されるが，任意のGPIO出力ピンに割り当てられる

信号名	ピン番号	
	HSPI (ID=1)	VSPI (ID=2)
SCK	14	18
MOSI	13	23
MISO	12	19
CS	15	5

表2　SPIクロックとMODEの関係
SPIは制御対象ごとにクロックのpolarity（極性）とphase（位相）が異なるので，初期化時にはMODEの設定が必要になる

項　目		phase（データ取り込みタイミング）	
		0 （SCK奇数番目のエッジ）	1 （SCK偶数番目のエッジ）
polarity （IDLE状態のSCK）	0（SCK："L"）	MODE0	MODE1
	1（SCK："H"）	MODE2	MODE3

● 定番のSPI/I²C/UARTはMicroPythonでも使える

　ESP32では，定番のシリアル・インターフェースであるI²C，SPI，UARTの3種類が使えます．本章では，これらの使い方を解説します．プログラムの具体的な実装例は，各項目のソースコードを参照してください．文献（1）にも周辺I/Oの実装例が紹介されているので，興味のある人は参照してみてください．

5-1 4本の通信線で数十Mbps! SPI通信によるデータ送受信

● ESP32のMicroPythonでは2種類のSPIが使える

　SPI（Serial Peripheral Interface）は，通常4本の信号線で構成されるシリアル・インターフェースの一種です注1．制御対象との通信速度は数Mbpsです．

　ESP32のMicroPythonには，ハードウェアSPIとソフトウェアSPIの2種類が用意されています．ハードウェアSPIには，HSPIとVSPIの2系統が用意されています．ハードウェアSPIは，最高80MHzで動作しますが，表1に示すピン配置から変更はできません．

注1：一般的なSPIバスは，MOSI，MISO，SS，SCKの4線式ですが，マスタ-スレーブ間通信をMOSIで兼用させる3線式もあります．

　ソフトウェアSPIは，最高通信速度が40MHzに制限されますが，ピン配置は変更可能です．出力可能なGPIO端子であれば，どこにでも割り当てられます．

■ 接続方法

　SPIでは，制御対象のデバイスが複数台ある場合でも，同一バス上に接続できます．

　複数のデバイスを接続している場合，通信したい対象デバイスのSS（Slave Select）信号またはCS（Chip Select）信号をESP32のGPIOを使って有効（Enable）に設定します．通信したい対象デバイスが1台の場合は，対象デバイスのSSを "L" に固定して，常に有効にすることも可能です．

　本特別付録では，SDカードの制御をHSPIで行い，グラフィックス・ディスプレイの制御をVSPIで行った事例を紹介しています．SDカード制御は第7章，グラフィックス・ディスプレイ制御は第5章を参照してください．

■ ソフトウェアの作成

● SPIバスの初期化

▶ハードウェアSPIの初期化方法

　2系統用意されているハードウェアSPIのどちらを使用するかは，SPIクラスで初期化するときにIDで設定します．

　SPIにはクロックの極性（polarity）と位相（phase）により，4つのMODEがあります．どのMODEで通信するかは，制御対象のデバイスに基づいて設定しま

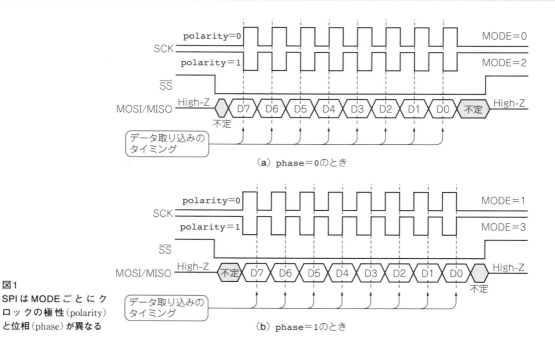

（a）phase＝0のとき

図1
SPIはMODEごとにクロックの極性（polarity）と位相（phase）が異なる

（b）phase＝1のとき

リスト1　ハードウェアSPIの初期化コード（HSPIの場合）

```
from machine import Pin, SPI
hspi = SPI(1, baudrate= 8000000, polarity=0, phase=0, sck=Pin(14), mosi=Pin(13), miso=Pin(12))
```

リスト2　ソフトウェアSPIの初期化コード

```
from machine import Pin, SPI
spi = SPI(baudrate=100000, polarity=0, phase=0,sck=Pin(0), mosi=Pin(4), miso=Pin(16))
```

リスト3　SPI送信（spi.write）①…配列（リスト）をbytesに変換して出力するコード

```
x = [0x00,0x01,0x02,0x03] # サイズ4のリストを作成
hspi.write(bytes(x))
```

リスト4　SPI送信（spi.write）②…バッファ（bytearray）を指定して出力するコード

```
buf = bytearray(4)
# サイズ4のbytearrayのバッファを作成
buf[0] = 0x00 # バッファに値を設定
buf[1] = 0x01
buf[2] = 0x02
buf[3] = 0x03
hspi.write(buf)
```

す．**表2**と**図1**に示すのは，polarity，phaseとMODEの関係です．

　ハードウェアSPIの初期化コードの例を**リスト1**に

示します．ここでは，ハードウェアSPIのHSPIを指定し，ピン配置はデフォルトのままとしています．

　polarity，phaseは，省略するとデフォルト値（0，0）でMODE0が設定されます．

▶ソフトウェアSPIの初期化方法

　ソフトウェアSPIの初期化コードの例を**リスト2**に示します．

● SPIクラスの使い方

▶送信方法

　SPIクラスを使うときに指定できるデータ型には，バイナリ・シーケンス型（bytes，bytearray）とテキスト・シーケンス型（str）があります．

　配列（リスト）をbytesに変換してspi.writeコマンドで送信する例を**リスト3**に示します．

　bytearrayを作成して各要素にデータを設定してからspi.writeコマンドで送信する例を**リスト4**に示します．

リスト5　SPI受信（`spi.readinto`）…受信用バッファを用意してデータを受信するコード

```
# データを受け取るためのbytearrayバッファを作成
# サイズは制御対象デバイスの通信仕様により決定
# ここではサイズ256バイトに指定
buf = bytearray(256)
# MISOからデータを入力（256バイト分）、バッファに書き込み
hspi.readinto(buf)
```

表3　ESP32のハードウェアI²Cのピン配置
ここに示したのはデフォルトの設定で，出力可能な
GPIOピンであれば，どこにでも割り当てを変更できる

信号名	ピン番号	
	I²C (ID=0)	I²C (ID=1)
SCL	18	25
SDA	19	26

▶受信方法

データを受信するときに使う受信用バッファをあらかじめ用意するには，リスト5のように`spi.readinto`コマンドでバッファを指定します．

あらかじめ受信用バッファを用意しておけば，次のデータを受信するときに再利用することで，ヒープ・メモリの消費を一定量に抑えられます．

5-2 通信線は2本だけでOK! I²Cによるデータ送受信

● ESP32のMicroPythonでは2種類のI²Cが使える

ESP32のMicroPythonでは，ハードウェアI²Cと，ソフトウェアI²Cの2種類が利用できます．

ハードウェアI²Cは2系統（ID：0とID：1）が用意されています．ピン配置は変更可能で，出力可能なGPIOピンであれば，どこにでも割り当てられます．デフォルトのピン配置は**表3**の通りです．

ソフトウェアI²Cのピン配置は，変更可能です．出力可能なGPIOピンであれば，どこにでも割り当てられます．

I²Cのスレーブ・デバイスは，固有のアドレスを持っていて，I²Cマスタ（ここではESP32）からアドレスを指定してアクセスします．デバイスのアドレスは仕様書を参照してください．正しく接続されていると，`i2c.scan`コマンドを実行すると，デバイスのアドレスが取得できます．

■ 接続方法

● I²Cバスにはプルアップ抵抗が必須

I²Cバスには，プルアップ抵抗を接続する必要があります．抵抗値は，電源電圧やバス容量に応じて決めます．

リスト6　ハードウェアI²Cの初期化コード（ID：1の場合）

```
from machine import Pin, I2C
# ハードウェアI2C バスを生成
# ID；1を指定
i2c = I2C(1, scl=Pin(21), sda=Pin(22),freq=400000)
```

リスト7　ソフトウェアI²Cの初期化コード

```
from machine import Pin, I2C
i2c = I2C(scl=Pin(21), sda=Pin(22), freq=9600)
```

プルアップ抵抗は，I²Cのスレーブ・デバイスに内蔵されている場合もありますが，そうでないときはI²Cバスの各信号（SCL，SDA）にそれぞれプルアップ抵抗を接続してください．抵抗値の決め方は，文献（2）を参照してください．

■ ソフトウェアの作成

● I²Cの初期化

▶ハードウェアI²Cの初期化方法

ハードウェアI²Cに用意されている2系統のうち，どちらを使うかはI²C初期化のときに指定します．ハードウェアI²Cの初期化コードの例を**リスト6**に示します．

▶ソフトウェアI²Cの初期化方法

ソフトウェアI²Cの初期化コードの例を**リスト7**に示します．

● スレーブ・デバイスの接続確認

I²Cバスにスレーブ・デバイスを接続したら，正しく接続できているかの確認を兼ねて，`i2c.scan`コマンドを実行してアドレスを取得してみましょう．正しくアドレスが取得できれば，正常に接続されていると判断できます．

`i2c.scan`コマンドで取得できるデバイスのアドレス幅は7ビットです．I²Cバスを介してスレーブ・デバイスにアクセスするときは，上位に1ビット・シフトして，最下位ビット（LSB）にR/Wフラグを設定した8ビット幅のアドレスに変換します．このビット・シフト処理はMicroPythonのI²Cクラスで行うので，ユーザがアドレス変換を考慮する必要はありません．

リスト8に示すのは，I²Cデバイスをスキャンして，第5章のキャラクタ・ディスプレイの制御で使ったI²Cシリアル・インターフェース基板にアクセスするまでのコードです．

キャラクタ・ディスプレイの制御については第5章，温湿度気圧センサの制御については第3章で解説しています．

リスト8　I²C接続確認（i2c.scan）…スレーブ・デバイスの接続確認を行うコード例

第5章のキャラクタ・ディスプレイの制御で使ったI²Cシリアル・インターフェース基板にアクセスするまでのコード

```
from machine import Pin, I2C

# ソフトウェア I2C バスを生成
i2c = I2C(scl=Pin(21), sda=Pin(22), freq=9600)
# I2Cデバイスをスキャン
dev_list = i2c.scan()
# I2C接続されているデバイスを表示
print(dev_list)

# 制御対象デバイス（アドレス 0x3a）に 0x12（bytes型）を書き込み
i2c.writeto(0x3a, bytes([0x12]))
# 制御対象デバイスから1バイト読み込み
val = i2c.readfrom(0x3a, 1)
# 取得した値を表示
print(val)
```

5-3 PCやマイコン同士のやりとりに! UARTによるデータ送受信

● ESP32のMicroPythonでは2系統のUARTが使える

ESP32には，UART0，UART1，UART2の3系統のUARTが用意されています．3系統のうちUART0はREPL通信用なので，MicroPythonから利用できるのはUART1とUART2の2系統です．UARTクラスを呼び出すときに，どの系統を使うか指定します．

UARTの接続方法，および送信方法については，第7章で紹介する予定です．本章では初期化コードと受信した文字列を表示するプログラムのみを紹介します．

● UARTの初期化

どの系統のUARTを使うかを引数で指定してUARTクラスを呼び出します．初期化メソッドuart.initコマンドを実行するとき，通信速度，1文字あたりのビット数，ストップ・ビット数，パリティの有無を制御対象デバイスの仕様に基づいて設定します．1文字のビット数，ストップ・ビット数，パリティを省略すると，1文字8ビット，ストップ・ビット数1，パリティなしが設定されます．

UART1の初期化コードの例をリスト9に示します．

● UARTで受信した文字列の表示方法

ESP32のMicroPythonでは，UART通信の入力待ちを行う方法として，uselect.pollコマンドによる実装が推奨されています．ここではUARTから

リスト9　UARTの初期化コード（UART1の場合）

```
from machine import UART
uart = UART(1, 9600)
# 通信ボー・レートを指定して初期化
uart.init(9600, bits=8, parity=None, stop=1, tx=25,
                                                rx=26)
# 制御対象デバイスの仕様に基づき通信パラメータを設定
```

リスト10　UART受信（uart.readinto）…受信した文字列を表示するコード

```
import uselect
poll = uselect.poll()
poll.register(uart, uselect.POLLIN)

# 256バイトのバッファを用意
# （サイズは通信仕様により決定）
buf = bytearray(256)
#入力待ち（タイムアウト5秒）
ev = poll.poll(5000)
if len(ev) != 0:
    # UARTから取得された文字列をbufに書き込み
    uart.readinto(buf)
    # 取得された文字列を表示（先頭1文字）
    print(buf[0])
```

の読み込み例を示します．

リスト10に示すのは，画像データの取り込みや，大量のデータをUARTから読み出すときにuart.readintoコマンドを使った例です．キーボードからの入力を読み出すときは，uart.readコマンドも使えます．

print(buf)で文字列を表示すると，バッファに格納されている256文字が一気に出力されます．場合によっては，コンソール画面が無意味な文字でいっぱいになるため，先頭1文字だけ表示するようにしています．

◆参考文献◆

(1) ESP32 用クイックリファレンス｜MicroPython 1.17 ドキュメント，Revision bdd55d5b, Damien P. George, Paul Sokolovsky, and contributors.
https://micropython-docs-ja.readthedocs.io/ja/latest/esp32/quickref.html

(2) UM10204 I²Cバス仕様およびユーザマニュアル，Rev. 5.0J, 2012年10月9日，NXPセミコンダクターズ．
https://www.nxp.com/docs/ja/user-guide/UM10204.pdf

(3) SPI Block Guide V04.01, Original Release Date：21 JAN 2000, Revised：14 JUL 2004, DOCUMENT NUMBER S12SPIV4/D, NXPセミコンダクターズ．

すみ・ふみお

①ESP32同士②音声合成ICとESP32

第7章

UART接続の実例

角 史生

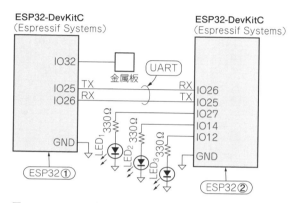

図1　UARTの例題①…電子サイコロの回路
ESP32同士をUARTで接続する．サイコロの目は3つのLEDで表現し，金属板をタッチ・センサ用パッドとする

写真1　UARTの例題①…電子サイコロを製作した様子

5-4 ESP32同士でUART接続する

● ESP32を2個使って電子サイコロを製作する

　ここでは，ESP32同士をUART接続して電子サイコロを製作してみます．電子サイコロの仕様は次の通りです．

- 値の表現
  3つのLEDを使ってサイコロの値（1〜6）を表現する
  1:001，2:010，3:100，4:101，5:110，6:111
- 操作方法
  タッチ・センサ用パッドに短くタッチすると，LEDによるサイコロの表示が1ずつ増える．6まで進むと1に戻る．センサ用パッドにタッチし続けると，サイコロの表示がランダムに変化する．センサ用パッドから指を離すと，1〜6のいずれかの値が3つのLEDで表示される
- 電源投入後の動作
  電源投入後，タッチ・センサに触れていない間は，サイコロの表示がランダムに点滅する（LEDのテストを兼ねている）

● 回路

　図1に示すのは電子サイコロの回路です．今回は，2つのESP32を使います．2つのESP32は，**写真1**のように2本のジャンパ・ワイヤでUART接続します．

▶制御部

　ESP32①は，電子サイコロの制御に使います．タッチ・センサ部分には銅板を使い，短いタッチと長いタッチを判別できるようにします．この部分は，第3章で解説した内容と同じです．

▶LED駆動部

　ESP32②は，LED表示に使います．電子サイコロ制御部からUARTで送られるサイコロの値（1〜6）に応じて，3つのLEDを点灯させます．

● プログラム

　リスト1に示すのは，電子サイコロ制御部のESP32①のソースコードです．**リスト2**に示すのは，LED駆動部のESP32②のソースコードです．

　それぞれ，ファイル名をmain.pyとしてESP32のフラッシュ・メモリに書き込むと，電源投入後にプログラムが起動します．

　2つのESP32はボー・レートを115200bps，データ長を8ビット，パリティなしに設定します．

リスト1　電子サイコロ制御部のプログラム（ESP32 ①に書き込む）
ファイル名は main.py として書き込む

```python
import utime
import uselect
import urandom
import re

from machine import Pin
from machine import UART
from machine import TouchPad

MAX_RETRY_COUNT = 30
CMD_PROMPT = b'CMD>'

WAIT_FOR_NEXTLOOP = 5        # loop with 5msec wait
TOUCH_PIN = 32
TOUCH_THRESHOLD = 390
THRESHOLD_FOR_HOLDED = 30
# if touched in (30 * WAIT) msec then switch to
                                holded mode

UART_UNIT01 = 1
UART_BAUD = 115200
TX_PIN = 25
RX_PIN = 26

IS_SENSOR_NONE = 0
IS_SENSOR_TAPPED = 1
IS_SENSOR_HOLDED = 2

#  TouchSensor Class
class TouchSensor():

    def __init__(self, touch_pin):
        self.is_touch = False
        self.is_touch_prev = False
        self.is_holded = False
        self.holding_counter = 0
        self.touch = TouchPad(Pin(touch_pin))

    def get_state(self, verbose=False):
        sense_value = self.touch.read()
        self.is_touch_prev = self.is_touch
        if sense_value < TOUCH_THRESHOLD:
            if verbose:
                print(sense_value)
            self.is_touch = True
        else:
            self.is_touch = False

（中略）

# LED Pattern data: (LED3,LED1,LED1)
LED_PATTERN = (('OFF', 'OFF', 'ON'), ('OFF', 'ON',
    'OFF'), ('ON', 'OFF', 'OFF'), ('ON', 'OFF', 'ON'),
            ('ON', 'ON', 'OFF'), ('ON', 'ON', 'ON'))

#  MiniDice Class
class MiniDice():

    def __init__(self, uart_unit, tx_pin, rx_pin,
                                baud, touch_pin):
        # setup device
        self.uart = UART(uart_unit, baud)
        self.uart.init(baud, bits = 8, parity = None,
                stop = 1, tx = tx_pin, rx = rx_pin)
        self.poll = uselect.poll()
        self.poll.register(self.uart, uselect.POLLIN)
        self.is_controler_ready = False

        self.sensor = TouchSensor(touch_pin)

    def main_loop(self):
        self.is_controller_ready = False
        tapping_counter = 0
        while True:
            if not self.is_controller_ready:
                print('check Controller status')
                while not self.is_controller_ready:
                    self.is_controller_ready = self.
                        check_controller_status()
                    utime.sleep(1)      # wait for 1sec
                if self.is_controller_ready:
                    print('Controller is ready')
                    break
                else:
                    print('wait for Controller
                                        ready')

            value = self.sensor.get_state(
                                verbose=False)
            if value == IS_SENSOR_TAPPED:
                    print('tapped')
                    tapping_counter += 1
                    self.set_led(LED_PATTERN[
                            tapping_counter % 6])
            elif value == IS_SENSOR_HOLDED:
                    print('holded')
                    tapping_counter = 0
                    rand_ptn = int(urandom.random()
                                            * 6)
                    self.set_led(LED_PATTERN[
                                    rand_ptn])
            utime.sleep_ms(WAIT_FOR_NEXTLOOP)

    #
    #      <patern> := (<state_led3>,<state_led2>,
                                <state_led1>)
    # <state_led[n]> := ( ON | OFF)
    #
    def set_led(self, pattern):
        (led3, led2, led1) = pattern
        cmd = 'SET(LED3,{:s})\r'.format(led3)
        self.send_cmd(cmd)
        cmd = 'SET(LED2,{:s})\r'.format(led2)
        self.send_cmd(cmd)
        cmd = 'SET(LED1,{:s})\r'.format(led1)
        self.send_cmd(cmd)

    def send_cmd(self, cmd):
        print(cmd,end='')

（中略）

def main():
    minidice = MiniDice(UART_UNIT01, TX_PIN, RX_PIN,
                        UART_BAUD, TOUCH_PIN)
    minidice.main_loop()

main()
```

▶全体構成

図2に示すのは，今回製作する電子サイコロのソフトウェア構成です．

電子サイコロ制御部は，MiniDiceクラスとTouchSensorクラスで構成されます．TouchSensorクラスは，タッチ・センサの値をポーリングで定期的に取得し，短く触れたか，触れ続けている状態かの判断をします．MiniDiceクラスのmain_loop関数のメソッドでは，タッチ・センサの状態に基づいてサイコロの値を決定し，UARTでLED駆動部にLED制御コマンドを送ります．表1に示すのは，LED駆動部で使えるコマンドです．

リスト2　LED駆動部のプログラム（ESP32②に書き込む）

ファイル名はmain.pyとして書き込む

```python
import utime
import uselect
import urandom
import re
from machine import Pin
from machine import UART
from machine import reset

CONTROLLER_VERSION = 'V0.05'
CMD_PROMPT = 'CMD>'
ERR_UNK_CMD = 'Error! unknown command'
ERR_UNK_TARGET = 'Error! unknown target'
ERR_UNK_PARAMS = 'Error! unknown parameters'

LED1_PIN = 27
LED2_PIN = 14
LED3_PIN = 12

LED1_NAME = 'LED1'
LED2_NAME = 'LED2'
LED3_NAME = 'LED3'

UART_UNIT01 = 1
UART_BAUD = 115200
TX_PIN = 25
RX_PIN = 26

# LED Class
class LED:

    def __init__(self, led_pin, name):
        # setup LED device
        self.pin = Pin(led_pin, Pin.OUT)
        self.pin.off()
        self.name = name

    def set(self, params):
        if 'ON' in params:
            self.pin.on()
            msg = 'turn on LED({:s})'.format(self.name)
            return msg
        elif 'OFF' in params:
            self.pin.off()
            msg = 'turn off LED({:s})'.format(self.name)
            return msg
        else:
            return ERR_UNK_PARAMS

    def get(self, params):
        if 'VALUE' in params:
            if self.pin.value() == 1:
                msg = 'LED({:s}) is ON'.format
                                       (self.name)
                return msg
            else:
                msg = 'LED({:s}) is OFF'.format
                                       (self.name)
                return msg
        else:
            return ERR_UNK_PARAMS
# Controller class
class Controller:

（中略）
```

```python
    def set(self, params):
        if 'RESET' in params:
            reset()
            return 'reset controller'
        else:
            return ERR_UNK_PARAMS

    def get(self, params):
        if 'VERSION' in params:
            return CONTROLLER_VERSION
        elif 'DEVICE_LIST' in params:
            return 'devices...[' + ']['.join
                       (self.function_table.keys()) + ']'
        else:
            return ERR_UNK_PARAMS

    def main_loop(self):
        wait_with_blink = True
                                    # blink LED until connected

        # send boot message with UART
        self.write_boot_message()

        # command loop (read->parse->exec)
        while True:
            self.write_prompt()  # send prompt with UART
            cmd_line = self.read_command
                              (wait_with_blink)
            wait_with_blink = False
            if cmd_line == b'\r':
                # if [CR] only, then show prompt ('>')
                continue

            print('get command: ', end='')
            if is_alnum(cmd_line):
                print(cmd_line.decode())
            else:
                print(cmd_line)

            # parse command line
            (cmd, target, args) = self.parse_cmd_line
                                  (cmd_line)

            # execute command with target, args
            if cmd:
                ans = self.exec_cmd(cmd, target, args)
                print(ans)
                self.uart.write(ans + '\r')
            else:
                print(ERR_UNK_CMD)
                self.uart.write(ERR_UNK_CMD + '\r')

（中略）

def main():
    controller = Controller()
    controller.setup_uart(UART_UNIT01, TX_PIN, RX_PIN,
                          UART_BAUD)
    controller.setup_led(LED1_PIN, LED1_NAME, LED2_PIN,
                         LED2_NAME, LED3_PIN, LED3_NAME)
    controller.main_loop()

main()
```

LED駆動部は，ControllerクラスとLEDクラスで構成されます．LEDクラスのset関数のメソッドで，LEDの点灯/消灯を行います．Controllerクラスのmain_loop関数のメソッドで電子サイコロ制御部からの制御コマンドを受信，解釈してLED

クラスのset関数のメソッドを呼び出してLEDを点灯/消灯します．

▶通信内容

LED駆動部は，**表1**に示すコマンドを受信する機能を実装しています．マイコンからUART通信で**表1**

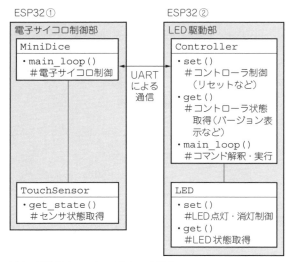

図2　電子サイコロのソフトウェア構成
LED駆動部は UART 経由でコマンドを受信することで動作する

表1　LED駆動部で使えるコマンド
<NN> は LED の番号（1～3）．コマンドは，ASCII コードの英数大文字を用い 0x0D（CR）で終わること

コマンド種別	コマンド	機　能
LED制御 コマンド	SET(LED<NN>,ON)	LED<NN> 点灯
	SET(LED<NN>,OFF)	LED<NN> 消灯
	GET(LED<NN>,STATUS)	LED<NN> 点灯 状態取得
コントローラ 制御コマンド	GET(CNTL,VERSION)	LED駆動部 バージョン取得
	SET(CNTL,RESET)	LED駆動部を 再起動

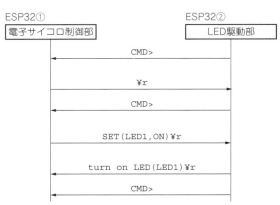

図3　電子サイコロの UART 通信シーケンス

に示すコマンドを受信する機能を送信すれば，LED 駆動部が制御できます．

　図3に示すのは，電子サイコロ制御部と LED 駆動部の UART 通信シーケンス例です．

(1) 電源投入後，LED 駆動部は初期化処理実行後に UART を使ってコマンド・プロンプト（CMD>）を送信
(2) 電子サイコロ制御部では，LED 制御部がコマンドを受信可能であるかどうか確認するため ¥r（0x0D）を送信
(3) LED 駆動部でコマンド受信可能な場合は，コマンド・プロンプトを送信
(4) 電子サイコロ制御部では，送信可能と判断し，LED1 点灯コマンド SET(LED1,ON) を送信．送信文字列の最後に ¥r を付与
(5) LED 駆動部ではコマンドを解釈し，LED1 を点灯し，実行結果 turn on LED(LED1)¥r を送信
(6) コマンド受信可能であるため，コマンド・プロンプトを送信
(7) 電子サイコロ制御部では，応答文字列を受信して，コマンド・プロンプトが含まれることを確認

5-5　音声合成ICで音声出力する

● 音声合成ICをESP32からUARTで制御

　AquesTalk pico LSI（アクエスト）は，UART で送られてきたテキスト・データをもとに，音声信号を出力する音声合成 IC です．ここでは，MicroPython の UART と本 IC を使って，音声出力のサンプルを紹介

します．

　AquesTalk pico LSI には，ATP3012 シリーズと ATP3011 シリーズがあります．大きな違いは，出力されるサンプリング周波数です．ここでは，サンプリング周波数が 10kHz の ATP3012 シリーズ（ATP3012 R5-PU）を使いました．

　ATP3012 のシリアル・インターフェースは，UART/I²C/SPI のいずれかが選択できます．ここでは UART で接続します．

● 回路

　図4に示すのは，本サンプルの回路です．クロック発振源には，コンデンサを内蔵する 16MHz のセラミック発振子（セラロック）を使いました．**写真2**に示すのは，ブレッドボードに組み立てた後の様子です．

　水晶振動子を使う場合は，本回路にコンデンサを追加します．追加箇所やコンデンサの容量は，文献(3)を参照してください．

● プログラム

　ATP3012R5-PU/AU は，UART で制御できますが，今後の使い勝手などを考慮して，**リスト3**に示すドライバ speechsynth.py を作成しました．**リスト4**

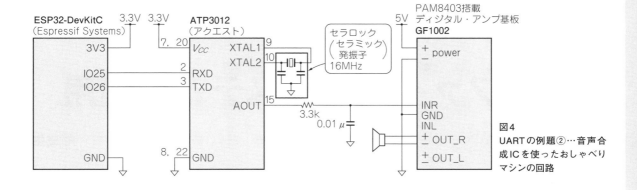

図4
UARTの例題②…音声合成ICを使ったおしゃべりマシンの回路

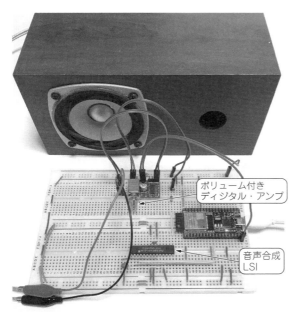

写真2　UARTの例題②…音声合成ICを使ったおしゃべりマシンを製作した様子

リスト4　発話テスト用のプログラム

```
import speechsynth
speech = speechsynth.ATP3012(25,26)
                        # UART TX:25, RX:26
speech.test()
speech.chime()
speech.speech("o'nseino,te'sutodesu.")
speech.speech("tada'ima,ji'soku <NUMK
                VAL=100>kirome'-torudesu.")
```

に示すのは，発話テスト用のプログラムです．

◆参考文献◆
(1) ESP32用クイックリファレンス | MicroPython 1.17 ドキュメント，Damien P. George, Paul Sokolovsky．
https://micropython-docs-ja.readthedocs.io/ja/latest/esp32/quickref.html

リスト3　ATP3012をUARTで制御するためのソースコード（speechsynth.py）

```
from machine import UART
import utime
import uselect

MINIMUM_POLL_TIMEOUT = 5000
                        # 5sec  (minimum setting)
CMD_VER = "#V¥r"
CMD_CHIME_J = "#J¥r"
CMD_CHIME_K = "#K¥r"

class ATP3012():
    """
    a driver for ATP3012(AquesTalk pico LSI by
                                        AQUEST)
    Not for ATP3011
    """

    def __init__(self, tx, rx):
        self.uart = UART(1, 9600)
        self.uart.init(9600, bits=8, parity=None,
                        stop=1, tx=tx, rx=rx)
        self.poll = uselect.poll()
        self.poll.register(self.uart,
                        uselect.POLLIN)

(中略)

    def speech(self, message, verb=False):
        if verb:
            print("speech:" + message)
        stat = self.send_cmd(message+"¥r")
        if verb:
            print("status:" + stat)
        return stat

(省略)
```

(2) I²Cバス仕様およびユーザマニュアル，Rev. 5.0J 2012年10月9日，NXPセミコンダクターズ．
https://www.nxp.com/docs/ja/user-guide/UM10204.pdf
(3) Data Sheet 音声合成LSI「AquesTalk pico LSI」ATP3012 データシート，アクエスト．
https://www.a-quest.com/archive/manual/atp3012_datasheet.pdf

すみ・ふみお

フラッシュ・メモリやSDカードを読み書き

第8章 ファイル・システムの利用

角 史生

本章では，ESP32-WROOM-32に内蔵されているフラッシュ・メモリや，外付けのSDカード（**写真1**）を，ファイル・システムとして使う方法を紹介します．JPEGカメラで撮影したデータなど、サイズの大きいファイルをSDカードに保存することが可能になります．

6-1 ESP32で使えるストレージ

● その1…フラッシュ・メモリ
▶追加ハードウェアは不要なので手軽に使える

ESP32-WROOM-32には，4Mバイトのフラッシュ・メモリが内蔵されています．MicroPython起動時，フラッシュ・メモリ上のファイル・システムが仮想ファイル・システム（VFS）のルート・ディレクトリに自動的にマウントされます．これにより，ソフトウェアの追加や特別な設定をしなくても，MicroPythonからファイルを書き込めます．

フラッシュ・メモリは，ファイル・システムとして手軽に利用できる反面，容量が4Mバイトしかないので，画像や音声などサイズの大きなファイルは保存できません[注1]．

▶頻繁な書き換えはNG

フラッシュ・メモリは，書き換え可能な回数に上限があります．ログ・ファイルなど頻繁に書き換えが必要となるファイルの保存には向いていません[注2]．センサの設置情報など，値が決まった後に変更がほとんど発生しないファイルを保存するのに適しています．

● その2…SDカード

MicroPythonでは，SDカードを操作するためのSDCardクラスが標準ライブラリとして実装されています[注3]．ESP32では，フラッシュ・メモリと同じく追加ソフトウェアなしでSDカードが使えます．SDカードは大容量で，交換もできます．定点観測用のカメラで撮影した画像データの蓄積や，センサによる計測ログを保存するのに向いています．

SDカードとESP32の接続には，SPIバスを使いま

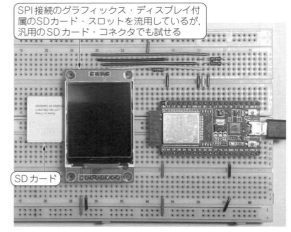

SPI接続のグラフィックス・ディスプレイ付属のSDカード・スロットを流用しているが，汎用のSDカード・コネクタでも試せる

SDカード

写真1　本章でやること…内蔵フラッシュ・メモリやSDカードをファイル・システムとして使う
写真はSPIバスを使ってSDカードとESP32を接続した様子．本稿ではSDカード・スロットは，SPI接続グラフィックス・ディスプレイの付属品（第5章）を流用しているが，汎用のSDカード・コネクタでも同様に試せる

す．MicroPythonのプログラムからフラッシュ・メモリやSDカードにファイルを読み書きする方法と，REPL（Read Eval Print Loop）画面から対話的にファイルを操作する方法については後述します．

6-2 フラッシュ・メモリへのファイル読み書き

● ファイルへの保存と読み出し
リスト1に示すのは，内容が短い文字列のファイル

注1：ESP32-DevKitCに搭載されるフラッシュ・メモリのサイズは4Mバイトですが，MicroPythonのファームウェアで2Mバイト程度使います．実質利用できるのは2Mバイト程度です．

注2：フラッシュ・メモリの書き換え上限は，仕様書に明記されておらず不明です．ただし，ESP32のフォーラム（https://www.esp32.com/viewtopic.php?f=2&t=709）において，設計上の書き換え上限は10万回という回答があります．

注3：SDCardクラスは，MicroPython Ver1.11以降で使用可能です．

リスト1　フラッシュ・メモリ①…ファイルを書き込むプログラム
ここでは，内容が短い文字列のtest.datというファイルに書き込んでいる

```
TEST_FILE = '/test.dat'
msg = 'file write test.\n ok??'
print('writing test')
with open(TEST_FILE, 'w') as f:
    f.write(msg)
```

リスト2　フラッシュ・メモリ②…ファイルを読み出すプログラム
リスト1で作成したtest.datというファイルから内容を読み出す

```
TEST_FILE = '/test.dat'
msg = ''
print('reading test')  #read data from file
with open(TEST_FILE, 'r') as f:
    msg = f.read()
print(msg)
```

リスト3　フラッシュ・メモリ③…センサの管理情報をJSON形式として書き込みと読み込みをするプログラム
ここでは，config.jsonというファイルを作成して，センサ名や設置場所などのセンサ管理情報を書き込んでいる

```
import ujson

CONFIG_FILE = '/config.json'
# config setting
config = {}
config['name'] = 'sensor001'
config['location'] = 'Tokyo'
config['ID'] = 'ABCD_0001_ZZ'
config['lat_lng'] = [35.41, 139.45]

# saving config data
with open(CONFIG_FILE, 'w') as f:
    ujson.dump(config, f)

# show saved file
with open(CONFIG_FILE, 'r') as f:
    print(f.read())
```

をフラッシュ・メモリ上のファイル・システムに書き込むプログラムです．リスト2に示すのは，リスト1で作成したファイルから内容を読み出すプログラムです．

● **特定フォーマットでの保存と読み出し**

　リスト3に示すのは，センサ名や設置場所など，センサの管理情報をJSON形式のファイルとして保存して読み出すプログラムです．

6-3 SDカードへのファイル読み書き

● **ESP32との接続…ハードウェアSPIを使用**

　図1に示すのは，SDカードとESP32の接続回路です．ハードウェアSPIのVSPIを使って，SDカードを制御します．VSPIの端子配置は表1の通りです．写真1に示すのは，図1の回路をブレッドボード上に構成した様子です．

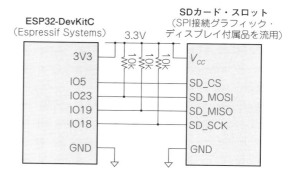

図1　SDカードとESP32の接続回路
ESP32のハードウェアSPIのVSPIを使って，SDカードを制御する

表1　ESP32のハードウェアSPI（VSPI）の端子配置

信号名	ESP32のピン番号
SCK	18
MOSI	23
MISO	19
CS	5

リスト4　SPI接続のSDカードをマウントしてファイル・システムとして使えるようにするプログラム

```
import machine
import uos

SD_VSPI_SLOT = 2 # MOSI:23, MISO:19, SCK:18, CS:5
uos.mount(machine.SDCard(slot = SD_VSPI_SLOT), '/sd')
uos.listdir('/sd') # list files on SD Card

# HSPIで接続する場合は以下
# SD_HSPI_SLOT = 3 # MOSI:13, MISO:12, SCK:14, CS:15
#uos.mount(machine.SDCard(slot = SD_HSPI_SLOT), '/sd')
# SDカードの利用が終わるとumount関数でSDマウントを解除します
uos.umount('/sd') # eject SD
```

● **プログラム…マウント操作してからファイル・システムとして使う**

　リスト4に示すのは，SPI接続のSDカードをマウントするプログラムです．

　SDCardクラスでVSPI（id=2）を指定して，SDカードと接続します．SDカードをファイル・システムとして利用するには，マウント操作が必要です．uosモジュールのmount関数を用いてSDカードをディレクトリ名/sdにマウントしています．マウントしたいディレクトリ名は任意に設定できます．ここでは，マウント・ディレクトリを/sdとします．

　マウント操作は，MicroPythonを起動するごとに必要です．MicroPython起動時，自動的にSDカードを/sdにマウントさせたい場合は，boot.pyかmain.pyにリスト4のプログラムを追加します．

表2　REPL環境で対話的なファイル操作ができる「upysh」で使えるコマンド

コマンド名	機　能
pwd	現在のディレクトリ名を表示
cd	ディレクトリを移動
mkdir	ディレクトリ作成
rmdir	ディレクトリ削除
ls	ファイル一覧表示
cat	ファイルの内容を表示（全行）
head	ファイルの内容を表示（冒頭10行）
newfile	新しいファイルを作成
rm	ファイル削除
mv	ファイルを別のディレクトリに移動，またはファイル名変更
clear	画面クリア

リスト5　REPL環境で対話的なファイル操作①…upyshモジュールをインポートして man コマンドを実行した様子
UNIXと同じように，ls, cd, cat, rm, mkdir などのコマンドが使える

```
>>> from upysh import * 🔲 # upyshをインポートします
省略
>>> man 🔲
# man を入力すると簡単なマニュアルが表示されます．
upysh is intended to be imported using:
from upysh import *

To see this help text again, type "man".

upysh commands:
pwd, cd("new_dir"), ls, ls(...), head(...), cat(...)
newfile(...), mv("old", "new"), rm(...),
                              mkdir(...), rmdir(...),
clear

>>>
```

リスト6　REPL環境で対話的なファイル操作②…ls コマンドを実行してファイル一覧を取得している様子

```
>>> ls() 🔲          # ls() 関数を実行するとルートディレクトリ (/) に
470 boot.py          # マウントされたFlashメモリ内の
896 simpleServer.py  # ファイル一覧が表示されます

>>> ls('/sd') 🔲 # 引数に /sd を指定して ls() 関数を実行すると
<dir> DCIM           # /sd ディレクトリにマウントされた
<dir> System Volume Information # SDカード内のファイル
308298 converted.DNG            # 一覧が表示されます
<dir> photo
<dir> tmp
```

リスト7　REPL環境で対話的なファイル操作③…ファイル作成から削除までを実行している様子
delme というファイルを作成して削除

```
>>> newfile('delme') 🔲 # ファイル名「delme」でファイルを作成
Type file contents line by line, finish with EOF
                                           (Ctrl+D).
                     # Ctrl+Dが入力されるまでの
aaaa                 # 入力文が ファイル：delmeに
bbbb                 # 書き込まれる
cccc
dddd
[Ctrl] + [D]         # 最後は [Ctrl]+[D] で終了

>>> ls 🔲
139 boot.py
8 delme
1382 encoder.py

>>> cat('delme') 🔲     # ファイル：delmeを表示
aaaa
bbbb
cccc
dddd

>>> rm('delme') 🔲      # ファイル：delme を削除
>>> ls() 🔲             # ls() 関数で確認．
470 boot.py            # ファイル：delme が削除されて
139 boot_org.py        # いる
```

● フォーマットはFAT形式で

SDカードは，容量や相性，フォーマット手法によってマイコン・ボードで認識しない場合があります．

今回のようにFAT32でフォーマットすることで，ESP32とPCの両方で利用できます．SDカード経由でESP32とホストPC間でデータ交換も可能です．

6-4 REPL環境で対話的に ファイルを操作する

● UNIXライクにファイル操作できる「upyshモジュール」

標準ライブラリのupysh（micro Python Shell）モジュールを導入すれば，REPL環境からUNIXシェルのように対話的にフラッシュ・メモリ，SDカード上のファイルを操作できます．表2に示すのは，upyshで使えるコマンドです．

リスト5とリスト6にupysh関数の使用例を示します．newfile関数により，PC上のプログラムや

データをコピー＆ペーストで新しいファイルを作成し，ESP32上のファイル・システムに保存できます．

● ソースコードのコピー＆ペーストなどにお勧めな「newfile関数」

大量のデータを転送する場合は，uPyCraftやampyコマンドによるファイル転送が適していますが，短いプログラムをESP32のファイル・システムに配置したい場合はコマンドで使えるnewfile関数が便利です．

newfile関数は，作成したいファイル名を指定して実行すると入力モードになり，[Ctrl] + [D]が入力されるまでの間の文字入力がファイルに出力されます．

リスト7に示すのは，newfile関数によりdelmeというファイルを作成し，最後に削除する例です．このように，newfile関数とコピー＆ペーストを使うことで，PC上に作成したファイルを，ESP32のファイル・システム上に複製できます．

すみ・ふみお

HTMLやMQTTでインターネットに接続する

第9章 ネットワーク接続

角 史生

本章ではMicroPythonに標準で含まれる，ネットワーク接続用ライブラリの使い方を紹介します．Web APIを使ったHTTP通信やMQTT通信によるWi-Fi経由のLED制御実験を行います．

7-1 ESP32をインターネットと接続する

ESP32のMicroPythonは，ネットワーク接続のためのライブラリが標準で入っており，ウェブ・サービスとの連携やMQTT通信がすぐにできます．

● Wi-Fiへの接続方法

Wi-Fi接続のプログラムの例を**リスト1**に示します．Wi-Fi接続用のプログラムは，boot.pyに書くのが一般的です．boot.pyにWi-Fi接続用のプログラムを書くことで電源投入後，自動的にWi-Fi接続が行われます．

リスト1の関数は文献（1）より引用しました．

本章のプログラムはESP32がインターネットと接続されていることを前提とします．

7-2 Web APIで天気予報を取得する

● 標準ライブラリでウェブ・サーバにアクセス

MicroPythonの標準ライブラリにurequestsモジュールがあります．このモジュールを使うとウェブ・サイトへ接続し，HTMLファイルを取得できます．本例では，Web APIを利用して東京の天気予報を取得します．

● 天気予報サービスOpenWeatherMapを使う
▶小サイズの応答文が使える天気予報API

気象庁はWeb APIによる天気予報サービスを提供していますが，応答文のサイズが大き過ぎるためESP32では正常に取得できませんでした．

ESP32での処理を軽減するため，本例では，小サイズの応答文で実装できる天気予報APIとしてOpenWeatherMapを用います．Web APIの使用には

リスト1[(1)]　ESP32をWi-Fi接続するためのプログラム例

```
import network          Wi-Fiアクセス・ポイントのSSIDを入力

ESSID = <WiFi ESSID>       Wi-Fiアクセス・ポイントの
PASSWD = <WiFi Password>   パスワードを入力
def do_connect():
    wlan = network.WLAN(network.STA_IF)
    wlan.active(True)
    if not wlan.isconnected():
        print('connecting to network...')
        wlan.connect(ESSID, PASSWD)
        while not wlan.isconnected():
            pass
    print('network config:', wlan.ifconfig())

do_connect()
```

API Keyが必要です．API Keyはユーザ登録を行うと発行されます．OpenWeatherMapのURLは次の通りです．

- OpenWeatherMap
  https://openweathermap.org/
  APIの使い方は次のウェブ・ページを参照ください．
- OpenWeatherMap/Weather API
  https://openweathermap.org/api

▶応答文の形式を選択…JSON形式がお勧め

OpenWeatherMapでは応答文として，XML形式とJSON形式が選べます．XML形式の場合，MicroPythonの標準ライブラリにXMLパーサが存在しない問題や，XML形式では応答文のサイズが大きくなる問題があります．今回はJSON形式で応答文を受け取り処理する方式にします．

Web APIによりJSON形式で取得した天気予報データを**図1**に示します．Web APIの形式は次の通りです．

```
https://api.openweathermap.org/
data/2.5/weather?lat={LAT}&lon={LON
}&appid={API_KEY}
```

● 天気予報を取得するプログラム

OpenWeatherMapのWeb APIから天気予報を取得し，JSON形式の文字列をPythonオブジェクトに変

リスト2　Web API を使って天気予報データを取得して表示するプログラム
この例では OpenWeatherMap の Web API を使って東京の天気を問い合わせている

```
#
# Sample code for Weather API call
#
import urequests

API_KEY = '2468xxxxxxxxxxxxxxx33e7a'    # 発行されたAPIキー
                                          を指定してください

COUNTRY_CODE = 'JP'
CITY_NAME = 'Tokyo'
STATE_CODE = ''
LIMIT = 5

lat = None
lon = None

# Geocoding API / Direct geocoding
GEOCODE_API_URL = 'https://api.openweathermap.org/
geo/1.0/direct?q={:s},{:s},{:s}&limit={:d}&appid={:s}'

# Current weather data API
WEATHER_API_URL = 'https://api.openweathermap.org/
        data/2.5/weather?lat={:f}&lon={:f}&appid={:s}'

#
# 地理情報APIに問い合わせして，調べたい都市の緯度・経度を取得
#
url = GEOCODE_API_URL.format(CITY_NAME, STATE_CODE,
                     COUNTRY_CODE, LIMIT, API_KEY)
response = urequests.get(url)   # 地理情報APIに緯度経度を
                                              問い合わせ

if response.status_code == 200:
    geo_code = response.json()  # JSON文字列から
                                  辞書型オブジェクトに変換
    lat = geo_code[0]['lat']    # 東京の緯度・経度を取得
    lon = geo_code[0]['lon']    # lat:35.68284,
                                    lon:139.7595
else:
    print('Error in API call (GEO)')
    print(response.text)

#
# 緯度・経度を指定して気象情報APIに問い合わせして天気を取得
#
if lat and lon:
    url = WEATHER_API_URL.format(lat, lon, API_KEY)
    response = urequests.get(url)   # 気象情報APIに天気を
                                              問い合わせ
    if response.status_code == 200:
        weather = response.json()   # JSON文字列から辞書型
                                      オブジェクトに変換
        report = weather['weather'][0]['main']
                                    # 東京の天気を取得
        desc = weather['weather'][0]['description']
        print(f'AREA:{CITY_NAME}-{COUNTRY_CODE}')
        print(f'{report}({desc})')  # 取得できた天気を表示
    else:
        print('Error in API call (WEATHER)')
        print(response.text)
```

```json
{
    "coord": {
        "lon": 139.69,
        "lat": 35.69
    },
    "weather": [
        {
            "id": 803,
            "main": "Clouds",
            "description": "broken clouds",
            "icon": "04d"
        }
    ],
    "base": "stations",
    "main": {
        "temp": 287.17,
        "feels_like": 284.13,
        "temp_min": 285.15,
        "temp_max": 288.71,
        "pressure": 1014,
        "humidity": 66
    },
省略
```

図1　JSON形式で取得した天気予報データの例
見やすくするためインデントを付けて整形している

換し，天気予報の値を参照するプログラムを**リスト2**に示します．**リスト2**は東京の天気を問い合わせるプログラムです．地理情報APIに問い合わせして調べたい都市の緯度・経度を取得し，得られた位置情報を指定して気象情報APIを呼び出します．

リスト2の実行結果は次の通りです．

```
AREA:Tokyo-jp
Clouds(broken clouds)
```

7-3 MQTTでLEDを点滅させる

● MQTTとは

▶特徴

　MQTTはセンサ情報などの収集に適した軽量な非同期メッセージング・プロトコルです．MQTTはパブリッシュ・サブスクライブ・モデルと呼ばれる仕組みに基づいて作られており，ネットワークが不安定な環境での利用や組み込みシステムの省電力化に向いているとされています．

▶仕組み

　クライアントからメッセージを受信し，購読（受信）対象となっているクライアントに送信します．MQTTを使ったシステムの構成例を**図2**に示します．

①メッセージを受け取りたい購読者（サブスクライバ）は，ブローカに対して購読したいトピックを登録する
②メッセージ発行者（パブリッシャ）が温度情報などのメッセージを発行する
③ブローカはトピックに登録されている購読者（サブスクライバ）に対してメッセージを発行する

▶ブローカはウェブ・サービスを利用

　ブローカは独自に構築する方法と，ウェブ・サービ

コラム　**筆者のお勧め…耐障害性を高めた改良版のMQTTモジュールmqtt_as**　　角 史生

　今回のMQTT接続テストでは，hivemq.comが提供する無料ブローカのウェブ・サービス（broker.hivemq.com）を用いました．他の無料サービスとして，test.mosquitto.orgが挙げられます．MicroPythonの組み込みモジュール（umqtt.simple）ではブローカ・サービス（test.mosquitt.org）に正しく接続できませんでした．一方，耐障害性を高めた改良版MQTTモジュール

（mqtt_as）がGitHub上で公開されています（Peter Hinch氏開発）．mqtt_asを用いることで，test.mosquitto.orgにエラー発生せずに接続することができました．改良版MQTTモジュールは次のURLから入手可能です．

https://github.com/peterhinch/micropython-mqtt

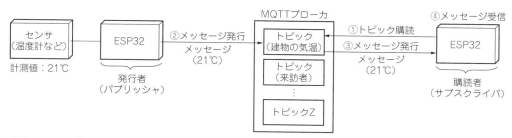

図2　MQTTを使ったシステムの構成例
ブローカはメッセージ発行者（パブリッシャ）からのメッセージを受け取り，購読者（サブスクライバ）にメッセージを発行する．MQTTを用いることで複数拠点に配置したセンサ情報の集約や，遠隔地の機器制御が可能となる

スを利用する方法があります．本例ではbroker.hivemq.comというブローカのウェブ・サービスを使用しました．broker.hivemq.comは，誰もがトピックを設定し，メッセージの送信も受信も可能です．なお，認証機能が提供されていないので，自分の設定したトピックに対して他者からのメッセージの送信，受信が可能です．セキュリティを確保した上でMQTTを利用するには，AWS IoT Coreやshiftr.ioなどの有料サービスをご検討ください．

● 送受信プログラムの内容
▶ MQTTメッセージ送信プログラム
　ブローカ（broker.hivemq.com）内のトピックESP32/LED00に対してメッセージを1秒間に1度の周期で送信するプログラムを**リスト3**に示します．メッセージの内容はLEDの制御を指示する "ON" または "OFF" で構成されます．
▶ MQTTメッセージ受信プログラム
　ブローカ（broker.hivemq.com）内のトピックESP32/LED00を購読し，受信したメッセージに基づきLEDを制御するプログラムを**リスト4**に示します．

● LEDを操作するためのシステム構成
　本例のシステム構成を**図2**に示します．本例ではESP32を2個使用します．メッセージ発行者（パブリッシャ）側のESP32はプログラムによりメッセージを自

リスト3　LEDを点灯点滅させるコマンドをMQTTで送信するプログラム

```
from umqtt.simple import MQTTClient
import utime

MQTT_SERVER = "broker.hivemq.com"
MQTT_TOPICS = b"ESP32/LED00"
MQTT_CLIENT_ID = b"esp32_01"

client = MQTTClient(MQTT_CLIENT_ID, MQTT_SERVER)
client.connect()     # ブローカに接続

try:
    while True:
        print("ON")
        client.publish(MQTT_TOPICS, b"ON")   # LED:
                          ONに操作するメッセージを送信

        utime.sleep(1)
        print("OFF")
        client.publish(MQTT_TOPICS, b"OFF")  # LED:
                          OFFに操作するメッセージを送信

        utime.sleep(1)

finally:
        client.disconnect()
```

リスト4　受信したMQTTにより，LEDを点灯消灯させるプログラム

```
from umqtt.simple import MQTTClient        バック関数を設定
import machine
import utime                               client.connect()    # ブローカに接続
                                           client.subscribe(MQTT_TOPICS)    # トピック(ESP32/LED00を
MQTT_SERVER = "broker.hivemq.com"                                               購読)
MQTT_TOPICS = b"ESP32/LED00"
MQTT_CLIENT_ID = b"esp32_02"               led = machine.Pin(LED_PIN, machine.Pin.OUT)
                                           try:
LED_PIN = 25                                   while True:
led_flag = None                                    client.wait_msg()
                                                   print("get message")
def callback(topic, msg):    # メッセージ受信時に呼び出される関数          if led_flag is None:
    global led_flag                                    print("UnKnown")
    if msg == b"ON":   # メッセージの内容に基づきLEDフラグを変更                continue
        led_flag = True                            if led_flag:    # LEDフラグがTrueの場合LED点灯
    elif msg == b"OFF":                                print("LED on")
        led_flag = False                               led.on()
    else:                                          else:    # LEDフラグがFalseの場合LED消灯
        led_flag = None                                print("LED off")
                                                       led.off()
client = MQTTClient(MQTT_CLIENT_ID, MQTT_SERVER)   finally:
client.set_callback(callback)    # メッセージ受信時のコール   client.disconnect()
```

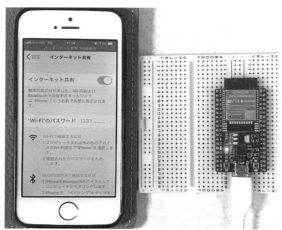

写真1　メッセージ発行者(パブリッシャ)側のESP32
ESP32には電源以外は何も接続しない(LEDやスイッチは接続不要)

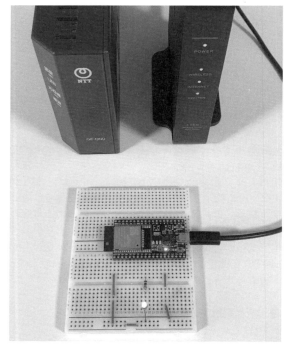

写真2　購読者(サブスクライバ)側のESP32
抵抗とLEDを接続

動的に発行します．LEDやスイッチなどの接続は不要です(**写真1**)．購読者(サブスクライバ)側のESP32には抵抗とLEDを接続します(**写真2**と**図3**を参照)．

● 実験結果…LEDが操作できた

　MQTTメッセージ送信プログラム(**リスト3**)とMQTTメッセージ受信プログラム(**リスト4**)を用いた例を**写真1**と**写真2**に示します．

　写真1はメッセージ送信側で，スマートフォンのテザリング機能により，ブローカと接続しLED点灯，消灯メッセージをブローカに送信します．

　写真2はメッセージ受信側で，無線LANルータから FTTH経由で，ブローカと接続しています．受信したLED点灯，消灯メッセージに応じてLEDを制御します．

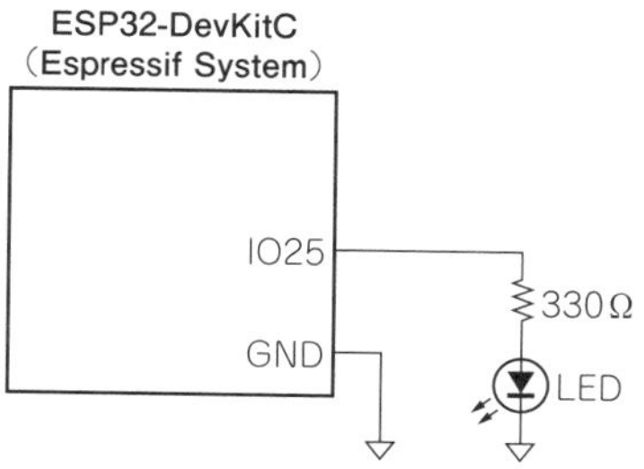

図3
購読者（サブスクライ
バ）側のESP32の回
路図
IO25のピンとLEDを
330Ωの抵抗を介して
接続

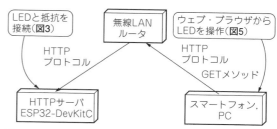

図4 ESP32でHTTPサーバを動かす際のシステム構成
ウェブ・ブラウザからESP32上のHTTPサーバに接続し，ウェブ・ペー
ジを表示

7-4 ウェブ・ブラウザでLEDを点滅させる

● ESP32でHTTPサーバを動かす

MicroPythonにはネットワーク・プログラミング用にsocketクラスが用意されており，ESP32上でHTTPサーバを動作させることができます．

システム構成を図4に示します．ウェブ・ブラウザからESP32上のHTTPサーバに接続し，ウェブ・ページを表示します．画面例を図5に示します．

参照時のURLは，次の通りです（xxxはESP32のIPアドレス）．

```
http://xxx.xxx.xxx.xxx/
```

図5では例としてhttp://192.168.11.7/で接続しています．ESP32に割り当てられたIPアドレスはWi-Fi接続時にREPL画面に表示されます．

● 回路

回路は図3に示す通りです．

● ウェブ・ブラウザでLEDをコントロールする

PCやスマートフォンなどのウェブ・ブラウザからESP32上のウェブ・ページにアクセスしてLEDを操作するプログラムをリスト5に示します．HTTPサーバのプログラムは次のチュートリアルを参考にしました．

- ESP8266用クイックリファレンス　5.3. シンプルなHTTPサーバ

```
https://micropython-docs-ja.
readthedocs.io/ja/latest/esp8266/
tutorial/network_tcp.html#simple-
http-server
```

PC上のウェブ・ブラウザからESP32のHTTPサーバに接続すると，図5のようなウェブ・ページが表示されます．LEDの操作ボタンが表示され，ボタンをクリックすることで，ESP32に接続されたLEDを点灯，消灯できます．

図5 ESP32のウェブ・ページをブラウザで表示している様子
メニューを操作してLED点灯を操作する

◆引用文献◆
(1) ESP32用クリックリファレンス，ネットワーキング，The MicroPython Documentation，Damien P. George, Paul Sokolovsky, and contributors Revision 8b377f3f.
https://micropython-docs-ja.readthedocs.io/ja/latest/esp32/quickref.html#networking

すみ・ふみお

リスト5　ESP32上のウェブ・ページでLEDをコントロールするプログラム

```python
import machine
import socket
import ure

# ウェブ・ページ用HTMLテンプレート定義
HTML_TMPL = """\
<!DOCTYPE html>
<html>
  <body>
      <h1>ESP32 Device Control</h1>
      <table border="1">
          <tr><th>Device</th><th>Status</th>
                          <th>Control</th></tr>
          <tr>
            <td>LED</td><td>__LEDSTATE__</td>
            <td>
                <form action="./" method="get">
                  <button type="submit" name=
                  "DeviceCtrl" value="LED_ON">ON</button>
                  <button type="submit" name=
                  "DeviceCtrl" value="LED_OFF">OFF</button>
                  <button type="submit"
                  name="DeviceCtrl" value="LED_GETSTATE">
                        Get Status</button>
                </form>
            </td>
          </tr>
      </table>
      <p>__MESSAGE__</p>
  </body>
</html>\
"""

# set GPIO for LED Control
LED_PIN = 25
led = machine.Pin(LED_PIN, machine.Pin.OUT)
led.off()

addr = socket.getaddrinfo('0.0.0.0', 80)[0][-1]

s = socket.socket()    #ソケットを作成
s.bind(addr)
s.listen(1)    #ソケットをリッスンする

while True:

    cl, addr = s.accept()    # ソケットに接続された
    print('client connected from', addr)
    cl_file = cl.makefile('rwb', 0)
    LED_ctrl_request = None

    #
    # get HTTP Request
    #
    while True:
        line = cl_file.readline()
        # Clientからのデータを取得
        if not line or line == b'\r\n':
            break
        if 'GET' in line[0:3]:
            print("------------------")
            print(line)
            print("------------------")
            match = ure.match(".*DeviceCtrl
                =([A-z_]*)",line)
                    # DeviceCtrl=XX_XXであったら
            if match:
                LED_ctrl_request = match.group(1)
                                # 指示内容を取得
    #
    # control LED
    #
    if LED_ctrl_request == None:
        message = "to switch LED, press On or Off
                                        button"
    elif LED_ctrl_request == b'LED_ON':
                        # Clientからの指示がLED_ONなら
        message = "turn on LED"  # LEDを点灯
        led.on()
    elif LED_ctrl_request == b'LED_OFF':
                        # Clientからの指示がLED_OFFなら
        message = "turn off LED"  # LEDを消灯
        led.off()
    elif LED_ctrl_request == b'LED_GETSTATE':
                    # Clientからの指示がLED_GETSTATEなら
        message = "get LED status"
                        # LED 点灯状態を表示（処理は以下）
    else:
        message = "Error!! Unkown request"

    #
    # get LED state
    #
    if led.value() == 1:
        led_state = "ON"
    else:
        led_state = "OFF"

    #
    # create response and send to client
    #
    response = HTML_TMPL.replace("__LEDSTATE__",
                    led_state)  # 応答用HTMLを作成
    response = response.replace("__MESSAGE__",message)
    cl.send(response)  #応答用HTMLを返却
    cl.close()
s.close()
```

消費電流を半分以下に節約

第10章 省電力モードの使い方

角 史生

● ESP32に用意されているスリープ・モード

MicroPythonでは，ESP32用の省電力機能として，ライト・スリープ・モードとディープ・スリープ・モードの2つが用意されています．2つのスリープ・モードは，消費電力と復帰時の挙動が異なります．

▶ライト・スリープ・モード

ライト・スリープ・モードでは，ULP（Ultra Low Power）コプロセッサとリアルタイム・クロック（RTC）は稼働を続けます．CPUコアとメモリは，クロック・ゲーティングと呼ばれる手法により状態を保持したままで一時停止します．

このため，ライト・スリープから復帰する場合，リセットはされず，一時停止した次のプログラムから継続実行されます．

▶ディープ・スリープ・モード

ディープ・スリープ・モードでは，ULPコプロセッサとリアルタイム・クロック（RTC）のみ稼働し，CPUコアとメモリは電源OFFになります．

ディープ・スリープは，省電力効果が大きい反面，復帰後は電源OFF/ON時と同じようにハードウェア・リセットされた状態になります．このため，プログラムは初期状態に戻ります[1][2]．

リスト1　一定時間後にライト・スリープ・モードから復帰するプログラム

```
import machine

print("start to sleep(1sec)")
machine.lightsleep(1000)   # 1000ms指定
print("wake up from sleep")
```

（a）ソースコード

```
start to sleep(1sec)
wake up from sleep
```

（b）REPLでの実行結果

8-1 ライト・スリープ・モードの使い方

■ 基本…指定時間経過後に復帰

● タイマで復帰する方法

リスト1に示すのは，ライト・スリープ・モードを使ったプログラムの例と，それをREPLで実行した結果です．

一定時間経過後に復帰したい場合は，時間を指定してライト・スリープ関数を実行します．指定時間はms単位です．リスト1（a）の場合，1秒経過後に復帰し，ライト・スリープ関数lightsleep()の次の行から実行が継続されます．0を指定した場合，タイマでは起動しないので，外部からの割り込みで復帰する必要があります．

リスト2　ライト・スリープ・モードから復帰した要因を特定するプログラム

```
import machine
def print_wakeup_reason():
    id = machine.wake_reason()
    print(id)
    if id == machine.EXT0_WAKE:
        print("EXT0_WAKE")
    elif id == machine.EXT1_WAKE:
        print("EXT1_WAKE")
    elif id == machine.PIN_WAKE:
        print("PIN_WAKE")
    elif id == machine.TOUCHPAD_WAKE:
        print("TOUCHPAD_WAKE")
    elif id == machine.TIMER_WAKE:
        print("TIMER_WAKE")
    else:
        print("unknown")
```

（a）ソースコード

```
>>> print_wakeup_reason()
4
TIMER_WAKE
```

（b）REPLでの実行結果

● スリープから復帰した要因を表示する方法

machineモジュールのwakeup_reason()関数を使うと，スリープから復帰した要因が特定できます．リスト2（a）に示すのが要因を表示する関数を使ったプログラムの例です．リスト2（b）に示すのは，リスト2（a）を実行した後に，print_wakeup_

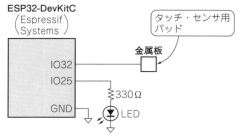

図1　タッチ・センサ用パッドとESP32-DevKitCの接続回路
タッチ・センサ用パッドには銅板を使用した

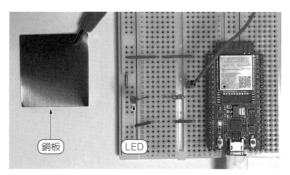

写真1　タッチ・センサ用パッド（銅板）とESP32-DevKitCを
ブレッドボード上で接続した様子
図1の回路をブレッドボードで組み立てた

リスト3　タッチ・センサ検知でライト・スリープ・モードから
復帰するプログラム

```
import machine
from machine import TouchPad, Pin
import esp32


led = Pin(25, Pin.OUT)     # setup for LED
led.off()

touch_threshold = 390
t = TouchPad(Pin(32))
t.config(touch_threshold)

esp32.wake_on_touch(True)
print("start to sleep(1min)")
machine.lightsleep(60*1000)  # timer wake after 1min
print("wake up from sleep")
led.on()
print_wakeup_reason()
```

（a）ソースコード

```
start to sleep(1min)
wake up from sleep
5
TOUCHPAD_WAKE
```

（b）タッチ・センサ復帰時のREPL画面表示

```
start to sleep(1min)
wake up from sleep
4
TIMER_WAKE
```

（c）タイマ復帰時のREPL画面表示

reason()関数を実行した結果です．

■ 応用1…タッチ・センサ検知で復帰

● タッチ・センサとの接続回路

　図1にタッチ・センサとの接続回路を示します．
写真1のように，IO32に金属板などで作成したタッ
チ・センサ用パッドを接続します．この回路は，本付
録の第3章の「2-1 静電容量（タッチ・センサ）で指を
検知する」と同じです．

● プログラムと実行結果

　リスト3（a）に，ライト・スリープ・モードに遷移
してタッチ・センサで復帰するプログラムを示しま
す．1分間タッチ・センサに触れない場合は，タイマ
で復帰します．
　リスト3（b）に示すのは，タッチ・センサで復帰し
たときのREPL画面の表示です．リスト3（c）に示す
のは，1分後にタイマで復帰したときのREPL画面の
表示です．

■ 応用2…スイッチ押下で復帰

● スイッチとの接続回路

　図2にスイッチとの接続回路を示します．写真2の

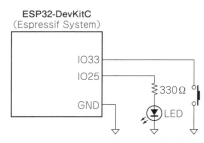

図2　スイッチとESP32-DevKitCの接続回路

ように，IO33にスイッチを接続します．この回路は，
本付録の第2章の「1-1 スイッチを押した時だけLED
点灯する」と同じです．

● プログラムと実行結果

　リスト4（a）に，ライト・スリープ・モードに遷移
して，スイッチ押下で復帰するプログラムを示しま
す．1分間スイッチを押下しない場合は，タイマで復
帰します．
　リスト4（b）に示すのは，スイッチ押下で復帰した
ときのREPL画面の表示です．タイマで復帰したとき
のREPL表示はリスト3（c）と同じです．

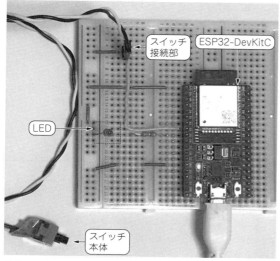

スイッチ接続部　ESP32-DevKitC
LED
スイッチ本体

写真2　スイッチとESP32-DevKitCをブレッドボード上で接続した様子
図2の回路をブレッドボードで組み立てた

リスト4　スイッチ押下でライト・スリープ・モードから復帰するプログラム

```
import machine
from machine import Pin
import esp32

sw = Pin(33, Pin.IN, Pin.PULL_UP)
                           # GPIO33のプルアップを有効化

led = Pin(25, Pin.OUT)   # setup for LED
led.off()

esp32.wake_on_ext0(sw, esp32.WAKEUP_ALL_LOW)
print("start to sleep(1min)")
machine.lightsleep(60*1000) # timer wake after 1min
print("wake up from sleep")
led.on()
print_wakeup_reason()
```

（a）ソースコード

```
start to sleep(1min)
wake up from sleep
2
EXT0_WAKE
```

（b）スイッチ押下で復帰したときのREPL画面表示

8-2 ディープ・スリープ・モードの使い方

■ 基本…指定時間経過後に復帰

● タイマで復帰する方法

リスト5に示すのは，ディープ・スリープ・モードを使ったプログラムの例です．ライト・スリープ・モードと同じように，deepsleep()関数の引数と

リスト5　一定時間後にディープ・スリープ・モードから復帰するプログラム

```
import machine

print("start to deep sleep(3sec)")
machine.deepsleep(3000)   # 3秒指定

# リセットが発生するのでこの行は実行されない
print("wake up from deep sleep")
```

リスト6　ディープ・スリープ・モード（リセット）から復帰した要因を特定するプログラム

```
import machine
def print_reset_cause():
    id = machine.reset_cause()
    print(id)
    if id == machine.DEEPSLEEP_RESET:
        print("DEEPSLEEP_RESET")
    elif id == machine.HARD_RESET:
        print("HARD_RESET")
    elif id == machine.SOFT_RESET:
        print("SOFT_RESET")
    elif id == machine.PWRON_RESET:
        print("PWRON_RESET")
    elif id == machine.WDT_RESET:
        print("WDT_RESET")
    else:
        print("unknown")
```

（a）ソースコード

```
>>> print_reset_cause()
4
DEEPSLEEP_RESET
```

（b）ディープ・スリープ・モード後の実行結果

```
>>> print_reset_cause()
1
PWRON_RESET
```

（c）電源OFF/ON後の実行結果

して起きるまでの待ち時間を指定します．

このプログラムは，ディープ・スリープ・モードに遷移して3秒経過→復帰→リセット→再起動のように動きます．このため，deepsleep()関数の次の行以降は実行されません．

● スリープ（リセット）から復帰した要因を表示する方法

machineモジュールのreset_cause()関数を使用することで，リセット要因を特定できます．リスト6（a）にリセット要因を表示するprint_reset_cause()関数のプログラム例を示します．

リスト6（b）に示すのは，ディープ・スリープ・モードから復帰したときにprint_reset_cause()関数を実行したときのREPL表示です注1．リスト6（c）に示すのは，電源OFF/ON後にprint_reset_cause()関数を実行したときのREPL表示です．

リスト7　タッチ・センサ検知でディープ・スリープ・モードから復帰するプログラム

```
import machine
from machine import TouchPad, Pin
import esp32

touch_threshold = 390
t = TouchPad(Pin(32))
t.config(touch_threshold)
esp32.wake_on_touch(True)
print("start to deep sleep(30sec)")
machine.deepsleep(30*1000)   # 30秒指定

# リセットが発生するのでこの行は実行されない
print("wake up from deep sleep")
```

リスト8　スイッチ押下でディープ・スリープ・モードから復帰するプログラム

```
import machine
from machine import Pin
import esp32

# GPIO33のプルアップを有効化
sw = Pin(33, Pin.IN, Pin.PULL_UP)
esp32.wake_on_ext0(sw, esp32.WAKEUP_ALL_LOW)
print("start to deep sleep(30sec)")
machine.deepsleep(30*1000)   # 30秒指定

# リセットが発生するのでこの行は実行されない
print("wake up from deep sleep")
```

■ 応用1…タッチ・センサ検知で復帰

　リスト7に示すのは，ディープ・スリープ・モードに遷移してタッチ・センサで復帰するプログラムです．復帰後にprint_reset_cause()関数を実行すると，リスト6(b)と同じ表示になります．

　タッチ・センサとの接続回路は，図1，写真1と同じです．

■ 応用2…スイッチ押下で復帰

　リスト8に示すのは，スリープ・モードに遷移して

注1：ディープ・スリープ・モードから復帰するときにリセットがかかるため，REPLに貼り付けて実行しているコードは保持されず消去されます．プログラム実行とディープ・スリープ・モードを繰り返すテストを行う場合は，復帰時に再度プログラムが実行されるようなテスト・プログラムをフラッシュ・メモリに書き込んでください．

スイッチ押下で復帰するプログラムです．復帰後にprint_reset_cause()関数を実行すると，リスト6(b)と同じ表示になります．

　スイッチとの接続回路は，図2，写真2と同じです．

◆参考文献◆
(1) Sleep Modes-Overview, ESP-IDF Programming Guide, Espressif Systems.
https://docs.espressif.com/projects/esp-idf/en/latest/esp32/api-reference/system/sleep_modes.html#overview
(2) Insight Into ESP32 Sleep Modes & Their Power Consumption, Last Minute ENGINEERS, LastMinuteEngineers.com.
https://lastminuteengineers.com/esp32-sleep-modes-power-consumption/

すみ・ふみお

コラム　**消費電流はどのくらい減る？省電力モードの効果を確認してみた**　　角 史生

　通常動作時とライト・スリープ・モード時，ディープ・スリープ・モード時に，どのくらい消費電流の差があるか調べました．

　次の方法で動作モードを切り替え，USBから供給される5V電源の電流値を測定しました．電流値の計測には，手元にあったテスタCD772（三和電気計器）を使いました．測定結果は表Aの通りです．
(1) 通常動作時の計測
　リセット押下後，REPLで入力待ちの状態で計測
(2) ライト・スリープ・モード時の計測
　次のプログラムを実行して，ライト・スリープ・モードに切り替えて計測
```
import machine
machine.lightsleep(60*1000)
```

(3) ディープ・スリープ・モード時の計測
　次のプログラムを実行して，ディープ・スリープ・モードに切り替えて計測
```
import machine
machine.deepsleep(60*1000)
```

表A　スリープ・モード時の消費電流（通常実行時との比較）
テストで用いたファームウェアはv1.18（2022-01-17），システム・クロックは160MHz（電源投入後のデフォルト設定）．ディープ・スリープ・モードで省電力効果が出ないのは，ボード（ESP32-DevKitC）上のUSBシリアル変換ICが原因と思われる

動作状態	USB 5V電源の電流値
通常実行時	41.1mA
ライト・スリープ・モード時	14.8mA
ディープ・スリープ・モード時	14.3mA

現在時刻の表示やウェイト/タイマ処理の使い方

第11章

日時の取得と時間管理

角 史生

リスト1　localtime関数を使用して現在時刻を表示するプログラム
UTC（協定世界時）を取得する．取得したUTCに9時間を加算することでJST（日本標準時）を計算している

```
import ntptime
import utime

ntptime.settime()           # NTPによる時刻同期
JST_OFFSET = 9 * 60 * 60    # JST = UTC + 9H(32400秒)

# 時刻を取得、UTCで表示する
(year, month, day, hour, min, sec, wd, yd) =
                            utime.localtime()
print(f"{year:4d}-{month:02d}-{day:02d}
          {hour:02d}:{min:02d}:{sec:02d} (UTC)")

# 時刻を取得、JSTで表示する
(year, month, day, hour, min, sec, wd, yd) =
          utime.localtime(utime.time() + JST_OFFSET)
print(f"{year:4d}-{month:02d}-{day:02d}
          {hour:02d}:{min:02d}:{sec:02d} (JST)")
```

本章ではMicroPythonで日時の取得，時間管理をする方法を解説します．

9-1 NTPサーバと同期して時刻を表示する

● サーバと同期して正しい時刻を表示する

　標準ライブラリのntptimeモジュールを用いることで，時刻管理を行うNTP（Network Time Protocol）サーバとの同期を行えます．NTPを利用するにはESP32がインターネットに接続されている必要があります．接続方法は本付録の第9章か，文献（2）のネットワーキングの章を参照してください．

● プログラム

　settime関数によりNTPサーバと同期し，utimeモジュールのlocaltime関数を実行することでUTC（協定世界時）を取得できます．しかし，この段階では，日本の標準時であるJST（日本標準時）とは9時間の時差があります．この時差を加算することでJSTにします．
　MicroPythonには地域情報（ロケール機構）のライブラリが実装されていません．そこで，utime.

リスト2　sleep関数を使用したウェイト処理の例

```
import utime
utime.sleep(3)          # 3s待つ
utime.sleep_ms(100)     # 100ms待つ
utime.sleep_us(100)     # 100μs待つ

print("wait for 1sec...")
utime.sleep(1)
print("done")
```

time関数を用い，取得したUTCの時間に32400秒［60（秒）×60（分）×9（時間）］を加算することでJSTに変換します．
　本プログラムをリスト1[注1]に示します．実行した結果は次のようになります．上段がUTCで下段がJSTです．

2022-04-29 00:09:36（UTC）
2022-04-29 09:09:36（JST）

9-2 ウェイト処理をする

● 処理の実行を待機したいときに使う

　utimeモジュールのsleep関数を使うことで，s単位，ms単位，μs単位で待機します．

● プログラム

　プログラムをリスト2に示します．utime.sleep，utime.sleep_ms，utime.sleep_usのそれぞれの引数に数字を入力することで，s単位，ms単位，μs単位で待ち時間を指定できます．

9-3 タイマを使って一定周期でLEDを点滅する

● 一定周期で処理を実行する

　machineモジュールのTimerクラスを用いるこ

注1：リスト1は文字列の整形にformat関数を使わず，フォーマット済み文字列リテラル（f-string）を使っています．f-stringを使うことで文字列の整形指示が簡潔に行えます．2022年4月時点の最新版ファームウェア，v1.18（2022-01-17）で動作確認しています．

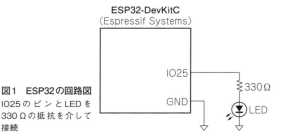

図1　ESP32の回路図
IO25のピンとLEDを
330Ωの抵抗を介して
接続

とにより，タイマを使った一定周期の処理ができます．これを利用して一定周期でLEDを点滅する実験を行います．ESP32は4つのハードウェア・タイマが利用可能であり，どれを使うかTimerオブジェクト作成時に指定します（0〜3で指定）[1]．

● 回路

回路は**図1**に示す通りです．330Ωの抵抗を介してIO25のピンとLEDを接続しています．

● プログラム

プログラムを**リスト3**に示します．**リスト3**ではタイマにより300ms（0.3s）周期でコールバック関数（`timer_callback`）を呼び出します．呼び出された`timer_callback`では，LEDのフラグ（`led_flag`）を反転させています．これにより無限ループ内において0.3s周期でLEDが点滅します[1]．

9-4 ランダムなタイミングで LEDを点滅する

● ランダムなタイミングを作る

`urandom`モジュールで生成する乱数を利用することで，ランダムなタイミングでの処理を行えます．これを用いてランダムなタイミングでLEDを点滅する実験を行います．

● 回路

回路は**図1**に示す通りです．

● プログラム

プログラムを**リスト4**に示します．`urandom.seed`で乱数シードの初期化をしています．`random`関数を実行することで1より小さい小数点の乱数を生成します．得られた乱数と最大待ち時間を乗算して，待ち時間を算出します．この待ち時間を`utime`モジュールの`sleep_ms`関数の引数にすることで，LEDをランダムなタイミングで点滅させます．

リスト3　タイマを使って一定周期でLEDを点灯するプログラム
300ms（0.3s）周期でLEDが点灯するように設定

```
from machine import Pin
from machine import Timer

TIMER_PERIOD = 300          # LED点灯周期：300ms
led_flag = False            # LED点灯消灯フラグ

TIMER_ID = 0

led = Pin(25, Pin.OUT)      # GPIO25を出力に設定
led.off()

def timer_callback(tim):
    global led_flag
    led_flag = not led_flag # LED点灯消灯フラグを反転させる

timer = Timer(TIMER_ID)     # 0番目のタイマを指定（0-3：指定可）
timer.init(period = TIMER_PERIOD, mode =
        Timer.PERIODIC, callback = timer_callback)

print("=== LED blinking start ===")
while True:
    if led_flag and led.value() != 1:
            # LED点灯消灯フラグがTrueで，LEDが点灯していない
        led.on()                        # LEDを点灯
    elif (not led_flag) and led.value() != 0:
            # LED点灯消灯フラグがFalseで，LEDが消灯していない
        led.off()                       # LEDを消灯
```

リスト4　ランダムなタイミングでLEDを点滅させるプログラム

```
from machine import Pin
import utime
import urandom

urandom.seed(utime.time())      # 乱数初期化

led = Pin(25, Pin.OUT)          # GPIO25を出力に設定
led.off()

while True:

    led.on()        # LEDを点灯
    # ランダムに待つ（100ms〜1s）
    utime.sleep_ms(int(urandom.random() * 900) + 100)

    led.off()       # LEDを消灯
    # ランダムに待つ（100ms〜500ms）
    utime.sleep_ms(int(urandom.random() * 400) + 100)
```

◆参考文献◆
(1) ESP32用クイックリファレンス「タイマー」，Damien P. George, Paul Sokolovsky, and contributors Revision 506f5d71. https://micropython-docs-ja.readthedocs.io/ja/latest/esp32/quickref.html#timers
(2) ESP32用クイックリファレンス「ネットワーキング」，Damien P. George, Paul Sokolovsky, and contributors Revision 506f5d71. https://micropython-docs-ja.readthedocs.io/ja/v1.13ja/esp32/quickref.html#networking

すみ・ふみお

第12章

プログラム実行の高速化

コード改善

角 史生

● 処理時間やメモリ使用状況の把握が重要

　MicroPythonで開発したシステムを動かしてみると，処理速度が遅かったり，長時間動作でメモリが枯渇してException（例外）などの異常が発生する場合があります．システムの性能改善や動作安定化には多くのノウハウが必要ですが，まずは速度の低下やメモリの大量使用がどの処理で発生しているのかを特定することが重要です．

　Pythonにはプロファイラが用意されているので，処理時間やメモリ使用量を容易に把握できますが，MicroPythonには用意されていません．そのため，関数を工夫するなどして，自力で原因箇所を特定する必要があります．

　本章では，処理速度に関する基本的な調査方法と性能改善のヒントを紹介します．性能改善に関する情報は，MicroPythonの公式ドキュメントである文献（1）も参考になります．メモリ使用量の把握と低減については第13章で解説します．

10-1 関数の実行時間を計測する

● 実行時間計測用の関数を用意する

　実行時間計測用関数timed_function()を使え

ば，対象の関数の実行時間を計測できます．リスト1にtimed_function()を示します．

　まず，計測対象の関数に対して，計測関数timed_function()をデコレータとして設定します．リスト2に示すのは，計測対象の関数をwait_test()にした場合の例です．

　リスト1とリスト2に示す関数をREPL内で定義した後，調査対象の関数wait_test()を実行すると，実行時間が表示されます．図1にREPLでの実行結果を示します．wait_test関数の実行時間が1234.260msであることが分かりました．

● 実行時間を計測する仕組み

　計測関数timed_function()がデコレータとして適用されることで，変数wait_testには計測対象の関数本体の前後に計測機能が付与された新しい関数（クロージャ）が格納されます．

　図2に示すように，変数wait_testに格納された関数を実行すると，まず計測機能を実行して計測開始時刻を取得します．計測関数から計測対象関数が呼び出され，関数実行にかかった時間が表示されます．

リスト1[(1)]　関数の実行時間を計測する関数 timed_function() の内容

```
import utime
def timed_function(f, *args, **kwargs):
    myname = str(f).split(' ')[1]
    def new_func(*args, **kwargs):
        # 計測開始時刻を取得
        t = utime.ticks_us()
        # 計測対象の関数を実行
        result = f(*args, **kwargs)
        # 実行時間を算出
        delta = utime.ticks_diff(utime.ticks_us(), t)
        # 計測結果を表示
        print('Function {} Time = {:6.3f}ms'.
                        format(myname, delta/1000))
        # 計測対象関数の実行結果を返却
        return result
    # 計測機能付きの関数（クロージャ）を返却
    return new_func
```

リスト2　timed_function() を使って関数の実行時間を計測するプログラム

計測対象の関数wait_test()に対して，timed_function()をデコレータとして設定することで実行時間を計測する

```
import utime

@timed_function    # 調査対象関数に対して，timed_functionを
def  wait_test(wait_time, count):    # デコレータとして設定
    for _ in range(count):
        utime.sleep(wait_time)
```

```
# 1.234秒待たせる処理を1回実行する
>>> wait_test(1.234, 1) ⏎
Function wait_test Time = 1234.260ms
# wait_test関数の実行時間が表示される（1234.260ms）
```

図1　timed_function() を実行した結果…計測対象の関数の実行時間が表示された

リスト1とリスト2のソースコードをREPLで実行した

変数
```
wait_test
```

実行

計測用関数本体
```
t = utime.ticks_us()                                            # 計測開始時刻を取得
result = f (*args, **kwargs)                                     # 計測対象の関数を実行
delta = utime.ticks_diff(utime.ticks_us(), t)                   # 実行時間を算出
print('Function {} Time = {:6.3f}ms'.format(myname, delta/1000)) # 計測結果を表示
return result                                                    # 計測対象関数の実行結果を返却
```

実行　計測対象の関数本体
```
for _ in range(count):
    utime.sleep(wait_time)
```

図2　`timed_function()` が実行時間を計測する仕組み
対象関数を実行すると，まず計測機能を実行して計測開始時刻を取得し，計測対象関数が呼び出され，最後に関数実行にかかった時間が表示される

10-2　2点間の実行時間を計測する

● 計測したい行の先頭と最後に関数を挿入する

　ループ処理など，関数内の2点間の実行時間を計測した場合，時刻を取得するコードを追加して実行時間を算出します．

　実装例を**リスト3**に示します．utime モジュールの関数 ticks_us() を使って2点間の時刻をμs単位で取得し，utime モジュールの関数 ticks_diff() で実行時間を取得します．**リスト1**と比べると分かりますが，関数 timed_function() の内容を計測開始，計測終了，実行時間表示の機能別に分けて，計測したい行の先頭と最後に挿入しています．

● 実際に計測した結果

　リスト3は，周辺機器から取得されるシリアル・データを1バイト・データに変換するサンプル・プログラムで，シリアル–パラレル変換を1000回繰り返しています．

　リスト3の read_test() を定義した後，実行した結果の REPL 画面は次の通りです．
```
>>> read_test() ⏎
72359 usec
```
　シリアル–パラレル変換を1000回行うのに，72359μsかかることが分かりました．システム・クロックはデフォルト設定（160MHz）のままで計測しています．

10-3　プログラム実行を高速化する手法

　関数単位，またはプログラムの2点間で実行時間を計測できるようになりました．これらを使ってシステムのどの部分で時間がかかっているのかを特定して，

リスト3　関数 read_test() を使って2点間の実行時間を計測するプログラム
計測したい行の先頭と最後に utime モジュールの関数を挿入する
```
import utime
from machine import Pin

def read_test():
    h = Pin(35,Pin.IN)
    # utime.ticks_us() で計測開始時刻を取得
    s = utime.ticks_us()
    for i in range(1000):
        val = 0
        for i in range(8):
            val <<= 1
            val |= h.value()
    # utime.ticks_diff で実行時間を算出
    delta = utime.ticks_diff(utime.ticks_us(),s)
    print(f"{delta:d} usec")   # 実行時間表示
```

高速化に向けてプログラムを改修します．

　処理遅延の原因によって対策は異なりますが，設計段階のアルゴリズムの見直しを行うのがまずは重要です．ここでは最適なアルゴリズムを採用しているとして，実装段階で適用できる高速化の手法を3つ紹介します．

● その1…システム・クロック周波数の変更

　性能評価のときは，まずシステム・クロックの周波数設定を確認することをお勧めします．ESP32のシステム・クロック周波数は最高240MHzですが，MicroPython v1.18では160MHzで動作しています．これを240MHzに変更することで，実行速度が1.5倍になります．REPLにおけるシステム・クロックの設定確認と変更例を**図3**に示します．

● その2…ネイティブ・コード・エミッタの使用

　高速化の手法として，ネイティブ・コード・エミッタの使用があります．文献(1)には，「ネイティブ・

```
# uosモジュールをインポート
>>> import uos ⏎
# MicroPythonバージョン確認
>>> uos.uname() ⏎
(sysname='esp32', nodename='esp32',
    release='1.18.0', version='v1.18 on 2022-01-17',
                machine='ESP32 module with ESP32')
# machimeモジュールをインポート
>>> import machine ⏎
# machimeモジュールの関数freq()でシステム・クロック確認
>>> machine.freq() ⏎
160000000   # 160MHzで動作
# システム・クロックを240MHzに設定
>>> machine.freq(240000000) ⏎
#システム・クロック確認
>>> machine.freq() ⏎
240000000   # 240MHzで動作
```

図3　システム・クロックの設定確認と変更（REPLによる実行結果）
システム・クロックの周波数を160MHzから240MHzに変更している

コード・エミッタを使うことでバイト・コードではなくネイティブのCPUオペコードを発行する」と記載されています．通常，MicroPythonはプログラムをバイト・コードに変換し，バイト・コードをインタープリタが実行しますが，MicroPythonプログラムを直接CPUで実行できる形式に変換し，これを実行することで高速化するのがネイティブ・コード・エミッタです．ESP32用のネイティブ・コード・エミッタは，MicroPython v1.12から利用できます．

リスト4に示すのは，ネイティブ・コード・エミッタの設定方法です．**リスト3**で使った2点間の実行時間計測サンプル・プログラムにネイティブ・コード・エミッタを適用しました．

ネイティブ・コード・エミッタを有効にした関数 read_test() をREPLで実行した結果を次に示します．ネイティブ・コード・エミッタを用いた結果，実行時間が短縮されたことが分かります．

```
>>> read_test() ⏎
40291 usec # 2点間の実行時間は40291μs
#（有効化しない場合は72359μs）
```

リスト4　ネイティブ・コード・エミッタの設定方法

```
import utime
from machine import Pin

# ネイティブ・コード・エミッタを使用
@micropython.native
def read_test():
    h = Pin(35,Pin.IN)
    # utime.ticks_us()で計測開始時刻を取得 (usec)
    s = utime.ticks_us()
    for i in range(1000):
        val = 0
        for i in range(8):
            val <<= 1
            val |= h.value()
    # utime_ticks_diffで実行時間を算出
    delta = utime.ticks_diff(utime.ticks_us(),s)
    print(f"{delta:d} usec")
```

● その3…処理性能の観点で最適なリリース・バージョンを選ぶ

MicroPythonファームウェアのリリース・バージョンによって性能が異なる場合があります．MicroPythonのv1.18と，1つ前のv1.17を使って性能を調査した結果を**表1**に示します[注1]．v1.17を使った場合，ネイティブ・

表1　MicroPythonファームウェアのリリース・バージョンごとにポーリング性能を測定した結果

項　目		ネイティブ・コード・エミッタ	
		使用しない	使用する
システム・クロック周波数	160MHz	7.72 μs	4.37 μs
	240HMz	5.16 μs	2.93 μs

（**a**）v1.18の安定版（2022-01-17）

項　目		ネイティブ・コード・エミッタ	
		使用しない	使用する
システム・クロック周波数	160MHz	32.0 μs	4.67 μs
	240HMz	29.28 μs	3.13 μs

（**b**）v1.17の安定版（2021-09-02）

リスト5　ポーリング処理の最短周期を調べるプログラム
ファームウェアのリリース・バージョン，およびネイティブ・コード・エミッタの使用有無による違いを調べた

```
import utime
from  machine import Pin,freq
import sys
import uos

N_OF_POLLING=10000
CLK_PIN=14

# ネイティブ・コード・エミッタを有効にする場合コメントを外す
# @micropython.native
def measure_polling():
    print(sys.implementation)
    print(sys.platform)
    print(uos.uname())
    print("freq:{:d}MHz".format(int(freq()/(1000
                                *1000))))
    print("polling  test")
    pin = Pin(CLK_PIN,Pin.IN)

    s = utime.ticks_us()
    for x in range(N_OF_POLLING):
        flag = pin.value()
        if flag == 0:
            print("PIN:0")
        else:
            pass
    e = utime.ticks_us()
    delta = utime.ticks_diff(e,s)
    one_pulse = delta/N_OF_POLLING
    frequence = 1 * 1000 * 1000 / one_pulse
    print("{:d} usec, {:3.2f} msec in {:d}polling".
                format(delta,delta/1000,N_OF_POLLING))
    print("{:3.2f} usec/polling".format(one_pulse))
    print("frequence:{:3.2f}Hz, {:3.2f}KHz".format(fr
                equence,frequence/1000))

measure_polling()
```

表2　ファームウェア・バージョンごとのポーリング性能
（160MHz）

ファームウェア・バージョン	ポーリング性能
v1.22.1 (2024-01-05).bin	$8.33\mu s$
v1.22.0 (2023-12-27).bin	$8.33\mu s$
v1.21.0 (2023-10-05).bin	$8.41\mu s$
v1.20.0 (2023-04-26).bin	$14.98\mu s$
v1.19.1 (2022-06-18).bin	$8.01\mu s$

表3　ファームウェア・バージョンごとのポーリング性能
（240HMz，ネイティブ・コード・エミッタ使用）

ファームウェア・バージョン	ポーリング性能
v1.22.1 (2024-01-05).bin	$2.97\mu s$
v1.22.0 (2023-12-27).bin	$2.97\mu s$
v1.21.0 (2023-10-05).bin	$3.02\mu s$
v1.20.0 (2023-04-26).bin	$2.96\mu s$
v1.19.1 (2022-06-18).bin	$2.92\mu s$

コード・エミッタを有効にしないと実行速度が非常に遅くなることが分かります．

　計測には，**リスト5**に示すプログラムを使いました．このプログラムは，ソフトウエアによりフラグ変化を周期的に監視（ポーリング処理）する場合の最短周期を調査する目的で作成しました．詳細は稿末のコラムを参照してください．

　ここで，2024年1月の時点で利用可能なファームウエアの各バージョンおいて，どの程度性能差があるのか調査しました．

　まずは，システム・クロックが160MHzのままで，ネイティブ・コード・エミッタを使用しない条件下で性能を調査しました．ファームウェア・バージョンごとのポーリング性能は**表2**の通りです．執筆当時のバージョンであるv1.17ほど極端な性能劣化は見られませんでしたが，バージョンv1.20.0において，ポーリング性能が低下していることが分かります．

　次に，最大性能となるよう，システム・クロックを240MHzに設定し，ネイティブ・コード・エミッタを使用して計測しました．結果は**表3**の通りです．この条件下ではどのファームウェア・バージョンもほぼ同等の性能が得られることが分かります．

　2024年1月時点で利用可能なファームウェア・バージョンにおいて，ネイティブ・コード・エミッタを使用しない場合，若干の性能差があることが分かりました．今後リリースされる新バージョンにおいて，性能劣化が発生しないとは限らないので，高速な処理が必要となるアプリケーションを作成する場合，ファームウェア・バージョンごとの処理性能の差に注意し，最適なバージョンを選択するのが良いと思います．

● それでも遅いなら…処理を抜き出して
　ネイティブ・コードで実装する

　ソースコードを改修しても所望の速度が得られない場合は，遅い処理を抜き出して，その部分をC言語などによるネイティブ・コードで実装する方法があります．文献(1)にネイティブ・コードを使ったMicroPythonの拡張方法の説明があります．

◆参考・引用*文献◆
(1) MicroPython性能の最大化，The MicroPython Documentation，Damien P. George，Paul Sokolovsky，and contributors．https://micropython-docs-ja.readthedocs.io/ja/latest/reference/speed_python.html
(2) 角 史生：第9章 アマゾン AWS投稿IoTカメラを作る コラム MicroPythonのループ速度，特集 映像ソーシャル時代 マイクロIoTカメラ，Interface，2020年4月号，p.89，CQ出版社．

すみ・ふみお

注1：執筆した2022年当時，MicroPythonのファーム・バージョンによって性能の差が大きい問題があり，当時のリリースバージョンであるV1.17，V1.18を対象に調査しました．

コラム　**MicroPythonのループ速度**　　　　　　　　　　　　　角 史生

　MicroPythonでGPIOを操作して周辺機器を制御する場合，MicroPythonがどれぐらいの速さでGPIOを処理できるのか，客観的に把握する必要があります．

　例えば，機器からの同期信号を受信する場合，GPIOの入力値をMicroPythonでポーリングして間に合うのかどうかを判断する必要があります．もしポーリング方式で間に合わない場合，同期信号を捕らえる手段として割り込み方式に変更する必要があります．

　240MHzで動作するESP32のMicroPython環境において，どれぐらいの周期でポーリングできるのか調査しました．ポーリングにおけるループ速度を計測するプログラムは本文の**リスト5**の通りです．GPIO14を入力と想定しており3.3Vにプルアップして計測しています．GPIOの値を取得して判断する処理も疑似的に加えています．結果は本文の**表1**の通りです．ファームウェアのバージョンで差があることが分かりました．

使用量の可視化と軽量化

第13章 メモリ管理

角 史生

```
# gcモジュールをインポート
>>> import gc⏎
# ヒープ・メモリの空き容量を取得
>>> gc.mem_free()⏎
109648  # 空き容量は109648バイト
```
図1[注1]　ヒープ・メモリの空き容量をREPLで確認している様子
gcモジュールの関数mem_free()を使えば確認できる

```
# micropythonモジュールをインポート
>>> import micropython⏎
# メモリ情報を表示
>>> micropython.mem_info()⏎
stack: 704 out of 15360
GC: total: 111168, used: 1440, free: 109728
 No. of 1-blocks: 17, 2-blocks: 10, max blk sz: 18,
                                   max free sz: 6847
# スタック15360バイト中, 704バイト使用
# ヒープ・メモリ 111168バイト中, 1440バイト使用
# 空き容量は109728バイト
```
図2　ヒープ・メモリの総容量をREPLで確認している様子
micropythonモジュールの関数mem_info()を使えば確認できる

10-4 ヒープ・メモリ使用量の把握と改善

● プログラム実行時に確保する「ヒープ・メモリ」

　MicroPythonでは，メモリ管理をMicroPython側で行います．メモリ割り当てや不要になったメモリの回収は，MicroPythonにより自動で行われます．この不要メモリの回収は，ガベージ・コレクションと呼ばれます．プログラムの実行に連動して割り当て，解放，回収されるメモリをヒープ・メモリと呼びます．

　ヒープ・メモリに十分余裕のある状態で実行できるプログラムであればメモリ使用量の分析は不要です．

　テスト開始時点では安定動作していたのに，長時間動作させると不安定になる場合は，ヒープ・メモリが枯渇している可能性があります．このような場合，実行中のヒープ・メモリの使用量を把握して，メモリを大量に使用している処理の特定と対策が必要です．

● ヒープ・メモリの空き容量を計測する

　ヒープ・メモリの空き容量は，gcモジュールの関数mem_free()を使えば確認できます．**図1**にREPL（Read-Eval-Print Loop）による確認操作の様子を示します．

　ヒープ・メモリの総容量を知りたい場合は，micro

pythonモジュールの関数mem_info()を使います．関数mem_info()は，ヒープ・メモリ以外にスタックの情報も表示します．**図2**にREPLによる確認操作の様子を示します．この操作により，ヒープ・メモリの容量は約100Kバイトであることが分かります．

　micropythonモジュールの関数mem_info()は，詳細な情報が得られるメリットがありますが，表示専用の関数なので戻り値がありません．集計などの目的で空き容量を数値で取得したい場合は，gcモジュールの関数mem_free()を使います．

　調べたい箇所に次のようなコードを追加してプログラムを実行し，REPL画面で確認することで，ヒープ・メモリの空き容量の推移が分かります．
```
print(gc.mem_free())
```

● 不要になったメモリを回収する「ガベージ・コレクション」

▶不要になった時点ではまだメモリは回収されない

　不要になったメモリは，即座には回収されません．メモリ不足状態（OOM：Out-Of-Memory）が発生した後，ガベージ・コレクションが起動され不要なメモリが回収されます[注2][注3]．そのため，正確にヒープ・メモリの空き容量を調べるには，gc.collect()関数によってガベージ・コレクションを起動して，不要メモリを回収した後に空きメモリを調べる必要があります．

注1：今回の動作例では，gcモジュールをインポートしていますが，MicroPythonのバージョンによっては起動直後から使える場合があるので1行目のimport文が不要になります．インポート済みかどうかは，定義済みの名前一覧を返す関数dir()，またはglobals()を使えば確認できます．

```
# MicroPython起動後, gcモジュールをインポート
>>> import gc
# 念のため不要メモリを回収
>>> gc.collect()
# 空きメモリ容量確認
>>> gc.mem_free()
110176   # ヒープ・メモリの空き容量：110176バイト
# 要素数5000のlist型データを作成
>>> x = [0] * 5000
# 要素数が5000であることを確認
>>> len(x)
5000
# ヒープ・メモリの空き容量確認
>>> gc.mem_free()
89616   # ヒープ・メモリの空き容量：89616バイトに減少
        # 要素数5000のlist型データ作成のため, 20560バイト使用
>>> y=bytes(5000)   # 要素数5000のbytearray型データ作成
```

```
>>> len(y)   # 要素数が5000であることを確認
5000
>>> gc.mem_free()   # ヒープ・メモリの空き容量確認
84352   # ヒープ・メモリの空き容量：84352バイトに減少
        # 要素数5000のbytearray型作成のため, 5264バイト使用
>>> del x   # list型データを格納している変数xを削除
            # （削除により20560バイトが不要になったはず）
>>> del y   # bytearray型データを格納している変数yを削除
            # （削除により5264バイトが不要になったはず）
>>> gc.mem_free()   # ヒープ・メモリの空き容量確認
84144   # 不要になったメモリの回収がまだ行われていないので
        # 空き容量に大幅な変化なし
>>> gc.collect()   # 手動でGCを実行, 不要メモリを回収
>>> gc.mem_free()   # ヒープ・メモリの空き容量確認
109808   # 不要になったメモリが回収され
         # 空き容量：109808バイトまで回復
```

図3　不要メモリの回収状況を確認している様子
不要メモリはガベージ・コレクションが実行されるまで回収されない

▶実際に不要メモリ回収状況を確認してみる

配列を作成したときのヒープ・メモリの使用と，ガベージ・コレクションによる不要メモリ回収の実行例をもとに説明します．要素数5000のlist型とbytearray型を作成，削除したときのヒープ・メモリ空き容量の変化を図3のように確認しました．

このようにlist型データ，bytearray型データを格納している変数を削除しても，ガベージ・コレクションが実行されない段階ではヒープ・メモリの空き容量に変化がありません．ガベージ・コレクションが走ることでヒープ・メモリが回復します．

また，各データ型を作成して使われたメモリ量を比較した結果，要素数5000のlist型データを作成するのに20560バイト使用するのに対し，bytearray型の場合は5264バイトの使用で収まっています．bytearray型は扱えるデータの要素が0x00（0）〜0xff（255）と制限がありますが，メモリ利用効率の観点ではbytearray型の方が優れていると言えます．

● メモリ使用量を減らす手法

CMOSカメラなど，周辺機器からSPIクラスやUARTクラスの関数read()を使ってデータを読み込むと，データ格納用のバッファをクラス側で作成します．そのため，データの読み込みに連動してヒープ・メモリの空き容量が減少します．

注2：文献（1）のgc--ガベージ・コレクションの制御，gc.threshold（[amount]）では「通常，ガベージ・コレクションは，新しい割り当てを満たすことができない場合，つまりメモリ不足（OOM：Out-Of-Memory）状態でのみトリガされます．」と説明されています．

注3：メモリ不足（OOM）発生時，ガベージ・コレクションが実行されて不要メモリが回収されます．継続が実行できるだけのメモリが確保できれば，MicroPythonはエラー中断することなく処理が継続されます．

ヒープ・メモリの空き容量減少を抑える手法には，データを格納するためのバッファをアプリケーション側で用意して，格納先を指定できる関数readinto()を使ってデータを読み込む方法があります．データ格納用バッファを再利用すれば，ヒープ・メモリを節約できます．

図4に示すような，CMOSカメラのデータをSDカードに保存するシステムを例に説明します．CMOSカメラは，フレーム・バッファを搭載するArducam Miniモジュール（5Mピクセル）などを想定しています．

▶①データ保持用のバッファをbytearray型で作成してアプリケーション内で再利用する

周辺機器から受け取るデータを保持するための配列をbytearray型で作成します．サイズはシステム設計方針に依存しますが，1つの目安としてヒープ・メモリの1/4を上限とする案があります．

MicroPythonを起動した後のヒープ・メモリ空き容量が約100Kバイトなので，試算上バッファ・サイズの上限は25Kバイトになります．バッファ・サイズの上限を1/4にしている理由は，配列のコピーやスライスなど，万一バッファ内データを複製する処理が実行されたとしても，データ保持に使われるメモリは50Kバイトに留まるからです．そのため，プログラム実行用のヒープ・メモリが50Kバイト残ります．

単純な指標ですが，バッファのサイズ上限をヒープ・サイズの1/4としておくことで，データ・コピーによるメモリ枯渇でシステムが停止するのを防げます．

▶② 関数open()でバイナリ・ストリームを作成

図4のシステムでは，画像データをSDカードに保存する場合を想定しています．関数open()を呼び出したとき，第2引数に "wb" を指定することで出力用バイナリ・ストリームを作成できます．

```
f = open(<file_name>, "wb")
```

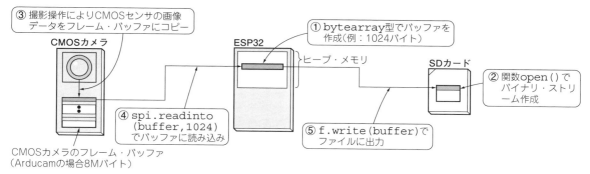

図4　メモリ使用量の削減手法…カメラの画像データをSDカードに保存するシステムを例に考えてみる

▶③ CMOSカメラの撮影操作

カメラの撮影操作を行うと，CMOSイメージセンサの画像データがカメラに搭載されたフレーム・バッファにコピーされます注4.

▶④ SPIクラスの関数readinto()を用いて読み込み

SPIクラスの関数readinto()注5を用いてフレーム・バッファからデータを読み込みます.

```
spi.readinto(<buffer_name>, <read_
size>)
```

関数を呼び出すとき，データ保持用のバッファと読み込みサイズを指定します．読み込みサイズは省略可能で，省略した場合はバッファ・サイズ分のデータが読み込まれます.

関数readinto()を用いることで，アプリケーション側で用意したバッファに画像データが格納され，SPIクラス側でのヒープ領域の使用が回避できます．もし画素平均化などの画像処理が必要であれば，データ保持用のバッファに対して演算を行います.

▶⑤ バッファを指定してファイルへの書き込み

FileIOクラスの関数write()を使って，バッファ内のデータをファイルに書き込みます.

```
f.write(<buffer_name>)
```

注4：CMOSイメージセンサの詳しい制御方法は，本書のテーマから大きく外れるため省略します.

注5：カメラとの接続インターフェースにより，用いるクラスが決まります．SPIで接続する場合はSPIクラス，UARTで接続する場合はUARTクラスを使います.

▶⑥ 読み込みと書き込みを繰り返す

バッファ・サイズ分の処置が終わったら，④の作業に戻って次のデータを読み込みます．このとき，①で作ったバッファを再利用します．④〜⑤の処理を画像サイズ分繰り返すことで，ヒープ・メモリのサイズ以上の画像データであってもSDカードに画像を保存できます.

$*$　　$*$　　$*$

本付録では，センサによるデータ取得やネットワーク接続，LCD表示，音声発話，RCサーボモータ制御など，機器を含めたMicroPythonのサンプル・プログラムを紹介してきました.

IoTシステムは基本的に，①センサによるデータ取得，②ネットワークによるデータの送受信，③データの蓄積と分析，④表示装置やアクチュエータによるユーザのフィードバックで構成され，多くの要素技術の組み合わせで実現されています．サンプル・プログラムを参考にしてもらい，みなさまのプロトタイプ開発のお役に立てたら幸いです.

◆参考・引用*文献◆

(1) Damien P. George, Paul Sokolovsky, and contributors；gc–ガベージコレクションの制御，The MicroPython Documentation. https://micropython-docs-ja.readthedocs.io/ja/latest/library/gc.html?highlight=gc.threshold

(2) 角 史生：第9章 アマゾンAWS投稿IoTカメラを作る，Interface，2020年4月号，p.89，CQ出版社.

すみ・ふみお

索引

初出一覧

本書の下記の項目は，「インターフェース」誌に掲載された記事をもとに再編集したものです．

著者略歴

宮田 賢一　みやた・けんいち

電機メーカの研究所に入社し，スーパーコンピュータのOSやコンパイラの研究に従事．その後，ネットワーク接続型ストレージOSの研究・開発を経て，現在は生成AIと高速分散ファイル・システムに関する運用技術を担当している．趣味のプログラミングではLisp，Java，Python，MicroPythonをネイティブ言語とし，プログラミング技術の向上に努める．新しいマイコンはとりあえず触る，が座右の銘．

角 史生　すみ・ふみお

1963年奈良生まれ．大学卒業後，家電メーカに就職する．ここ数年はホームIoTシステムの開発，運用を担当する．休日もプログラミング（マイコン，スマホ・アプリ用）．

本書の記事のプログラムは，次のページからダウンロードできます．
誤記訂正や更新情報もこちらにあります．

https://interface.cqpub.co.jp/micropythonguide/

MicroPythonプログラミング・ガイドブック

2024年5月1日　初版発行

© 宮田 賢一，角 史生　2024
(無断転載を禁じます)

著　者　宮田 賢一，角 史生
発行人　櫻　田　洋　一
発行所　ＣＱ出版株式会社
(〒112-8619) 東京都文京区千石4-29-14
電話　編集　03-5395-2122
　　　販売　03-5395-2141

ISBN978-4-7898-4479-6

定価は表四に表示してあります
乱丁，落丁本はお取り替えします

編集担当　仲井 健太
DTP　クニメディア株式会社
表紙デザイン　株式会社コイグラフィー
イラスト　神崎 真理子
印刷・製本　三共グラフィック株式会社
Printed in Japan